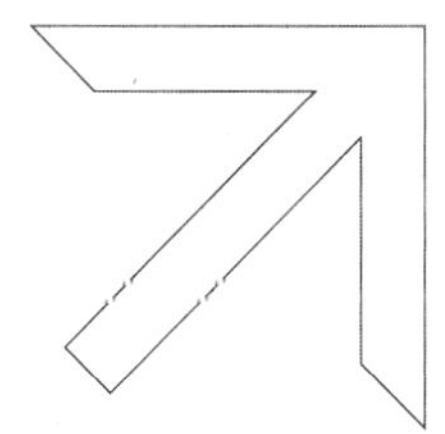

石油化工实物仿真
实践指南

杨占旭　王海彦　李宁　李会鹏　张健　杨青松　编著

清华大学出版社
北　京

内容简介

本书是针对高等院校石油化工相关专业生产实习实践相对困难的问题，为在石油化工实物仿真实践平台上完成实践教学任务而编写的教材。突出工程教育特色，将虚拟仿真与真实装置有机结合，提供与生产现场一致的训练环境，以工厂化对象为背景、石油化工过程为依托、数字化高度仿真为核心、职业化规范操作为标准，以提升学生工程能力和实践教学水平为目的，为探索高等院校石油化工相关专业的实习实践模式提供借鉴和参考。内容主要包括石油化工安全生产知识，乙烯装置工艺原理和工艺流程，实物仿真装置生产操作，实物装置涉及的主要设备、工艺控制指标，实物仿真操作系统说明等。

本书可作为高等院校化学工程与工艺、高分子材料与工程等石油化工相关专业的教学用书，也可供石油化工行业的技术人员培训使用。

图书在版编目(CIP)数据

石油化工实物仿真实践指南/杨占旭等编著. —北京：清华大学出版社，2021.6
ISBN 978-7-302-57349-4

Ⅰ. ①石… Ⅱ. ①杨… Ⅲ. ①石油化工－高等学校－教材 Ⅳ. ①TE65

中国版本图书馆 CIP 数据核字(2021)第 004990 号

责任编辑：袁　琦
封面设计：何凤霞
责任校对：刘玉霞
责任印制：丛怀宇

出版发行：清华大学出版社
网　　址：http://www.tup.com.cn，http://www.wqbook.com
地　　址：北京清华大学学研大厦 A 座　　**邮　　编**：100084
社 总 机：010-62770175　　**邮　　购**：010-62786544
投稿与读者服务：010-62776969，c-service@tup.tsinghua.edu.cn
质量反馈：010-62772015，zhiliang@tup.tsinghua.edu.cn
印 装 者：三河市龙大印装有限公司
经　　销：全国新华书店
开　　本：185mm×260mm　　**印　　张**：13.5　　**字　　数**：329 千字
版　　次：2021 年 6 月第 1 版　　**印　　次**：2021 年 6 月第1 次印刷
定　　价：48.00 元

产品编号：090593-01

序

PREFACE

实践教学是高等教育教学体系的重要组成部分，是培养学生实践能力、创新创业精神的有效途径；是进一步巩固学生对所学专业知识、掌握专业技能、基本操作程序的必要环节；是培养学生理论联系实际、综合运用所学知识解决实际问题能力的重要手段。在高等教育由精英教育向大众化教育转变的大背景下，只有不断加强实践教学，才能推动创新教育，培养创新人才，确保高等教育教学人才培养质量。

随着我国石油化工产业的快速发展，石油化工行业对人才的培养规格提出了更高的要求：毕业生不但要具有扎实的理论知识，更要具有较强的动手能力和实际操作经验，能够提前熟悉石油化工行业各岗位的工作职责。辽宁石油化工大学在校企共建大学生实践教育基地研讨会上，提出了“基于石油化工全产业链的实物仿真工程实践平台”建设思路，并组织相关教学单位进行广泛调研，同时聘请石油化工企业专家详细论证其可行性，共同拟定建设方案。选择了以油气钻采、油气集输、石油加工、石油化工、精细化工等典型生产工艺过程为基础，构建了以工程集群化技术为特征，具有系统化、模块化、工程化特色的实践教育基地。基地的每个平台既相对独立、自成体系，但平台间又相互衔接，保证充分体现石油化工产业链的全貌。

实践教育基地以石油化工主干专业链为依托，以多学科交叉、多专业共享、多功能集成、多手段教学为特征，完整实现了石油化工产业链一体化的教学过程，解决了不同专业学生的实习需求。建设过程中充分体现了“虚实结合、能实不虚”的建设理念，静设备可展示内部结构，动设备可进行拆卸组装。实现生产过程的稳态运行、开停工、方案优化、故障处理等功能。实现了“专业链与产业链对接、课程内容与职业标准对接、教学过程与生产过程对接”。确保实践教育基地在学生培养中发挥其独特的作用，使实践教学逐步由实验向实训转变，虚拟向现实转变，设计向制作转变，传统向创新转变，为高等教育应用型转型提供必要支撑。

为了使学生实训和企业员工培训能够更好地了解实践教育基地各平台的功能、训练过程及具体要求，我们组织编写了《石油化工实物仿真实践指南》。在编写教材过程中，校企双方共同参与讨论实习项目和内容的设定、知识点和专业术语的表述等。同时，为了全面介绍石油化工产业链发展的新技术、新工艺，我们成立了系列教材编委会，由编委会指导各教材编写组的工作，全面把握教材的知识面和深度。本系列教材具有如下特点：

（1）针对性强，注重学以致用。每本教材都是以平台为依托，内容具体，主线清晰。主要介绍平台的设备或装置的内部结构、功能及原理、工艺流程及操作过程。

(2) 突出石油化工安全理念。石油化工行业属于高危行业，化工安全尤为重要，在教材中注重强化了学生的安全意识培养，单独把石油化工安全知识编入教材中。

(3) 按课程内容与职业标准对接组织教材结构。实践教学与理论教学在内容组织上有很大区别，编写过程中注重教材内容与职业标准的对接，以职业标准为依托，专业知识够用为度，突出技能训练。

(4) 强化应用能力培养。在实践能力训练上，我们参考了石油化工行业的职业标准和行业操作规范，力求以石油化工企业现场的实际操作过程组织教学。

(5) 既可作为专业学生和非本专业学生实习实训教材，也可作为企业员工培训教材。

由于时间仓促，加之编者水平有限，书中难免有不当之处，恳请读者批评指正。

编　者

2020 年 10 月

前言

FOREWORD

本书是“石油化工产业链实物仿真实践系列教材”中的《石油化工实物仿真实践指南》分册。

生产实习训练是化学、化工等相关专业实践教学过程中不可缺少的一个重要组成部分。为更好地完成实践教学工作，进一步提高学生对所学专业知识和专业技能的掌握程度，提高学生综合运用所学专业知识解决工业生产过程中遇到实际问题的能力，培养学生创新意识，辽宁石油化工大学与中国石油抚顺石化公司、秦皇岛博赫科技开发有限公司合作开发和建设了石油化工产业链实训培训基地石油化工平台。

石油化工平台建设于我校石油化工产业链实训培训基地中，装置布局符合石油石化企业相关规范要求。石油化工平台以中国石油抚顺石化公司 80 万 t/a 乙烯生产装置为原型，在保持原有尺寸特征的前提下，按比例缩小搭建，装置内不走物料，以虚拟信号模拟整个生产过程，无污染、维护成本低、可操作性好。平台分别由实物装置、化工安全、OTS 系统、三维交互式离线仿真 4 个部分构成。平台具有工厂化对象背景、现场化真实操作、数字化高度仿真、安全性理念体现等特点。学生通过平台的实习实训，能够更好地学习石油化工生产过程中的操作知识和管理模式；通过高度故障模拟，加强学生的安全理念；通过规范化要求，提高学生的职业素养。

为了充分利用和使用石油化工产业链实训培训基地中的石油化工平台，在校内讲义的基础上，编写了本平台实践指南。本书系统介绍了平台的具体功能和特点；石油化工安全基础知识和实践；乙烯装置的工作原理及整个工艺过程；装置常见事故预案与相关处理方法；装置相关设备及仪表知识；离线与在线控制系统的实训操作等方面内容。通过完整的乙烯工艺流程、化工企业安全生产及相关事故处理过程、设备仪表使用及 DCS 实物仿真操作的实践环节，培养学生的工程意识，提高学生分析解决复杂工程问题的能力，强化学生的团队意识和创新意识。

本书适用于应用化学、化学工程与工艺、自动化、过程装备与控制工程等化工类相关专业的实习实践，也可供石油化工相关人员培训使用。

本书由辽宁石油化工大学的杨占旭、王海彦、李宁、李会鹏、张健和中国石油抚顺石化公司的杨青松共同编写完成，最后由杨占旭修改定稿。本书共分为六章，其中各章分工为：第一章由杨占旭编写，第二章由王海彦和李宁编写，第三章由李宁和张健编写，第四章由杨占旭和杨青松编写，第五章由李会鹏和李宁编写，第六章由杨占旭和李宁编写。写作过程中得到辽宁石油化工大学教务处、工程训练中心和石油化工学院的老师及行业、企业专家的帮助，特别是得到秦皇岛博赫科技开发有限公司李国友博士的大力支持，在此表示衷心感谢。

由于编者水平有限，书中难免有疏漏和错误之处，恳请相关老师和读者批评指正。

编　者

2020年10月

目录

CONTENTS

第一章

石油化工平台概述

生产实习是化工类专业实践教学中不可或缺的重要环节,但是在实习实践过程中发现,由于石油化工企业考虑安全生产的因素,学生在实习过程中实际操作、参与生产比较困难,为此,辽宁石油化工大学在人才培养方面坚持“企业需求”为导向,特别为了解决“人才培养和就业最后一公里”问题,建设了石油化工产业链实训培训基地。

在基地建设过程中,遵循“虚实结合、能实不虚”的原则,基于“专业链与产业链对接、教学内容与职业标准对接、教学过程与生产过程对接”的理念,由教务处牵头,组织学校各专业骨干教师,企业工程技术人员共同组成建设团队,经充分论证,依据石油石化企业生产实际,建立了以工程集群化技术为特征的实习实训基地。

目前,基地包括油气钻采、油气集输、石油加工、石油化工和精细化工5个平台。每个平台既相对独立、自成体系,又相互衔接,基地将计算机虚拟仿真与真实设备操作相互融合,构建了完整的石油化工生产实践教学链。

石油化工平台于2019年年底正式交付使用,它由现场实物仿真装置、先进的OTS系统(操作员培训系统)和三维虚拟工厂组成(图1-1、图1 2)。实物仿真装置是以中国石油抚顺石化公司80万t/a乙烯生产装置为原型,在保证完整工业化装置大尺寸特征、主要静设备内部结构可见、动设备可进行拆卸组装的前提下,按1∶8的比例缩小建设而成,还配备了现场仪表和工业化的控制系统。

指导教师通过现场讲解、工厂视频和三维动画等多种形式,提升学员学习兴趣;建立安全实习实训—单体设备实习实训—工艺流程实习实训—控制系统实习实训—装置实际操作实习实训的综合实践过程;通过现场教学、动手实践等教学形式,使学生感受到石油化工企业的真实职业氛围,能够“熏出油味”。

石油化工平台通过OTS系统和内外操作交互系统把实物装置和三维虚拟工厂紧密联系,实现线上线下有机结合,完成整个乙烯工艺生产过程的开停工、稳态运行、方案优化、故障处理等操作培训，增强学员的职业素养、创新意识及分析和解决复杂问题的能力，为石化企业培养石油化工复合型技术人才。

图 1-1 石油化工平台实物装置

图 1-2 石油化工平台中心控制室

第二章

石油化工安全生产

随着石油化学工业的迅速发展，也为我们提出了新的课题，即安全生产问题。石油化工生产从安全的角度分析，不同于冶金、机械制造、基本建设、纺织和交通运输等部门，有其突出的特点。具体表现在如下方面。

1. 易燃易爆

石油化工生产，从原料到产品，包括工艺过程中的半成品、中间体、溶剂、添加剂、催化剂、试剂等，绝大多数属于易燃易爆物质。它们又多以气体和液体状态存在，极易泄漏和挥发。尤其在生产过程中，工艺操作条件苛刻，有高温、深冷、高压、真空，许多加热温度都达到或超过了物质的自燃点，一旦操作失误或设备失修等原因，便极易发生火灾和爆炸事故。另外，就目前的工艺技术水平看，在许多生产过程中，物料还必须用明火加热；加之日常的设备检修又要经常用火。这样就构成一个突出的矛盾，即怕火，又要用火，再加之各企业其装置的易燃易爆物质储量很大，一旦处理不好，就会发生事故，其后果不堪设想。以往所发生的事故，都充分证明了这一点。

2. 毒害性

石油化工生产，有毒物质普遍地、大量地存在于生产过程之中，其种类之多、数量之大、范围之广，超过其他任何行业。其中，有许多原料和产品本身即为毒物，在生产过程中添加的一些化学性物质也多有毒性，在生产过程中因化学反应又生成一些新的有毒物质，如氰化物、氟化物、硫化物、氮氧化物及烃类毒物等。这些毒物有的属一般性毒物，也有许多高毒和剧毒物质。它们以气体、液体和固体 3 种状态存在，并随生产条件的变化而不断改变原来的状态。此外，在生产操作环境和施工作业场所，还有一些有害的因素，如工业噪声、高温、粉尘、射线等。对这些有毒、有害因素，要有足够的认识，采取相应措施，否则会造成急性中毒事故。即便是在低浓度(剂量)条件下,随着时间的增长,也会因多种有害因素对人体的联合作用,影响职工的身体健康,导致发生各种职业性疾病。

3. 腐蚀性强

石油化工生产过程中的腐蚀性主要来源有:①在生产工艺过程中使用一些强腐蚀性物质,如硫酸、硝酸、盐酸和烧碱等,它们不但对人有很强的化学性灼伤作用,而且对金属设备也有很强的腐蚀作用。②在生产过程中有些原料和产品本身具有较强的腐蚀作用,如原油中含有硫化物,常将设备管道腐蚀破坏。③由于生产过程中的化学反应,生成许多新的具有不同腐蚀性的物质,如硫化氢、氯化氢、氮氧化物等。根据腐蚀的作用机制不同,腐蚀分为化学性腐蚀、物理性腐蚀和电腐蚀3种。腐蚀的危害不但大大降低设备使用寿命,缩短开工周期,而且更重要的是腐蚀可使设备减薄、变脆,承受不了原设计压力而发生泄漏或爆炸着火事故。

4. 生产的连续性

制取石油化工产品,生产的工序多,过程复杂。随着社会对产品的品种和数量需求日益增大,迫使石油化工企业向着大型的现代化联合企业方向发展,以提高加工深度,综合利用资源,进一步扩大经济效益。石化企业的生产具有高度的连续性,不分昼夜、不分节假日、长周期的连续倒班作业。在一个联合企业内部,厂际之间,车间之间,管道互通,原料产品互相利用,是一个组织严密、相互依存、高度统一不可分割的有机整体。任何一个工厂或一个车间,乃至一道工序发生事故,都会影响到全局。

随着化学工业的发展,石化企业生产的特点不仅不会改变,反而会由于科学技术的进步,使这些特点进一步强化。因此,石化企业在生产过程和其他相关过程中,必须有针对性地采取积极有效的措施,加强安全生产管理,防范各类事故的发生,保证安全生产。

第一节　职业健康与劳动保护

石油化工行业是一个高风险的行业,重大安全事故时有发生,其安全生产是一个重大难题。危险有害因素的辨识是事故预防、安全评价、重大危险源监督管理、建立应急救援体系和职业健康安全管理体系的基础。因此,及时发现危险源和有害因素,预防事故的发生是提高企业安全生产的重要一环。结合危险有害因素辨识理论、事故致因理论及HSE管理体系,构建了危险有害因素辨识体系。针对石油化工生产装置,该辨识体系从工艺装置、场所、物质或能量、设备、事故类型、职业危害类型、事故直接原因等几方面进行辨识。该体系能够系统完善地辨识石油化工生产装置存在的危险有害因素,能够做到层次合理、结构清晰,实用性强。

一、石油化工装置危险有害因素辨识原则

危险有害因素辨识原则主要有以下4个方面:

(1) 科学、准确、清楚:危险有害因素的辨识是分辨、识别、分析确定系统内存在的危险

而并非研究防止事故发生或控制事故发生的实际措施。它是预测安全状况和事故发生途径的一种手段，这就要求进行危险有害辨识必须要有科学的安全理论作为指导，使之能真正揭示系统安全状况、危险有害因素存在的部位、存在的方式和事故发生的途径等，对其变化的规律予以准确描述并以定性、定量的概念清楚地表示出来，用严密的、合乎逻辑的理论予以解释清楚。

(2) 分清主要危险有害因素和相关危险：不同行业的主要危险有害因素不同，同一行业的主要危险有害因素也不完全相同，所以，在进行危险有害因素辨识中要根据企业的实际情况，辨识企业的主要危险有害因素，体现项目的特点，对于其他共性的危险有害因素可以简单分析。

(3) 防止遗漏：辨识危险有害因素时要注意不要发生遗漏，以免留下隐患。辨识时，不仅要分析正常生产运转操作中存在的危险有害因素，还要分析和辨识开车、停车、检修装置受到破坏及操作失误情况下的危险有害后果。

(4) 避免惯性思维：实际上在很多情况下，同一危险有害因素由于物理量不同，作用的时间和空间不同，导致的后果也不相同。所以，在进行危险有害因素辨识时应避免惯性思维，坚持实事求是的原则。

二、石油化工生产装置危险有害因素辨识体系

针对石油化工行业生产企业特点，石油化工生产装置辨识体系将从工艺装置、场所、物质和能量、设备、事故类型和职业危害类型、事故直接原因 6 个方面进行危险有害因素辨识。

1. 工艺装置

石油化工生产的特点是易燃、易爆、高温、高压。随着工业化生产规模的扩大，工艺技术的不断更新，新设备、新材料、新型催化剂及高效节能设备越来越多地被用于石油化工生产装备中，使得装置的规模越来越大，自动化程度越来越高。

石油化工的生产及围绕石油天然气为原料的石油化工生产装置大致为：炼油生产装置、基本有机合成、合成橡胶、合成树脂及塑料、合成氨及制品、石油化纤等。每一种装置都有自己的特点，危险有害因素以及重点防范部位和措施都是不同的，在危险有害因素辨识时，首先应该明确辨识的是哪种装置，生产装置确定了，其工艺、设备、场所、公用工程及辅助设施也就基本确定。

2. 场所

每个石油化工生产装置包含多个场所，例如简单的液化石油气的气体分馏装置就有主生产装置区、辅助设施、公用工程等部分组成。

(1) 主生产装置区包含有不凝气体压缩机间、泵房、加热工序、脱硫工序、分馏、精制工序、尾气回收工序等。

(2) 辅助设施包含有原料罐区、成品罐区、火炬系统、装卸车场。

(3) 公用工程包含变配电系统、消防系统、供热系统、供气(含氮气)系统、供水系统、仪表风系统等。在确定某个装置后，下一步应确定要分析的是该装置哪个系统或工序的具体

场所。

3. 物质和能量

依据事故致因理论的物质和能量原理，引发事故的根本原因是存在危险物质和能量。危险物质和能量是可能发生事故的固有危险有害因素，物质和能量在可控状态下就安全，失控就危险。具体说就是存在易燃、易爆、有毒、高温、低温、辐射、粉尘等物质，以及振动、运动、压缩、位于高处等物体具有的动能或势能。

4. 设备

通常的化工设备按单元分主要有如下设备：

(1) 反应设备：搪瓷反应釜、碳钢反应釜、不锈钢反应釜等。

(2) 换热设备：加热器、列管式换热器、盘管式换热器、半容积式水加热器、冷凝器、搪玻璃碟片式冷凝器、风冷式冷却器、水冷式冷却器。

(3) 分离设备：过滤器、压滤机、离心机、搪玻璃精馏塔、不锈钢精馏塔、压缩机。

(4) 储存类容器：计量罐、储气罐及各种储罐、储槽、防腐型储存设备。

(5) 输送设备：化工泵、计量泵、皮带输送机、螺旋输送机、提升机。

在危险有害因素分析确定场所、存在的物质和能量后，逐个分析该场所每一种设备的特点。由该设备的特点确定危险有害物质易泄漏部位、方式，确定能量可能失控的地点、方式。进一步分析物质和能量一旦失控，在该场所以及具体点可能造成的伤害。

5. 事故类型和职业危害类型

1) 事故类型

按照可能发生的事故类型，对某个设备或一类设备进行分析描述，共 20 大类：

(1) 物体打击，指失控物体的惯性力造成的人身伤害事故。

(2) 车辆伤害，指本企业机动车辆引起的机械伤害事故。

(3) 机械伤害，指机械设备与工具引起的绞、辗、碰、割、戳、切等伤害。

(4) 起重伤害，指从事起重作业时引起的机械伤害事故。

(5) 触电，指电流流经人体，造成生理伤害的事故。

(6) 淹溺，指因大量水经口、鼻进入肺内，造成呼吸道阻塞，发生急性缺氧而窒息死亡的事故。

(7) 灼烫，指强酸、强碱溅到身体引起的灼伤，或因火焰引起的烧伤，高温物体引起的烫伤。

(8) 火灾，指造成人身伤亡的企业火灾事故。

(9) 高处坠落，指出于危险重力势能差引起的伤害事故。

(10) 坍塌，指因建筑物、构筑、堆置物等的倒塌以及土石塌方引起的事故。不适用于矿山冒顶片帮事故，或因爆炸、爆破引起的坍塌事故。

(11) 冒顶片帮，指矿井工作面、巷道侧壁由于支护不当、压力过大造成的坍塌，称为片帮；顶板垮落为冒顶。

(12) 透水，指矿山、地下开采或其他坑道作业时，意外水源带来的伤亡事故。

(13) 放炮，指施工时，放炮作业造成的伤亡事故。

(14) 瓦斯爆炸，指可燃性气体瓦斯、煤尘与空气混合形成了达到燃烧极限的混合物，在接触火源时，引起的化学性爆炸事故。

(15) 火药爆炸，指火药与炸药在生产、运输、储藏的过程中发生的爆炸事故。

(16) 锅炉爆炸，指锅炉发生的物理性爆炸事故。

(17) 容器爆炸，指容器(压力容器的简称)破裂引起的气体爆炸。

(18) 其他爆炸，凡不属于上述爆炸的事故均列为其他爆炸事故。

(19) 中毒和窒息，指人接触有毒物质，如误吃有毒食物或呼吸有毒气体引起的人体急性中毒事故。

(20) 其他伤害，凡不属于上述伤害的事故均称为其他伤害。

2) 职业危害类型

石化行业生产过程高温、高压、易燃、易爆、易腐蚀，生产工艺伴有有毒有害气体、烟尘、工业粉尘、噪声等职业健康危害因素，生产原料、中间产品、最终产品、副产品大多为危险化学品，劳动环境中存在许多职业健康危害因素，作业人员急性职业中毒和慢性职业病多发。

造成伤害的有害因素共 10 种：火灾、爆炸、中毒、化学腐蚀、窒息、高温灼烫、低温冻伤、辐射、物体打击、高处坠落。

6. 事故直接原因

事故直接原因(触发原因)包括：有害物质和能量的存在，人、机、环境和管理的缺陷，环境因素，管理因素。

1) 有害物质和能量的存在

所有的危险有害因素，尽管有各种各样的表现形式，但从本质上讲，能造成危险和有害的后果，都可归结为客观存在的有害物质或超过临界值的能量。

有害物质是指能损伤人体的生理机能和正常代谢功能，或者能破坏设备和物品的物质。比如，有毒物质、腐蚀性物质、有害粉尘和窒息性气体等都是有害物质。供给能量的能源和能量的载体在一定条件下(超过临界值)，都是危险有害因素。比如，导致火灾、爆炸发生的化学物质、运动物体等都属于能量的范畴。

2) 人、机、环境和管理的缺陷

有害物质和能量的存在是发生事故的先决条件，有害物质和能量不存在就没有事故。但存在有害物质和能量，并不一定就发生事故。因为，通常见到的有害物质和能量，一般都有防护措施，事故是被屏蔽的。

有害物质和能量的防护或屏蔽措施，有着强大的天敌，这就是人、机、环境和管理的缺陷。防护或屏蔽措施与人、机、环境和管理缺陷进行斗争，前者胜，则有害物质和能量继续被屏蔽，仍处于安全状态；后者胜，则有害物质和能量失去控制，有害物质和能量释放出来危及人员和财产安全。

3) 环境因素

环境因素是指生产作业环境中的危险有害因素，包括：室内作业场所环境不良、室外作业场地环境不良、地下(含水下)作业环境不良、其他作业环境不良。

环境因素将室内、室外、地上、地下、水上、水下等作业(施工)环境都包含在内。比如,作业场所狭窄、屋基沉降、采光不良、气温湿度、自然灾害、风量不足、缺氧、有害气体超限、建筑物结构不良、地下火、地下水、冲击地压等。

4)管理因素

管理因素是指管理和管理责任缺失所导致的危险有害因素,主要从职业安全健康的组织机构、责任制、管理规章制度、投入、职业健康管理等方面考虑。包括:职业安全健康组织机构不健全,职业安全健康责任制未落实,职业安全健康管理规章制度不完善,职业安全健康投入不足,职业健康管理不完善,其他管因素缺陷。安全管理是为保证及时、有效地实现既定的安全目标,在预测、分析的基础上进行的计划、组织、协调、检查等工作,它是预防故障和人员失误发生的有效手段。因此,管理缺陷是影响失控发生的重要因素。

本章根据危险有害因素辨识理论采取金字塔结构辨识模型图层层分析(图 2-1),最后找出存在危险有害因素的根本原因。

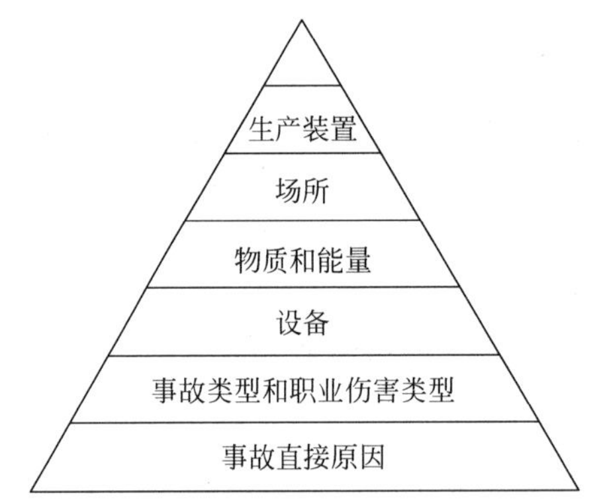

图 2-1 危险有害因素金字塔结构辨识模型图

三、安全色和安全标志

石油化工生产大多数都是在高温、高压、易燃、易爆等危险环境下进行,《中华人民共和国安全生产法》第三十二条规定:生产经营单位应当在有较大危险因素的生产经营场所和有关设施、设备上设置明显的安全警示标志。安全警示标志的设置用于提醒人员注意环境中的危险因素,加强自身安全保护,避免事故的发生。

1. 安全色

安全色是用来表达禁止、警告、指令和提示等安全信息含义的颜色。它的作用是使人们能够迅速发现和分辨安全标志,提醒人们注意安全,以防发生事故。我国国家标准《安全色》(GB 2893—2008)中采用了红、蓝、黄、绿 4 种颜色为安全色(图 2-2)。

红色含义是禁止和紧急停止,也表示防火;蓝色的含义是必须遵守;黄色的含义是警告和注意;绿色的含义是提示、安全状态和通行。

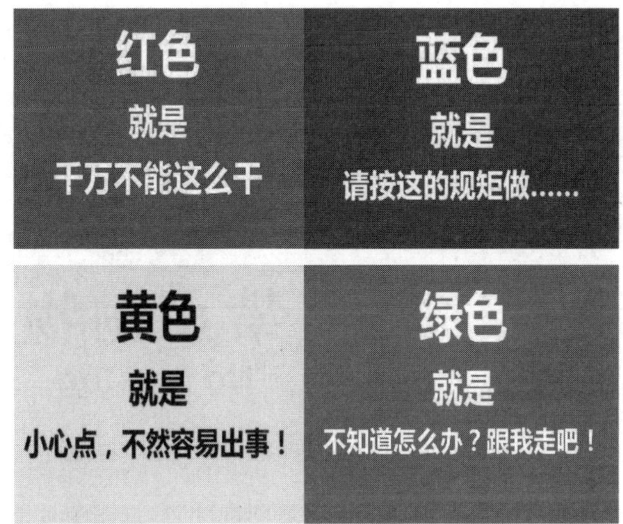

图 2-2　安全色示例

图 2-2 彩图

2. 对比色

能使安全色更加醒目的颜色，称为对比色或反衬色。白色明度较高，红、蓝、绿 3 种颜色的对比色用白色，黄色的对比色用黑色(表 2-1)。

表 2-1　安全色对应的对比色

安　全　色	对　比　色
红色	白色
蓝色	白色
黄色	黑色
绿色	白色

红色与白色间隔条纹的含义是禁止越过，交通、公路上用的防护栏杆以及隔离墩常涂此色。蓝色与白色间隔条纹的含义是指示方向，如交通指向导向标常涂此色。黄色与黑色间隔条纹的含义是警告、危险，工矿企业内部的防护栏杆、起重机吊钩的滑轮架、平板拖车排障器、低管道常涂此色。

3. 安全标志

安全标志是由安全色、几何图形和形象的图形符号构成的，用以表达特定的安全信息。安全标志可分为禁止标志、警告标志、指令标志、提示标志、警示线和风向袋等类型。道路交通的安全标志应符合现行国家标准《道路交通标志和标线》(GB 5768—2017)的规定。消防的安全标志应符合国家标准《消防安全标志　第 1 部分：标志》(GB 13495.1—2015)的规定。危险货物的安全标志应符合国家标准《危险货物包装标志》(GB 190—2009)的规定。

1) 安全标志的基本要求

(1) 禁止标志的含义是禁止人们的不安全行为。禁止标志的几何图形是带斜杠的圆环，图形背景为白色，圆环和斜杠为红色，图形符号为黑色(图 2-3)。

图 2-3 彩图

图 2-3 石化企业常见的禁止标志

(2) 警告标志的含义是提醒人们对周围环境引起注意,以避免可能发生危险。警告标志的几何图形是三角形,图形背景为黄色,三角形边框及图形符号均为黑色(图 2-4)。

图 2-4 彩图

图 2-4 石化企业常见的警告标志

(3) 指令标志的含义是强制人们必须做出某种动作或采用防范措施。指令标志的几何图形是圆形,图形背景为蓝色,图形符号为白色(图 2-5)。

图 2-5 彩图

图 2-5 石化企业常见的指令标志

(4) 提示标志的含义是向人们提供某种信息,如指示目标方向、标明安全设施或场所等。提示标志的几何图形是长方形,按长短边的比例不同,分一般提示标志和消防设备提示标志两类。提示标志图形背景为绿色,图形符号及文字为白色(图 2-6)。

图 2-6 彩图

图 2-6　石化企业常见的提示标志

（5）危险化学品的安全标签是识别和区分危险化学品，用于提醒接触危险化学品人员的一种安全标志。安全标签由化学品供应商提供，并按一定规范设计。它包括化学品的名称、化学式、编号、危险性标志、提示词、危险性说明、安全措施、灭火方法、生产厂家地址、电话、应急电话等有关内容（图 2-7）。

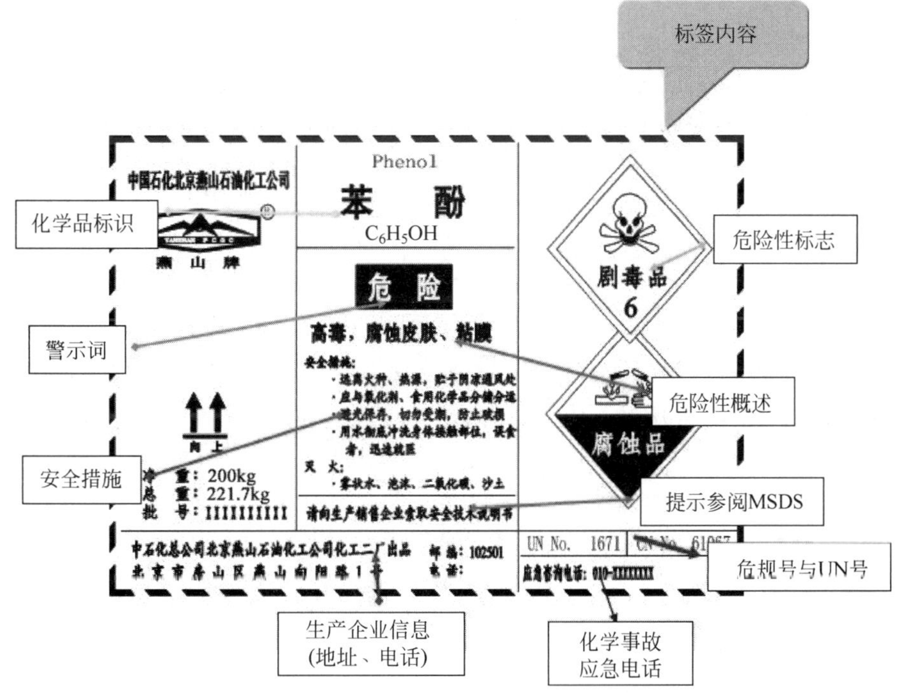

图 2-7　石化企业常见的危险化学品安全标签

2）安全标志的制作要求

禁止、警告、指令、提示类安全标志应按国家标准《安全标志及其使用导则》（GB 2894—2008）中 4.1～4.5 的规定制作。安全标志牌的颜色应遵照国家标准《安全色》（GB 2893—2008）所规定的规则。安全标志牌的尺寸应按国家标准《安全标志及其使用导则》（GB 2894—2008）中附录 A 进行选用。警示线应按国家标准《安全色》（GB 2893—2008）中的规定制作。风向袋的制作应符合本标准附录 F 的规定。

3）安全标志的设置与管理

应根据工艺特点和作业场所实际情况，确定需要使用的安全标志种类和位置，并设置相应的安全标志。安全标志应设在醒目地点（如作业场所、装置区域出入口等），设置的安全标志应准确表达相关信息。安全标志应安装牢固，不应设在门、窗等物体上，以免影响认读，且不得放置妨碍视线的障碍物。

安全标志的固定方式分附着式、悬挂式和柱式 3 种。附着式和悬挂式的固定应稳固不倾斜，柱式的图形标志与支架应牢固地连接在一起。安全标志应设置在明亮的环境中，必要时应保证在夜间清晰可辨。安全标志设置的高度，宜与人眼的视线高度相一致。多个安全标志在一起设置时，应按警告、禁止、指令、提示类型的顺序，先左后右、先上后下地排列。

安全标志应在工作场所和设备设施投入使用前设置完成。临时性的安全标志在使用完后，应撤出现场或取消。安全标志的使用要求还应符合国家标准《安全标志及其使用导则》（GB 2894—2008）所规定的规则。警示线的使用，设置应按国家标准《安全色》（GB 2893—2008）中的规定执行。警示线可根据实际需要喷涂或制成带、栏设置在控制场所外缘不少于 300 mm 处。安全色与对比色交替的警示线中，安全色和对比色的色条宽度应为警示线宽度的 40%～50%。

现场设置的安全标志应定期检查，每半年至少检查一次，如发现有破损、变形、褪色、松动等不符合要求时应及时修整或更换。企业应规范本企业的安全标志管理，保障安全标志制作、设置及管理的资金的列支。安全标志的相关知识应纳入培训，培训内容应包括安全标志传达的信息，以及在特定安全标志的指示下应采取的措施。

四、个人防护用品

个人防护用品是指在劳动生产过程中使劳动者免遭或减轻事故和职业危害因素的伤害而提供的个人保护用品，直接对人体起到保护作用；与之相对的是工业防护用品，非直接对人体起到保护作用。

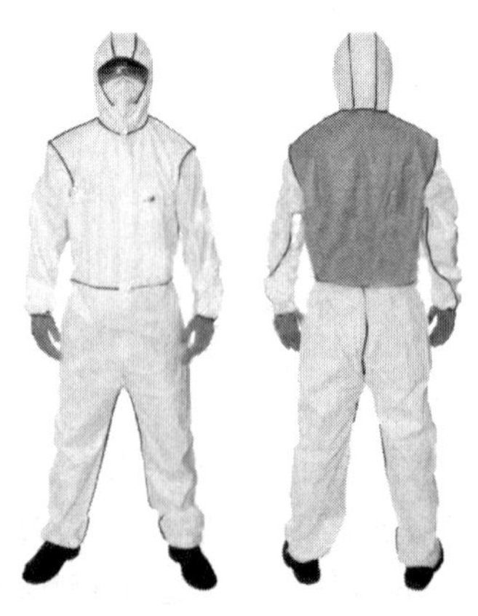

图 2-8 常见的防护服

1. 按照用途分类

1）防护服

防护服包括帽、衣、裤、围裙、套裙、鞋罩等，有防止或减轻热辐射、X 射线、微波辐射和化学污染机体的作用（图 2-8）。

（1）白帆布防护服能使人体免受高温的烘烤，并有耐燃烧的特点，主要用于冶炼、浇注和焊接等工种。

（2）劳动布防护服对人体起一般屏蔽保护作用，主要用于非高温、重体力作业的工种，如检修、起重和电气等工种。

（3）涤卡布防护服能对人体起一般屏蔽防护作用，主要用于后勤和职能人等岗位。

2）防护手套（图 2-9）

（1）厚帆布手套多用于高温、重体力劳动，如炼钢、铸造等工种。

（2）薄帆布、纱线、分指手套主要用于检修工、起重机司机和配电工等工种。

（3）翻毛皮革长手套主要用于焊接工种。

（4）橡胶或涂橡胶手套主要用于电气、铸造等工种。

戴各种手套时，注意不要让手腕裸露出来，以防在作业时焊接火星或其他有害物溅入而造成伤害；操作各类机床或在有被夹挤危险的地方作业时严禁戴手套。

图 2-9　防酸碱手套

3）防护鞋（图 2-10）

（1）橡胶鞋有绝缘保护作用，主要用于电力、水力清砂、露天作业等岗位。

（2）球鞋有绝缘、防滑保护作用，主要用于检修、起重机司机、电气等工种。

（3）钢包头皮鞋用于铸造、炼钢等工种。

图 2-10　工业常用的防护鞋及结构组成

4）防护头盔

在生产现场，为防止意外重物坠落击伤、生产中不慎撞伤头部，或防止有害物质污染，工人应佩戴安全防护头盔。防护头盔多用合成树脂类橡胶等制成。我国国家标准《安全帽》（GB 2811—2007）对安全头盔的形式、颜色、耐冲击、耐燃烧、耐低温、绝缘性等技术性能有专门规定。根据用途，防护头盔可分为单纯式和组合式两类。单纯式有一般建筑工人、煤矿工人佩带的帽盔，用于防重物坠落砸伤头部。机械、化工等工厂防污染用的以棉布或合成纤维制成的带舌帽亦为单纯式。组合式的主要有电焊工安全防护帽、矿用安全防尘帽、防尘防噪声安全帽（图 2-11）。

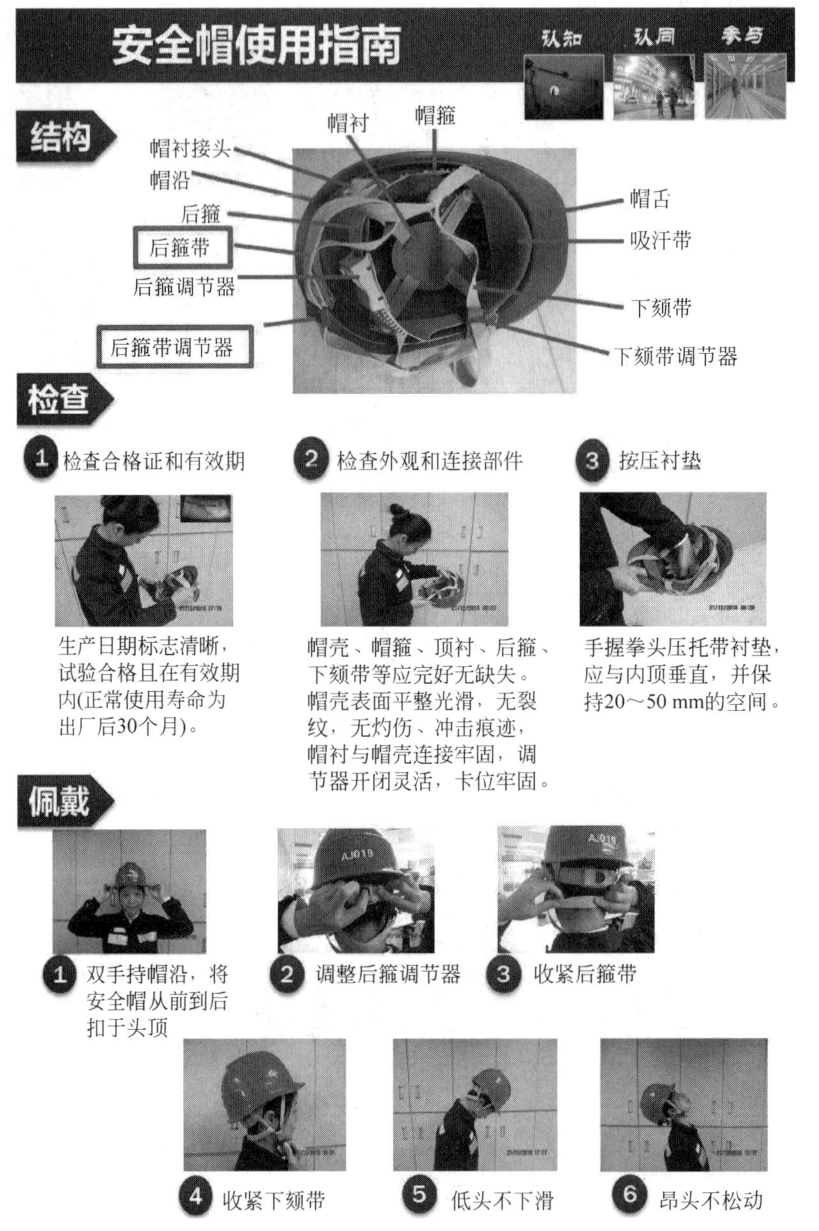

图 2-11　安全帽使用指南

(1) 帽内缓冲衬垫的带子要结实,人的头顶与帽内顶部的间隔不能小于 32 mm。

(2) 不能把安全帽当坐垫用,以防变形,降低防护作用。

(3) 发现帽子有龟裂、下凹和磨损等情况,要立即更换。

5) 面罩和护目镜

(1) 防辐射面罩主要用于焊接作业,防止在焊接中产生的强光、紫外线和金属飞屑损伤面部,防毒面具要注意滤毒材料的性能。

(2) 防打击的护目镜能防止金属、砂屑、钢液等飞溅物对眼部的伤害,多用于机床操作、铸造捣冒口等工种。

防辐射护目镜能防止有害红外线、耀眼的可见光和紫外线对眼部的伤害，主要用于冶炼、浇注、烧割和铸造热处理等工种。这种护目镜大多与帽檐连在一起，有固定的，也有可以上下翻动的。

6）正压式空气呼吸器

正压式空气呼吸器是一种自给开放式消防空气呼吸器，使消防员或抢险人员能够在充满浓烟、毒气、蒸汽或缺氧的恶劣环境下安全地进行灭火、抢险救灾和救护工作。

如图 2-12 所示为正压式空气呼吸器的结构组成，现将各主要部件的特点介绍如下：

(1）防雾型大视野全面罩：为大视野面窗，面窗镜片采用聚碳酸酯材料，透明度高、耐磨性强，具有防雾功能；采用网状头罩式佩戴方式，佩戴舒适、方便；胶体采用硅胶，无毒、无味、无刺激，气密性能好。

(2）碳纤维气瓶：为铝内胆碳纤维全缠绕复合气瓶，工作压力 30 MPa，质量轻、强度高、安全性能好，瓶阀具有高压安全防护装置。

(3）瓶带组：瓶带卡为快速凸轮锁紧机构，并保证气瓶固定带始终处于闭环状态，使气瓶不会出现翻转现象。

(4）阻燃肩带：由阻燃聚酯织物制成，背带采用双侧可调结构，使重量落于腰胯部位，减轻肩带对胸部的压迫，使呼吸顺畅。在肩带上设有宽大弹性衬垫，可以减轻对肩的压迫。

(5）余压报警器：置于胸前，报警声易于分辨，体积小、重量轻。

(6）夜光压力表：大表盘，具有夜视功能，配有橡胶保护罩。

(7）气瓶瓶阀：具有高压安全装置，开启力矩小。

(8）减压器：体积小、流量大、输出压力稳定。

(9）背板：背托设计符合人体工程学原理，由碳纤维复合材料注塑成型，具有阻燃及防静电功能，质轻、坚固，在背托内侧衬有弹性护垫，可使佩戴者舒适。

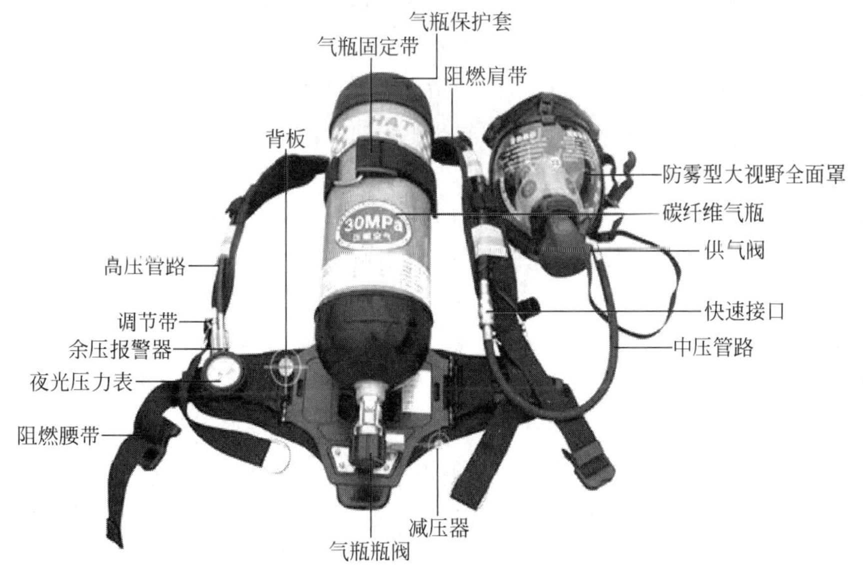

图 2-12　正压式空气呼吸器的结构组成

(10) 阻燃腰带：卡扣锁紧、易于调节。

(11) 快速接口：小巧、可单手操作、有锁紧防脱功能。

(12) 供气阀：结构简单、功能性强、输出流量大、具有旁路输出、体积小。

正压式空气呼吸器佩戴10步法如下：

(1) 开：打开气瓶阀(旋转手轮两圈以上，最好全部打开)。

(2) 看：观看压力表压力是否符合标准(不低于气瓶标准压力的80%：24 MPa)。

(3) 背：将空气呼吸器瓶阀朝下背在身上(正背式)。

(4) 拉：拉肩带(身体轻跳带动气瓶上提，调整肩带至合适位置拉紧)。

(5) 扣：扣腰带和胸带(腰带扣扣好后，拉紧至合适位置)。

(6) 挂：将面罩带套至颈部，面罩挂在胸前，调整好方向。

(7) 帽：戴安全帽。帽带挂至下颏部，安全帽推至脑后。

(8) 戴：戴好空气呼吸器面罩，面罩带从下往上依次两侧同时拉紧。

(9) 检：检查面罩气密性(用手捂住面罩连接口吸气，感觉面罩密封圈是否有负压产生)。

(10) 扶：扶正安全帽，举手示意佩戴完成。

7) 安全带

安全带是防止高处作业坠落的防护用品，使用时要注意以下事项：

(1) 在基准面2 m以上作业时须系安全带。

(2) 使用时应将安全带系在腰部，挂钩要扣在不低于作业者所处水平位置的可靠处，不能扣在作业者的下方位置，以防坠落时加大冲击力，使人受伤。

(3) 要经常检查安全带缝制部分和挂钩部分，发现断裂或磨损，要及时修理或更换。如果保护套丢失，要加上后再使用。

8) 防噪声用具

(1) 耳塞：为插入外耳道内或置于外耳道口的一种栓，常用材料为塑料和橡胶。按结构外形和材料分为圆锥形塑料耳塞、蘑菇形塑料耳塞、伞形提篮形塑料耳塞、圆柱形泡沫塑料耳塞、可塑性变形塑料耳塞和硅橡胶成型耳塞、外包多孔塑料纸的超细纤维玻璃棉耳塞、棉纱耳塞。对于耳塞的要求为：应有不同规格的适合于不同人外耳道的构型，隔声性能好，佩戴舒适，易佩戴和取出，不易滑脱，易清洗和消毒，不变形等。

(2) 耳罩：常以塑料制成，呈矩形杯碗状，内具泡沫或海绵垫层，覆盖于双耳。两杯碗间连以富有弹性的头架适度紧夹于头部，可调节，无明显压痛，感觉舒适。要求其隔音性能好，耳罩壳体的低限共振率越低，防声效果越好。

(3) 防噪声帽盔：能覆盖大部分头部，以防强烈噪声经骨传导而达内耳，分为软式和硬式两种：软式质轻，导热系数小，声衰减量为24 dB，缺点是不通风；硬式为塑料硬壳，声衰减量可达30～50 dB。

对防噪声工具的选用，应考虑作业环境中噪声的强度和性质，以及各种防噪声用具衰减噪声的性能。各种防噪声用具都有一定的适用范围，选用时应认真按照说明书使用，以达到最佳防护效果。

2. 按照配置方式分类

(1) 头部防护：佩戴安全帽，适用于环境存在物体坠落的危险和环境存在物体击打的危险时。

(2) 坠落防护：系好安全带，适用于需要登高(2 m 以上)和有跌落的危险时使用。

(3) 眼睛防护：应佩戴防护眼镜、眼罩或面罩。存在粉尘、气体、蒸气、雾、烟或飞屑刺激眼睛或面部时，佩戴安全眼镜、防化学物眼罩或面罩(需整体考虑眼睛和面部同时防护的需求)；焊接作业时，佩戴焊接防护镜和面罩。

(4) 手部防护：可能接触尖锐物体或粗糙表面时，佩戴防切割、防腐蚀、防渗透、隔热、绝缘、保温、防滑等手套；可能接触化学品时，选用防化学腐蚀、防化学渗透的防护用品；可能接触高温或低温表面时，做好隔热防护；可能接触带电体时，选用绝缘防护用品；可能接触油滑或湿滑表面时，选用防滑的防护用品，如防滑鞋等。

(5) 足部防护：防砸、防腐蚀、防渗透、防滑、防火花的保护鞋，适用于可能发生物体砸落的地方和可能接触化学液体的作业环境。注意在特定的环境穿防滑或绝缘或防火花的鞋。

(6) 防护服：要求保温、防水、防化学腐蚀、阻燃、防静电、防射线等。高温或低温作业时要能保温；潮湿或浸水环境要能防水；可能接触化学液体时要具有化学防护作用；在特殊环境注意阻燃、防静电、防射线等。

(7) 听力防护：根据《工业企业职工听力保护规范》[①]选用护耳器，提供适用的通信设备。

(8) 呼吸防护：根据《呼吸防护用品的选择、使用与维护》(GB/T 18664—2002)选用。要考虑是否缺氧、是否有易燃易爆气体、是否存在空气污染(种类、特点及其浓度)等因素之后，选择适用的呼吸防护用品。

第二节　危险化学品与防火防爆

一、危险化学品定义

《危险化学品安全管理条例》第三条：本条例所称危险化学品，是指具有毒害、腐蚀、爆炸、燃烧、助燃等性质，对人体、设施、环境具有危害的剧毒化学品和其他化学品。

二、危险化学品安全要求

1. 储存保管的安全要求

许多石油化工企业在生产中都涉及大量危险化学品，仓库是储存易燃易爆、有毒有害危险化学品的场所，在库址的选择上必须适当，而且布局合理，建筑物符合国家有关规定的要求；在使用中科学管理。确保其储存、保管安全。

(1) 危险化学品的储存限量应遵守国家有关规定的要求。

(2) 交通运输部门应在车站、码头等地修建专用储存危险化学品的仓库。

(3) 储存危险化学品的地点及建筑结构，应根据国家的有关规定设置，并考虑对周围居民区的影响。

---

① 本规范已于 2020 年 12 月 30 日失效，目前还未有替代规范颁布。

(4) 危险化学品露天存放时应符合防火、防爆的安全要求。

(5) 安全消防卫生设施,应根据危险化学品的危险性质设置相应的防火、防爆、泄压、通风、调节温度、防潮、防雨等安全措施。

(6) 必须加强入库验收,防止发料差错。特别是对爆炸物质、剧毒物质和放射性物质,应采取双人收发、双人记录、双人双锁、双人运输和双人使用的“五双制”方法加以管理。

(7) 经常进行安全检查,发现问题及时处理,并严格危险化学品库房的出入库制度。

(8) 危险化学品应根据其危险特性及灭火办法的不同,严格按规定分类储存。

2. 爆炸性物质分类储存的安全要求

爆炸性物质的储存必须符合国家有关规定要求。在具体储存中应做到以下几点:

(1) 爆炸性物质必须存放在专用仓库内。储存爆炸性物质的仓库禁止设在城镇、市区和居民聚居的地方,并且应当与周围建筑、交通要道、输电线路等保持一定的安全距离。

(2) 存放爆炸性物质的仓库,不得同时存放相抵触的爆炸物质,并不得超过规定的存放数量。如雷管不得与其他炸药混合储存。

(3) 爆炸性物质不得与酸、碱、盐类及某些金属、氧化剂等同库储存。

(4) 为了通风、装卸和便于出入库检查,爆炸性物质堆放时堆垛不应过高过密。对装有爆炸性物品仓库的温度、湿度应加强控制和调节。

3. 压缩气体和液化气体储存的安全要求

(1) 压缩气体和液化气体与其他物质共同储存时,压缩气体和液化气体必须与爆炸性物质、氧化剂、易燃物质、自燃物质、腐蚀物质隔离储存;易燃气体不得与助燃气体、剧毒气体共同储存;易燃气体和剧毒气体不得与腐蚀物质混合储存;氧气不得与油脂混合储存。

(2) 液化石油气储罐区的安全要求。液化石油气储罐库,应布置在通风良好且远离明火或微发火花的露天地带,应设置在有明火的平行风向或上风向,不得在散发火花的下风向;不宜与易燃、可燃液体储罐同组布置,更不应设在一个土堤内。压力卧式液化气罐的纵轴,不宜对着重要建筑、重要设备、交通要道及人员集中的场所。

液化石油气罐可单独布置,也可成组布置。成组布置时,组内储罐不应超过两排。一组储罐的总容量不应超过 4000 m^3。储罐与储罐组四周可设防火堤。相邻的两个防火堤外侧基脚线之间的距离不应小于 7 m,堤高应不超过 1 m。

液化石油气罐的罐体基础的外露部分及罐组的地面应为非燃烧材料,罐上应设有安全阀、压力计、液面计、温度计和超压报警装置。无绝热措施时,应设淋水冷却装置。储罐的安全阀及放空管应接入全厂性火炬系统。独立储罐的放空管应通往安全地点放空。安全阀和储罐之间如安装有截止阀,应常开并加铅封。储罐应设置静电接地及防雷设施,罐区内电气设备应防爆。

(3) 对气罐储存的安全要求。储存气瓶的仓库应为单层建筑,在其上设置易掀开的轻质顶层,地坪可用不发火沥青、砂浆、混凝土铺设,门窗都向外开启,玻璃涂以白色。库温不宜超过 35℃,有通风降温措施。瓶库应用防火墙分隔为若干单独分间,每一分间有单独的安全出入口。气瓶仓库的最大储存量应按有关规定执行。

对直立放置的气瓶应设有栅栏或支架加以固定,以防倾倒。卧放气瓶应加以固定,以防滚动。盛气瓶的头尾方向在堆放时应取一致。高压气瓶的堆放高度不应超过5层。气瓶应远离热源并旋紧安全帽。对盛装易发生聚合反应的气体的气瓶,必须规定储存期限。随时检查有无漏气和堆垛不稳的情况,如检查发现有漏气时,应先做好人身保护,站立在上风处,向气瓶浇冷水,使其冷却后再旋紧阀门。若发现气瓶燃烧,可以根据所盛气体的性质,使用相应的灭火器具。但最主要的是用雾状水喷射,使其冷却再进行灭火。

4. 易燃液体储存的安全要求

(1) 易燃液体应储存于通风阴凉的处所,并与明火保持一定的距离,在一定区域内严禁烟火。

(2) 沸点低或接近夏季气温的易燃液体,应储存于有降温措施的库房或储罐内。盛装易燃液体的容器应保留不少于容积5%的空隙,夏季不可暴晒。易燃液体的包装应无渗漏,封口要严密。铁桶包装不宜堆放太高,防止发生碰撞、摩擦而产生火花。

(3) 闪点较低的易燃液体,应注意控制库温。气温较低时容易凝结成块的易燃液体,受冻后易使容器膨胀,故应注意防冻。

(4) 易燃、可燃液体储罐可分地上、半地下和地下3种类型。地上储罐不应与地下或半地下储罐布置在同一储罐组内,且不宜与液化石油气储罐布置在同一储罐组内。储罐组内储罐的布置不宜超过两排。在地上或半地下的可燃、易燃液体储罐的四周应设置防火堤。

(5) 储罐高度超过17 m时,应设置固定的冷却和灭火设备;低于17 m时可采用移动式灭火设备。

(6) 闪点低、沸点低的易燃液体储罐应设置安全阀并有冷却降温设施。

(7) 储罐的进料管应从罐体下方接入,以防液体冲击飞溅产生静电火花引起爆炸。

(8) 易燃、可燃液体桶装库应设为单层仓库,可采用钢筋混凝土排架结构,设防火墙分隔数间,每间应有安全出口。桶装的易燃液体不宜在露天堆放。

5. 易燃固体储存的安全要求

(1) 储存易燃固体的仓库要求阴凉、干燥,要有隔热措施,忌阳光暴晒。易挥发、易燃固体宜密封堆放,仓库要求严格防潮。

(2) 易燃固体多属还原剂,应与氧和氧化剂分开储存。有很多易燃固体有毒,故储存中应重视防毒。

6. 自燃物质储存的安全要求

(1) 自燃物质不能与易燃液体、易燃固体、遇水燃烧物质混合储存,也不能与腐蚀性物质混合储存。

(2) 自燃物质在储存中,对温度、湿度的要求比较严格,必须储存于阴凉、通风干燥的仓库中,并注意做好防火、防毒工作。

7. 遇水燃烧物质储存的安全要求

(1) 遇水燃烧的物质储存时应选择地势较高的位置,在夏天暴雨季节保证不进水,堆垛时要用干燥枕木或垫板。

(2) 储存遇水燃烧物质的仓库要求干燥，要严防雨雪的侵袭。库房的门窗可以密封。库房的相对湿度一般保持在75%以下，最高不超过80%。

(3) 钾、钠等应储存于不含水的矿物质或液状石蜡中。

8. 氧化剂储存的安全要求

(1) 一级无机氧化剂与有机氧化剂不能混合储存，不能与其他弱氧化剂混合储存，不能与压缩气体、液化气体混合储存。氧化剂与毒害物质不得混合储存。有机氧化剂不能与溴、过氧化氢、硝酸等酸性物质混合储存。硝酸盐与硫酸、发烟硫酸、氯磺酸接触时都会发生化学反应，不能混合储存。

(2) 储存氧化剂时，应严格控制温度、湿度。可以采取整库密封、分垛密封与自然通风相结合的方法。在不能通风的情况下，可以采用吸潮和人工降温的方法。

9. 有毒有害物质储存的安全要求

(1) 有毒有害物质应储存在阴凉通风的干燥场所。要避免露天存放，不能和酸性物质接触。

(2) 严禁与食品同存一库。

(3) 包装封口必须严密，无论是瓶装、盒装、箱装还是其他包装，外面均应贴(印)有明显名称和标志。

(4) 作业人员应按规定穿戴防毒用具，禁止用手直接接触毒害物质。储存毒害物质的仓库应有中毒急救、清洗、中和、消毒用的药物等备用。

三、防火防爆

火灾和爆炸是安全生产的大敌，一旦发生，极易造成人员的重大伤亡和财产损失。所以，必须贯彻"以防为主，以消为辅"的消防工作方针，严格控制和管理各种危险物及发火源，消除危险因素，将火灾和爆炸危险控制在最小范围内。发生火灾事故后，作业人员能迅速撤离险区，安全疏散，同时要及时、有效地将火灾扑灭，防止蔓延和发生灾害。

1. 燃点、自燃点和闪点

火灾和爆炸的形成，与可燃物的燃点、自燃点和闪点密切有关。了解这方面的知识，有助于防止发生火灾和爆炸。

(1) 燃点。燃点是可燃物质受热发生自燃的最低温度。达到这一温度，可燃物质与空气接触，不需要明火的作用，就能自行燃烧。

(2) 自燃点。物质的自燃点越低，发生起火的危险性越大。但是，物质的自燃点不是固定的，而是随着压力、温度和散热等条件的不同有相应的改变。一般压力越高，自燃点越低。可燃气体在压缩机中之所以较容易爆炸，原因之一就是因压力升高后自燃点降低了。

(3) 闪点。闪点是易燃与可燃液体挥发出的蒸气与空气形成混合物后，遇火源发生内燃的最低温度。闪燃通常发生蓝色的火花，而且一闪即灭。这是因为易燃和可燃液体在闪点时蒸发速度缓慢，蒸发出来的蒸气仅能维持一刹那的燃烧，来不及补充新的蒸气，不能继续燃烧。从消防观点来说，闪燃就是火灾的先兆，在防火规范中有关物质的危险等级划分，就是以闪点为准，闪点≤45℃的油品称为易燃油品，闪点＞45℃的油品称为可燃油品。

2. 燃烧和爆炸

要有效防止火灾和爆炸的发生，正确掌握防火防爆技术，需要了解形成燃烧和爆炸的基本原理。

1）燃烧

燃烧是可燃物质与空气或氧化剂发生化学反应而产生放热、发光的现象。在生产和生活中，凡是产生超出有效范围的、违背人们意志的燃烧，即为火灾。燃烧必须同时具备以下3个基本条件。

（1）凡是与空气中氧或其他氧化剂发生剧烈反应的物质，都称为可燃物，如木材、纸张、金属镁、金属钠、汽油、酒精、氢气、乙炔和液化石油等。

（2）助燃物。凡是能帮助和支持燃烧的物质，都称为助燃物，如氧化氯酸钾、高锰酸钾、过氧化钠等氧化剂。由于空气中含有21%（体积分数）左右的氧气，所以可燃物质燃烧能够在空气中持续进行。

（3）火源。凡能引起可燃物质燃烧的热能源，都称为火源，如明火、电火花、聚焦的日光、高温灼热体以及化学能和机械冲击能等。

防止以上3个条件同时存在，避免其相互作用，是防火技术的基本要求。

2）爆炸

爆炸是物质由一种状态迅速转变成为另一种状态，并在极短的时间内以机械功的形式放出巨大的能量，或者是气体在极短的时间内发生剧烈膨胀，压力迅速下降到常温的现象。

爆炸可分为化学性爆炸和物理性爆炸两种。

（1）化学性爆炸：物质由于发生化学反应，产生出大量气体和热量而形成的爆炸。这种爆炸能够直接造成火灾。根据其化学反应又可以分为以下3种类型：

（a）简单爆炸。例如爆炸物乙炔铜和乙炔银等受到轻微振动发生的爆炸。

（b）复杂分解爆炸。属于这类的爆炸物有炸药、苦味酸、硝化棉和硝化甘油等。

（c）爆炸性混合性爆炸。这里指可燃气体、蒸气或粉尘与空气（或氧气）按一定比例均匀混合，达到一定的浓度形成爆炸性混合物时，遇到火源而发生的爆炸。

（2）物理性爆炸：通常指锅炉、压力容器或气瓶内的物质由于受热、碰撞等因素，使气体膨胀，压力急剧升高，超过了设备所能承受的机械强度而发生的爆炸。

3. 爆炸极限

可燃气体、蒸气和粉尘与空气（或氧气）的混合物，在一定的浓度范围内能发生爆炸。爆炸性混合物能够发生爆炸的最低浓度，称为爆炸下限；能够发生爆炸的最高浓度为爆炸上限。爆炸下限和爆炸上限之间的范围，称为爆炸极限（表2-2）。

可燃气体或蒸气的爆炸极限以其在混合物中百分比来表示；可燃粉尘的爆炸极限以其在混合物中的质量体积比（g/m^3）表示。例如，乙炔和空气混合的爆炸极限为2.2%～81%，铝粉法的爆炸下限为35 g/m^3。显然，可燃物质的爆炸下限越低，爆炸极限范围越宽，则爆炸的危险性越大。影响爆炸极限的因素很多。爆炸性混合物的温度越高，压力越大，含氧量越高，以及火源能量超大等，都会使爆炸极限范围扩大。可燃气体与氧气混合的爆炸范围都比与空气混合的爆炸范围宽，因而更具有爆炸的危险性。

表 2-2 常见石油化工产品的爆炸极限

物质名称	化学式	爆炸极限(体积百分比)/%	
		下限(LEL)	上限(UEL)
甲烷	CH_4	5	15
乙烷	C_2H_6	3	15.5
丙烷	C_3H_8	2.1	9.5
丁烷	C_4H_{10}	1.9	8.5
戊烷(液体)	C_5H_{12}	1.4	7.8
乙烯	C_2H_4	2.7	36
环丙烷	C_3H_6	2.4	10.4
煤油(液体)	$C_{10}\sim C_{16}$	0.6	5
汽油(液体)	$C_4\sim C_{12}$	1.1	5.9

4. 易燃易爆物质分类

防火防爆工作有很强的针对性，必须有的放矢地进行，才能取得成效。很重要的一点，就是要认清哪些物质具有易燃易爆的特点。

(1) 可燃气体。指凡遇明火、受热或当氧化剂接触能着火、爆炸的气体。根据其爆炸浓度下限的不同分为两级：一级可燃气体为爆炸下限低于10%的可燃气体，如氢气、甲烷、乙烯、乙炔、环氧乙烷、氯乙烯、硫化氢、水煤气和天然气等绝大多数可燃气体；二级可燃气体为爆炸下限等于和高于10%的可燃气体，如氨气、一氧化碳和发生炉煤气等少数可燃气体。在实际生产、储存和使用中，将一级可燃气体归为甲类火灾危险品，二级可燃气体归为乙类火灾危险品。

(2) 可燃粉尘。凡是颗粒微小，遇着火源能发生燃烧、爆炸的固体物质，都称为可燃粉尘。例如，在加工麻、烟、糖、谷物、硫、铝等物质的过程，粉碎、研磨、过筛等操作时所产生的粉尘，就其理化性质来说，比原来生成物质的火灾危险性要大得多，在一定条件下能够爆炸。可燃粉尘爆炸要具备3个条件：粉尘本身具有爆炸性；粉尘须悬浮在空气中与空气混合达到爆炸极限；有足以引起粉尘爆炸的热能源。

(3) 自燃性物质。凡是不需要外界火源的作用，本身与空气氧化或受外界温度、湿度的影响，即可发热并积热达到自燃点而引起燃烧的物质，都称为自燃性物质。自燃性物质按其发生自燃的难易程度划分为两个级别。

(a) 一级自燃物质，化学性质比较活泼，在空气中易氧化分解，易于自燃，而且燃烧猛烈，危险性大，如黄磷、三乙基铅、硝化纤维和铝铁溶剂等。

(b) 二级自燃物质，在空气中氧化比较缓慢，自燃点较低，在积热不散的条件下能够自燃，如油纸、油布等含有油脂的物品。在实际生产、储存和使用中，将一级自燃物质归为甲类火灾危险品，二级自燃物质归为乙类火灾危险。

(4) 遇水燃烧物质。凡是能与水发生剧烈反应放出可燃气体，同时放出大量热量，使可燃气体温度猛升到自燃点，从而引起燃烧爆炸的物质，都称为遇水燃烧物质。遇水燃烧物质按遇水或受潮后发生反应的强烈程度及其危害的大小，划分为两个级别。

（a）一级遇水燃烧物质：与水或酸反应时速度快，能放出大量的易燃气体，热量大，极易引起自燃或爆炸，如锂、钠、钾、铷、锶、铯、钡等金属及其氢化物等。

（b）二级遇水燃烧物质：与水或酸反应时的速度比较缓慢，放出的热量也比较少，产生的可燃气体，一般需要有水源接触，才能发生燃烧或爆炸，如金属钙、氢化铝、硼氢化钾、锌粉等。在实际生产、储存与使用中，将遇水燃烧物质都归为甲类火灾危险品。

（5）燃烧液体。凡遇火、受热或与氧化剂接触能燃烧爆炸的液体，都称为燃烧液体。燃烧液体按其闪点大小，划分为易燃液体和可燃液体两种。

（a）易燃液体。指闪点等于和低于45℃的燃烧液体。这类液体划分为两个级别。一级易燃液体，指闪点低于28℃ 的易燃液体，如汽油、酒精、丙酮和苯等。二级易燃液体，指闪点介于28～45℃的易燃液体，如煤油、松节油、乙酸等。

（b）可燃液体。指闪点高于45℃的燃烧液体，如丁醇、柴油、乙二醇、苯等。

在实际生产、储存和使用中，将一级易燃液体归为甲类火灾危险品；二级易燃液体和闪点低于60℃的可燃液体归为乙类火灾危险品；可燃液体和闪点等于和高于60℃归为丙类火灾危险品。

（6）燃烧固体。凡遇火、受热、撞击、摩擦或与氧化剂接触能燃烧的固体物质，统称为燃烧固体。燃烧固体按其熔点、燃点或闪点的高低不同，划分为易燃固体和可燃固体两种。

（a）易燃固体。指高熔点固体（燃点在300℃以下）、低熔点固体（闪点在100℃以下），并作为化工原料和制品使用的燃烧固体。按其易燃烧程度划分为两个级别。

一级易燃固体，燃点低，易于燃烧或爆炸，且燃烧速度快，并能放出剧毒气体。它们大体是这样一些物品：①磷与磷的化合物，如红磷、三硫化磷等。②硝基化合物，如二硝基甲苯、二硝基萘等。③其他，如含氮量在12.5%（质量分数）以下的硝化棉、氨基化钠、重氮氨基苯、闪光粉等。

二级易燃固体包括下列一些物品：①各种金属粉末，如镁粉、铝粉、锰粉等。②碱金属氨基化合物，如氨基化锂、氨基化钙等。③硝基化合物，如硝基芳烃、二硝基丙烷等。④硝化棉制品，如硝化纤维漆布、赛璐珞等。⑤萘及其衍生物，如萘、甲基萘等。⑥其他，如硫黄、生松香、聚甲醛等。

（b）可燃固体。指高熔点固体（燃点在300℃以上）、低熔点固体（闪点在100℃以上），并作为化工原料和制品使用的燃烧固体，以及燃点在300℃以下的天然纤维及其农副产品。

在实际生产、储存和使用中，将一级易燃固体归为甲类火灾危险品，二级易燃固体归为乙类火灾危险品，可燃固体则归为丙类火灾危险品。

5. 火灾、爆炸原因

在一般情况下，发生火灾、爆炸事故的原因有以下9个方面。

（1）用火管理不当。无论对生产用火（如焊接、锻造、铸造和热处理等工艺），还是对生活用火（如吸烟、使用炉灶等），火源管理不善。

（2）易燃物品管理不善，库房不符合防火标准，没有根据物质的性质分类储存。例如，将性质互相抵触的化学物品放在一起，灭火要求不同的物质放在一起，遇水燃烧的物质放在潮湿地点等。

(3) 电气设备绝缘不良,安装不符合规程要求,发生短路,超负荷,接触电阻过大等。

(4) 工艺布置不合理,易燃易爆场所未采取相应的防火防爆措施,设备缺乏维护、检修,或检修质量低劣。

(5) 违反安全操作规程,使设备超温超压,或在易燃易爆场所违章动火、吸烟或违章使用汽油等易燃液体。

(6) 通风不良,生产场所的可燃蒸气、气体或粉尘在空气中达到爆炸浓度并遇火源。

(7) 避雷设备装置不当,缺乏检修或没有避雷装置,发生雷击引起失火。

(8) 易燃易爆生产场所的设备管线没有采取消除静电措施,发生放电火花。

(9) 棉纱、油布、沾油铁屑等放置不当,在一定条件下自燃起火。

6. 防火防爆的基本措施

根据当前的科学技术条件,火灾和爆炸是可以防止的。一般采取以下 5 项措施。

(1) 开展防火教育,提高员工对防火意义的认识。建立健全群体性义务消防组织和防火安全制度,开展经常性的防火安全检查,消除火险隐患,并根据生产氧气性质,配备适用和足够的消防器材。

(2) 认真执行建筑和生产装置防火设计规范。厂房和库房必须符合防火等级要求。厂房和库房之间应有安全距离,并设置消防用水和消防通道。

(3) 合理布置生产工艺。根据产品原材料火灾危险性质,安排、选用符合安全要求的设备和工艺流程。性质不同又能相互作用的物品应分开存放。具有火灾、爆炸危险的厂房,要采用局部通风或全面通风,降低易燃气体、蒸气、粉尘的浓度。

(4) 易燃易爆物质的生产,应在密闭设备中进行。对于特别危险的作业,可充装惰性气体或其他介质保护,隔绝空气。对于与空气接触会燃烧的应采取特殊措施存放,如将金属钠存于煤油中,磷存于水中,二硫化碳用水封闭存放等。

(5) 从技术上采取安全措施,消除火源。例如,为消除静电,可向汽油内加入抗静电剂。油库设施包括油罐、管道、卸油台、加油柱应进行可靠的接地,接地电阻不大于 30 Ω;乙炔管道接地电阻不大于 20 Ω。往容器注入易燃液体时,注液管道要光滑、接地,管口要插到容器底部。为防止雷击,在易燃易爆生产场所和库房安装避雷设施。此外,设备管理符合防火防爆要求,厂房和库房地面采用不发火地面等。

7. 灭火的基本方法

发生了火灾,要运用正确的方法进行灭火。灭火的基本原理,主要是破坏燃烧过程及维持物质燃烧的条件。通常采用以下 4 种方法。

(1) 隔离法。将着火点或着火物与其周围的可燃物质隔离或移开,燃烧会因缺少可燃物而停止。

(2) 窒息法。阻止空气进入燃烧区,或者用不燃烧的物质(气体、干粉、泡沫等)隔绝或冲淡空气,使燃烧物得不到足够的氧气而熄灭。

(3) 冷却法。将水、泡沫、二氧化碳等灭火剂喷射到燃烧区内,吸收或带走热量,降低燃烧物的温度和对周围其他可燃物的热辐射强度,达到停止燃烧的目的。

(4) 化学抑制法。用含氟、氯、溴的化学灭火剂喷向火焰，让灭火剂参与燃烧反应，从而抑制燃烧过程，使火迅速熄灭。

上述4种方法有时可以同时采用。例如，用水或灭火器扑救火灾，就同时具有两个方面以上的灭火作用。但是，在选择灭火方法时，还要视火灾的原因采取适当的方法，不然就可能适得其反，扩大灾害，如对电器火灾，就不能用水浇的方法，而宜用窒息法；对油火，宜用化学灭火剂等。厂矿企业要根据各自的特点预先做好准备，以防一旦事发而措手不及。

第三节　应急救援预案与事故处置

一、应急救援预案

应急救援预案指面对突发事件如自然灾害、重特大事故、环境公害及人为破坏的应急管理、指挥、救援计划等。它一般应建立在综合防灾规划之上，包括几大重要子系统：完善的应急组织管理指挥系统；强有力的应急工程救援保障体系；综合协调、应对自如的相互支持系统；充分备灾的保障供应体系；体现综合救援的应急队伍等。

1. 应急救援预案编制的一般程序

第一步：成立编制小组。吸纳与预案有关的部门和人员参加，集思广益，吸纳各方意见。

第二步：法律法规分析、风险隐患分析。应急能力分析；收集、分析预案所涉及的法律法规；识别危险因素；评价现有人力、物力和能力；摸清底数，有的放矢。

第三步：编制应急预案。基于分析结果，按照一定的框架格式编制预案，预案要清晰明了、简单实用。

第四步：评审与发布。征求预案所涉及单位的意见；召开专家评审会议；按照评审意见修改完善预案；提交预案批准单位，经相关会议批准后印发；科学评审，提高质量。

第五步：实施预案。开展预案的宣传、培训、演练；定期检查预案落实情况；定期评审和更新预案；检验预案、锻炼队伍、磨合机制、教育群众。

2. 应急救援预案的编制基本要求

(1) 符合有关法律、法规、规章和标准的规定。

(2) 结合本地区、本部门、本单位的安全生产实际情况。

(3) 结合本地区、本部门、本单位的危险性分析情况。

(4) 应急组织和人员的职责分工明确，并有具体的落实措施。

(5) 有明确、具体的事故预防措施和应急程序，并与其应急能力相适应。

(6) 有明确的应急保障措施，并能满足本地区、本部门、本单位的应急工作要求。

(7) 预案基本要素齐全、完整，预案附件提供的信息准确。

(8) 预案内容与相关应急救援预案相互衔接。

3. 应急救援预案体系的分类

应急救援预案体系分为综合应急预案、专项应急预案、现场处置方案3类。

(1) 第一类：综合应急预案。综合应急预案是企业的整体预案，以岸基支持与集中指挥为主，侧重在应急救援活动的组织协调，从总体上阐述事故的应急方针、政策，明确本企业应急组织结构及相关应急职责，应急行动、措施和保障等基本要求和程序，通过综合应急预案可以清晰地了解企业应急管理体系的概况，是应对各类突发事件的综合性文件，所有企业都应编写。

(2) 第二类：专项应急预案。专项应急预案是针对具体的不同突发事件类别、危险源和应急保障而制定的计划或方案，是综合应急预案的组成部分，要与综合预案相互衔接，应按照综合应急预案的程序和要求组织制定，并作为综合应急预案的附件。专项应急预案应制定明确的救援程序和具体的应急救援措施，以达到最大限度地调动和使用资源，快速、有序地发挥最佳应急救援效果，适用于大型企业或行业集团。

(3) 第三类：现场处置方案。现场处置方案是根据航运企业的经营风险，针对在营运过程中发生或可能发生的各种不同的具体事故或险情制定的应急处置和预防措施。现场处置方案应根据风险评估及危险性控制措施逐一编制，做到具体、简单、针对性强，并通过应急演练，参与应急人员要做到应知应会、熟练掌握、反应迅速、正确处置。

4. 应急救援的重要性

主要体现在以下3个方面：

(1) 可以科学规范突发事件应对处置工作。明确各级政府、各个部门及各个组织在应急体系中的职能，以便形成精简、统一、高效和协调的突发事件应急处置体制机制。

(2) 可以合理配置应对突发事件的相关资源。通过事先合理规划、储备和管理各类应急资源，在突发事件发生时，按照预案明确的程序，保证资源尽快投入使用。

(3) 可以提高应急决策的科学性和时效性。突发事件的紧迫性、信息不对称性和资源有限性要求快速做出应急决策。预案为准确研判突发事件的规模、性质、程度并合理决策应对措施提供了科学的思路和方法，能够减轻其危害程度。

5. 事故应急预案的制定

企业应根据可能发生的事故进行预测和评价，编写相关的事故应急预案，并根据生产工艺的变化及时进行修改，做到预案的适宜性和可操作性。

企业应急救援预案的编制应简洁具体、切合实际，具有可行性和可操作性，能够满足各类事故的应急救援。企业在进行事故应急救援预案的编制之前，应首先对本企业进行危险源的辨识，根据危险源的情况制定应急救援预案。

企业应急预案有助于识别风险隐患、了解突发事件的发生机制、明确应急救援的范围和体系，使突发事件应对处置的各个环节有章可循，并有利于对突发事件及时做出响应和处置，有利于避免突发事件扩大或升级，最大限度地减少突发事件造成的损失。

企业应急救援预案的主要内容包括以下方面：

(1) 企业的基本情况。包括：一般情况，地理简况，危险化学物品的品名及正常储量装置的生产能力，企业内员工情况。

(2) 距离。距厂墙外 500 m、1000 m 范围内的居民(包括工矿企事业单位及人数)分布情况；气象状况(如风速、风向、气温、各月风频率)对事故的可能影响；危险目标的数量与周边情况分布。

(3) 指挥机构组织平面图，明确分工与职责。

(4) 应急救援专业队伍的任务。企业根据实际需要，应建立各种不脱产的专业救援分队，包括抢险抢修分队、医疗救护分队、消防分队、运输分队、通信保障分队、治安保障分队、物资保障分队、事故接待与安置分队等，确定组成部门及负责人与成员的联络电话和救援任务等。救援分队是危险化学品事故应急救援的骨干力量，担负企业各类重大危险化学品事故的处置任务。

(5) 装备和救援信号、标记规定。为保证应急救援工作的及时有效，事先必须配备装备器材，并对信号做出规定。

(6) 事故应急救援的基本原则。对已确定的危险目标，企业首先应根据其可能导致事故的因素，采取有针对性的预防措施，避免事故发生。各种预防措施必须建立责任制，落实到部门和个人。同时还应制定一旦发生大量有害物料泄漏、着火爆炸、人员中毒等情况时，尽力降低危害程度的措施，准备应急反应，限制事故严重度，减轻事故后果，减少事故对公众健康和环境的影响。

(7) 事故处置。根据事故发生的部位和类型、引发事故的原因的不同，其应急救援预案的具体内容、处置的程序和侧重点也应有所不同。

处置方案：根据危险目标模拟事故状态，制定出各种事故状态下的应急处置方案，如大量毒气泄漏、多人中毒、燃烧、爆炸、停水、停电等，包括通信联络、抢险抢救、医疗救护、伤员转送、人员疏散、家属接待与安置、物资供应、生产(经营)系统指挥、上报联系、救援行动方案等。

处置程序：指挥机构应制定事故处理程序图，一旦发生重大危险化学品事故时，第一步做什么，第二步做什么，第三步做什么，都有明确规定，越具体、越清楚、越实际越好。重大事故发生时，指挥机构应立即启动预案，各有关部门应立即处于紧急状态，在指挥机构的统一指挥下(要明确救援分队的名称、机动路线、展开区域、救援目标和任务指挥机构位置)，按处置方案有条不紊地处理和控制事故，既不要惊慌失措，也不要麻痹大意，尽量把事故控制在最小范围内，最大限度地减少人员伤亡和财产损失。

(8) 现场紧急救援。现场紧急救援主要是工程抢险抢修和现场医疗救护。有效的工程险抢修是控制事故、消灭事故的关键。抢险人员应根据事先拟订的方案，在做好个体防护的基础上，以最快的速度及时堵漏排险，消灭事故。及时有效的现场医疗救护则是减少伤亡的重要一环。

(9) 紧急安全疏散。在发生重大危险化学品事故，可能对企业区域内外人群安全构成重要威胁时，必须在指挥部统一指挥下，对与事故应急救援无关的人员进行紧急疏散。疏散的方向、距离和集中地点，必须根据不同事故，做出具体规定，如疏散时机、范围、路线方法和保障、组织指挥等。总的原则是疏散安全点处于当时的上风向及有毒气体扩散范围之外。对可能威胁到企业外居民(包括友邻单位人员)安全时，指挥部应立即和地方有关部门联系，引导居民迅速撤离到安全地点。

(10) 社会支援。企业一旦发生重大危险化学品事故,本单位抢险抢救力量不足或有可能危及社会安全时,指挥机构必须立即向上级和友邻单位通报,必要时请求社会力量援助。社会援助队伍进入事故区时,指挥机构应责成专人联络、引导并告知安全注意事项。

(11) 定期组织事故应急救援预案的演练。除加强应急救援的宣传教育、普及救援知识外,各专业队伍应定期进行实践练兵,遵照先易后难、先单队后联合的步骤进行演习,不断提高应急救援技能和指挥水平。

二、事故处置

(一) 应急处置程序

事故应急处置一般包括事故报警、出动应急救援队伍、划定安全区和事故现场控制、紧急疏散、现场指挥与控制、现场急救、人员安全防护、现场清理和洗消等 8 个方面。

1. 事故报警

当发生事故时,现场人员必须根据各自企业制定的事故预案立即采取抑制措施,尽量减少事故的蔓延,同时向有关部门报告。事故发生单位领导人应根据事故地点、事态的发展决定应急救援形式是单位自救还是采取社会救援。

2. 出动应急救援队伍

公司应急指挥中心总指挥根据事故的性质、严重程度、影响范围和可控性,对事故进行研判,若符合应急准备条件,按照公司应急响应程序,指示二级单位进行应急处置。根据事故的发展动态及现场应急处置情况,若预警升级,则启动应急响应,出动应急救援队伍,并确定向地方政府及集团公司报告事件发生相关情况及请求地方政府部门协调、支援等事项。

3. 划定安全区和事故现场控制

根据事故模拟结果和专家建议,并考虑危险化学品对人体的不同伤害程度,同时结合事故发生的不同时期,可以将现场分为初始安全区、事故现场控制区等区域。

(1) 初始安全区。危险化学品泄漏后,若接触泄漏物或吸入其蒸气可能会危及生命,则有必要确定初始安全区,以供现场应急人员在专业人员到达事故现场前作应急参考。

(2) 事故现场控制区。根据确定的初始安全距离,可以疏散现场的人员,禁止人员进入隔离区。应急处置人员到达现场后,应进一步细化安全区域,确定应急处置人员、洗消人员和指挥人员分别所处的区域。一旦确定警戒范围,必须在警戒区设置警戒标志,消除区内火种。设置警戒标志可使用警戒标志牌、警戒绳,夜间可以拉防爆灯光警戒绳。在警戒区周围布置一定数量的警戒人员,防止无关人员和车辆进入警戒区。主要路口必须布置警戒人员,必要时实行交通管制。

4. 紧急疏散

(1) 建立警戒区域并迅速将事故应急处理无关人员撤离,将相邻的危险化学品疏散,以减少不必要的人员伤亡。

（2）紧急疏散时应注意：①如事故物质有毒时，需要佩戴个体防护用品或采用简易有效的防护措施。②应向上风方向转移；明确专人引导和护送疏散人员到安全区，并在疏散或撤离的路线上设立哨位，指明方向。③不要在低洼处滞留。④要查清是否有人留在污染区与着火区。

（3）为使疏散工作顺利进行，每个车间应至少有两个畅通无阻的紧急出口，并有明显标志。

5. 现场指挥与控制

（1）现场应急指挥责任主体及指挥权交接。突发事故发生后，事发单位要立即启动应急预案，先期成立本单位现场指挥部，由事发现场最高职位者担任现场指挥部指挥员，在确保安全的前提下采取有效措施组织抢救遇险人员，控制危险源、封锁危险场所、划定警戒隔离区，防止事故扩大。事故升级，在市、区相关负责人赶到现场后，事发单位应立即向市、区现场应急指挥部正式移交应急指挥权，并汇报事故情况、进展、风险以及影响控制事态的关键因素和问题。调动本单位所有应急资源，服从政府和上级现场应急指挥部的指挥。

（2）组建现场指挥部。由市生产安全事故应急指挥部办公室牵头，组建现场指挥部，成立现场应急处置工作组。

（3）现场指挥协调。现场指挥部成立后，及时将现场指挥部人员名单、通信方式等报告上一级应急指挥机构，根据现场指挥需要，按规定配备必要的指挥设备及通信手段等，具备迅速搭建现场指挥平台的能力；现场指挥部要悬挂或喷涂醒目的标志，现场总指挥和其他人员要佩戴相应标识。

（4）跟踪进展。一旦发现事态有进一步扩大的趋势，可能超出自身的控制能力时，指挥部应报请市生产安全事故应急指挥部协调调度其他应急资源参与处置工作。及时向事故可能波及的地区通报有关情况，必要时可通过媒体向社会发出预警。

6. 现场急救

在事故现场，化学品对人体可能造成的伤害为中毒、窒息、冻伤、化学灼伤、烧伤等，进行急救时，不论患者还是救援人员都需要进行适当的防护。急救之前，救援人员应确信受伤者所在环境是安全的。另外，口对口的人工呼吸及冲洗污染的皮肤或眼睛时，要避免进一步受伤。

7. 人员安全防护

（1）应急救援人员防护。应急救援指挥人员、医务人员和其他不进入污染区域的应急人员一般配备过滤式防毒面罩、防护服、防毒手套、防毒靴等；工程抢险、消防和侦检等进入污染区域的应急人员应配备密闭型防毒面罩、防酸碱型防护服和空气呼吸器等。所有人员采取相应安全防护措施后，方可进入现场救援。

（2）遇险人员救护。救援人员应携带救生器材迅速进入现场，将遇险受困人员转移到安全区。将警戒隔离区内与事故应急处理无关人员撤离至安全区，撤离时要选择正确方向和路线。对救出人员进行现场急救和登记后，移交专业医疗卫生机构救护。

(3) 群众的安全防护。根据不同危险化学品事故特点,组织和指导群众就地取用毛巾、湿布、口罩等物品,采用简易有效措施自救互救。根据实际情况,制定切实可行的疏散程序。进入安全区域后,应尽快去除受污染的衣物,防止继发性伤害。

8. 现场清理和洗消

事故现场清理是为了防止进一步危害的过程。在现场危险分析的基础上,应对现场可能产生的进一步的危害和破坏采取及时的行动,尽可能减小二次事故发生的可能性。这类工作包括防止有毒有害气体的生成或蔓延、释放,防止易燃易爆物质或气体的生成与燃烧爆炸,防止由火灾引起的爆炸等。

(二) 典型事故应急处置

1. 火灾、爆炸事故应急处置

(1) 火灾、爆炸事故应急处置原则:①救人第一。②先控制,再消灭,迅速关闭火灾部位的上下游阀门,切断危险物料。③扑救人员应处于上风或侧风向,并采取针对性地自我防护措施。④正确选择最适当的灭火剂和灭火方法。⑤对可能发生再次爆炸危险时,应按照统一的撤退信号和撤退方法及时撤退。

(2) 火灾爆炸事故应急处置措施:火灾、爆炸事故一般处置措施见表 2-3。

表 2-3 火灾、爆炸事故一般处置措施

序号	处置环节	处置内容
1	侦察、检测	(1) 侦察事故现场,确认以下情况: ① 被困人员情况; ② 容器储量、燃烧时间、部位、形式、蔓延方向、火势范围与阶段、对毗邻威胁程度; ③ 生产装置、控制路线、建(构)筑物损坏程度; ④ 确定攻防路线、阵地; ⑤ 现场及周边污染情况。 (2) 检测人员在不同方位从火场外围向内检测有害物质的扩散范围,特别注意对周边暗渠、管沟、管井等相对密闭空间进行检测。 (3) 了解周边单位、居民、地形等情况
2	隔离、疏散	根据现场侦检情况确定警戒区域,进行警戒、疏散、交通管制: (1) 确定警戒区域,并设立警戒标志,在安全区外设立隔离带; (2) 合理设置出入口,严格控制各区域进出人员、车辆、物资,并进行安全检查、逐一登记; (3) 设立警戒区的同时,有序组织警戒区内的无关人员疏散
3	救生与救护	(1) 采取正确的救助方式,将所有遇险人员移至无污染地区; (2) 对救出人员进行登记、标识和现场急救; (3) 将伤情较重者送医疗急救部门救治; (4) 对于中毒者要使用特效药物对症治疗

续表

序号	处置环节	处 置 内 容
4	火场控制	在实施灭火前，要对火场现场进行控制，以达到灭火条件。 (1) 控险： ① 对周围受火灾威胁的设施及时采取冷却保护措施； ② 利用工艺措施倒罐或排空； ③ 转移受火势威胁的物资和移动设施。 (2) 排险： ① 向泄漏点、主火点进攻之前，应将外围火点彻底扑灭； ② 有的火灾可能造成易燃液体外流，这时可用沙袋或其他材料筑堤拦截飘散流淌的液体，或挖沟导流将物料导向安全地点； ③ 用毛毡、海草帘堵住下水井、窨井口等处，防止火焰蔓延。 (3) 堵漏：所有堵漏行动必须采取防爆措施，确保安全。 (4) 点燃：对于气体火灾，当罐内气压减小，火焰自动熄灭，或火焰被冷却水流扑火，但还有气体扩散且无法实施堵漏，仍能造成危害时，要果断采取措施点燃
5	火灾扑救	(1) 要达到以下灭火条件时才能实施灭火： ① 周围火点已彻底扑灭、外围火种等危险源已全部控制； ② 着火罐或设施已得到充分冷却； ③ 兵力、装备、灭火剂制已准备就绪； ④ 物料源已被切断，且内部压力明显下降； ⑤ 堵漏准备就绪，并有把握在短时间内完成。 (2) 灭火：选择正确的灭火剂和灭火方法控制火灾，当已具备灭火条件时，可实施灭火
6	洗消	(1) 根据现场危险化学品的毒性，考虑设立洗消站，使用相应的洗消药剂； (2) 洗消的对象：中毒人员在送医院治疗之前、现场医务人员、消防和其他抢险人员及群众互救人员、抢救及染毒器具等； (3) 洗消污水的排放必须经过环保部门的检测，以防造成次生灾害
7	清理	(1) 用喷雾水、蒸气、惰性气体清扫现场内事故罐、管道、低洼、沟渠等处，确保不留残气(液)； (2) 小量残液，用干沙土、水泥粉、煤灰、干粉等吸附；大量残液，用防爆泵抽吸或使用无火花盛器收集，集中处理； (3) 在污染地面洒上中和或洗涤剂浸洗，然后用大量直流水清扫现场，特别是低洼、沟渠等处，确保不留残液； (4) 清点人员、车辆及器材，撤除警戒，做好移交，安全撤离
8	环境保护措施	(1) 对场内灭火后的残留物料和消防废水，立即进行回收、挖坑、引流、处理，关闭清污分流切换阀，同时对装置区域清净下水总排放口进行截堵，在水质突变的情况下，紧急投入环境保护措施用事故污水调节罐或污水池； (2) 对场外残留物料和消防废水和污水总排放口，加强监测，对外排的污染物进行围追和截堵

根据危险物料不同、发生场景不同，火灾、爆炸事故的处置措施略有不同，其注意事项详见表2-4。

表 2-4 典型设施和场景火灾、爆炸事故处置注意事项

序号	典型作业环境	注意事项
1	装置类发生火灾、爆炸	对于扑救装置类火灾要立体围控,全面控制: (1) 组织良好的供水路线,确保水枪的用水量; (2) 能喷到一定高度的器材装备,充分利用装置的操作平台,框架结构的孔洞、设备观察孔等架设水枪,指挥层次清楚、指挥关系明确; (3) 关阀断料,对空间燃烧液体流经部位予以充分冷却,采取上下立体夹攻的方法消灭空间液体流淌火,对流到地面的燃烧液体,筑堤导流,泡沫覆盖; (4) 明沟类流淌火,要筑堤分割,分段堵截;暗沟类流淌火,要泡沫灌注,封闭窒息
2	大型原油储罐发生火灾、爆炸	(1) 扑救原油和重油等具有沸溢和喷溅危险的液体火灾,如有条件,可采取放水、搅拌等防止发生沸溢和喷溅的措施; (2) 在灭火时必须注意计算可能发生沸溢、喷溅的时间和观察是否有沸溢、喷溅的征兆; (3) 指挥员发现危险征兆时应迅速及时下达撤退命令,避免造成人员伤亡和装备损失; (4) 扑救人员看到或听到统一撤退信号后,应立即撤至安全地带
3	液化经储罐发生火灾、爆炸	(1) 扑救液化气体火灾切忌盲目扑灭火势,在没有采取堵漏措施的情况下,必须保持稳定燃烧;如果意外扑灭了泄漏处的火焰,也必须立即点燃。 (2) 如果确认泄漏口非常大,根本无法堵漏,只需冷却着火容器及其周围容器和可燃物品,控制着火范围,直到燃气燃尽,火势自动熄灭。 (3) 采用封堵暗渠盖板、管孔等措施防止泄漏液态烃流入相对密闭空间。对可能已存在液态烃或可燃(有毒)气体积聚的相对密闭空间,应根据现场情况立即采取注水(泡沫液)、强风吹扫等方式进行处置。 (4) 应密切注意各种危险征兆,当出现以下征兆时,必须及时做出准确判断,下达撤退命令:①可燃气体继续泄漏而火种较长时间没有恢复燃烧,现场可燃气体浓度达到爆炸极限;② 受辐射热的容器裂口或安全阀出口处火焰变得白亮耀眼、泄漏处气流发出尖叫声、容器发生晃动等现象。现场人员看到或听到事先规定的撤退信号后,应迅速撤退至安全地带。 (5) 扑救液化烃储罐火灾时应注意防止未挥发液化烃造成人员冻伤,进入液化烃泄漏区域作业必须穿戴专用服装
4	扑救特殊危险化学品火灾	(1) 对于爆炸物品火灾,切忌用沙土盖压,以免增强爆炸物品爆炸时的威力; (2) 对于遇湿易燃物品火灾,绝对禁止用水、泡沫、酸碱等湿性灭火剂扑救; (3) 扑救毒害品和腐蚀品的火灾时,应尽量使用低压水流或雾状水,避免腐蚀品、毒害品溅出,遇酸类或碱类腐蚀品最好调制相应的中和剂稀释中和; (4) 易燃固体、自燃物品一般都可用水和泡沫扑救;对易升华的易燃固体,受热发出易燃蒸气,能与空气形成爆炸性混合物,尤其在室内,易发生爆燃,在扑救过程应不时向燃烧区域上空及周围喷射雾状水,并消除周围一切火源

2. 油气管道泄漏事故应急处置

1）泄漏事故的处置原则

一旦发生泄漏事故，要迅速采取有效措施消除或减少泄漏的危害。应急处置的首要任务为：迅速撤离泄漏污染区人员至安全区并进行隔离，严格限制出入，切断火源，切断泄漏源。

2）泄漏事故的应急处置要领

（1）进入泄漏现场的注意事项。进入泄漏现场进行应急处理时，一定要注意安全防护。

（a）进入现场救援人员必须佩戴必要的个人防护器具。

（b）如果泄漏物是易燃易爆的，事故中心区应严禁火种，切断电源，禁止车辆进入，立即在边界设置警戒线。

（c）如果泄漏物是有毒的，应使用专用防护服、隔绝式空气面具，并立即在事故中心区设置警戒线。

（d）应急处理时严禁单独行动，要有监护人，必要时用水枪、水炮掩护。

（2）确保人员安全。在确保人员安全的前提下，尽快关阀堵漏。根据实际情况，可以关闭阀门、停止作业或改变工艺流程、物料走副线、局部停车、打循环、减负荷运行等，采用合适的材料和技术手段堵住泄漏处。

（3）对泄漏物的处理。处理泄漏物，通常有以下几种办法：

（a）筑堤堵截。筑堤堵截泄漏液体或者引流到安全地点。储罐区发生液体泄漏时，要及时关闭雨水网，防止物料沿明沟外流。

（b）稀释与覆盖。向有害物蒸气云喷射雾状水，加速气体向高空扩散。对于可燃物，也可以在现场施放大量水蒸气或氮气，破坏燃烧条件。对于液体泄漏，为降低物料向大气中的蒸发速度，可用泡或其他覆盖物品覆盖外泄的物料，在其表面形成覆盖层，抑制其蒸发。

（c）收集。对于大型泄漏，可选择用隔膜泵将泄漏出的物料抽入容器内或槽车内：当泄漏量小时，可用沙子、吸附材料、中和材料等吸收中和。

（d）废弃。将收集的泄漏物运至废物处理场所处置。用消防水冲洗剩下的少量物料，冲洗水排入污水系统处理。

（4）努力减轻泄漏危险化学品的毒害。参加危险化学品泄漏事故处置的车辆应停于上风方向。消防车、洗消车、洒水车应在保障供水的前提下，从上风方向喷射开花或喷雾水流对泄漏出的有毒有害气体进行稀释、驱散；对泄漏的液体有害物质可用沙袋或泥土筑堤拦截，或开挖沟坑导流、蓄积，还可向沟、坑内投入中和（消毒）剂，使其与有毒物直接起氧化、氯化作用，从而使有毒物改变性质，成为低毒或无毒的物质。对某些毒性很大的物质，还可以在消防车、洗消车、洒水车水罐中加入中和剂（浓度比为5%左右），则驱散、稀释、中和的效果更好。

（5）做好现场检测。应不间断地对泄漏区域进行定点与不定点的检测，以及时掌握泄漏物质的种类、浓度和扩散范围，恰当地划定警戒区。

（6）把握好灭火时机。当危险化学品大量泄漏，并在泄漏处稳定燃烧，在没有绝对把握制止泄漏的情况下，不能盲目灭火，一般应在制止泄漏成功后再灭火。否则，极易引起再次爆炸、起火，将造成更加严重的后果。

3）油气管道泄漏的一般处置措施

油气管道泄漏的一般处置措施及典型设施和场景应急处置时注意事项见表2-5。

表2-5 油气管道泄漏一般处置措施

序号	任务	工作内容
1	现场确认并报警	(1) 通过现场勘查、工艺参数分析、管道泄漏报警系统定位等手段确定泄漏点位置； (2) 关闭泄漏点两端线路截断阀，切断泄漏管段油气源供应； (3) 立即向地方政府报警
2	地方联动	(1) 立即向当地政府应急机构报告，请求并配合封闭现场，对警戒区周边实施交通管制； (2) 协调地方供电部门切断警戒区内电源； (3) 配合地方政府开展人员疏散、消防、抢险救援等应急工作
3	现场检测	对泄漏油气浓度、风向、风力、造成水体污染面积范围等污染物扩散情况进行持续检测
4	现场警戒与人员疏散	(1) 根据现场监测结果，确定泄漏现场警戒区范围； (2) 引导或告知警戒区内需疏散人员尽快疏散至安全区域人员流散； (3) 对受伤、中毒人员进有转移、救护； (4) 在确保救援人员个人防护完善的情况下对警戒区内失踪人员进行搜救； (5) 对警戒区内车辆就地熄火
5	泄漏点介质处理	(1) 对泄漏的油品采取开挖引流沟、开挖集油池、布设围油栏、筑坝等措施进行围堵、引流、集中、回收； (2) 对无法回收的污染油品，采取用沙土、干粉、泡沫覆盖事故现场地面等方式收集、清理污染物； (3) 采用强制通风设备对现场泄漏(挥发)的可燃(有毒)气体进行吹扫，吹扫方向应朝向安全扩散区域，并结合现场风向、风力、湿度等情况确定； (4) 采用在警戒区域布设水幕，向关键工艺设备、建(构)筑物、植被等喷水(泡沫)降温等方式
6	抢险作业	(1) 应严格控制火源，保持现场持续通风或吹扫，待可燃(有毒)气体浓度低于警戒值后，方可进场实施抢险作业； (2) 清理进场道路上障碍物，同时考虑正常通行道路和紧急逃生通道设置； (3) 在可燃气体的区域内应使用防爆设备，车辆进入警戒区须安装防火罩； (4) 根据抢险作业要求，组织清理作业区间内障碍物。对泄漏管道实施开挖，应采取人工方式清理开挖管道上方的覆土或堆积体，必要时应采取喷水(泡沫液)方式进行监护； (5) 对泄漏点管道进行封堵或更换，涉及用火作业前须严格进行安全条件确认

3. 急性中毒事故应急处置技术

1）急性中毒的应急处置原则

(1) 救护者在进入毒区抢救之前，要做好个人呼吸系统和皮肤的防护。

(2) 尽快切断毒物来源。救护人员进入事故现场后，除对中毒者进行抢救外，同时应采取果断措施(如关闭管道阀门、堵塞泄漏的设备等)切断毒源,防止毒物继续外逸。对于已经扩散出来的有毒气体或蒸气应立即启动通风排毒设施或开启门、窗等,降低有毒物质在空气中的含量,为抢救工作创造有利条件。

(3) 采取有效措施,尽快阻止毒物继续侵入人体。

(4) 在有条件的情况下,采用特效药物解毒或对症治疗,维持中毒者主要脏器的功能。

(5) 出现成批急性中毒病员时,应立即成立临时抢救指挥组织,以负责现场指挥。

(6) 立即通知医院做好急救准备。通知时应尽可能说清是什么毒物中毒、中毒人数、侵入途径。

2) 急性中毒事故的一般处置措施

急性中毒事故的一般处置措施见表 2-6。

表 2-6　急性中毒事故处理一览表

序号	任务	工作内容
1	搜救中毒人员	(1) 组成救生小组,携带救生器材迅速进入危险区域; (2) 采取正确的救助方式,将所有遇险人员移至安全区域; (3) 需要时,为伤员戴上呼吸防护装备,防止继续吸入染毒
2	登记分类	(1) 对救出人员进行登记; (2) 根据伤情对伤员进行分类,佩戴医用标牌;需要紧急处理和转运的伤员戴红色标牌;不严重、可以随后处理和转运的伤员戴黄色标牌;轻微中毒的伤员戴绿色标牌
3	现场急救	(1) 对呼吸困难者,立即给氧,对呼吸、心跳停止者,立即进行心肺复苏; (2) 存在化学性眼灼伤者,立即用大量流动清水彻底冲洗; (3) 对皮肤污染者,立即脱去污染的衣服,用流动清水冲洗; (4) 当人员发生冻伤时,应迅速复温。复温的方法是采用 40～42℃恒温热水浸泡,使其温度提高至接近正常。在对冻伤的部位进行轻柔按摩时,应注意不要将伤处的皮肤擦破,以防感染; (5) 当人员发生烧伤时,应迅速将患者衣服脱去,用流动清水冲洗降温,用清洁布覆盖创伤面,避免伤面污染,不要任意把水疱弄破,患者口渴时,可适量饮水或含盐饮料; (6) 经口中毒者,漱口,饮一杯水,立即催吐(神志不清者禁止催吐),或用洗胃以及导泻的办法使毒物尽快排出体外,或给服活性炭混悬液阻止毒物吸收,但腐蚀性毒物中毒时,一般不提倡用催吐与洗胃的方法
4	医院救治	(1) 经现场处理后应迅速护送至医院救治; (2) 有特效解毒剂的中毒应及时给予解毒治疗

第四节　石化企业生产及检修的安全要求

一、石油化工生产运行安全要求

(1) 必须编制生产的工艺规程、安全技术规程。根据工艺规程、安全技术规程和安全管理制度,编制常见故障和处理方法的岗位操作法,并经主管厂长(经理)或总工程师审批签发后，下发执行。

(2) 变更或修改工艺指标时，生产技术部门必须编制工艺指标变更通知单(包括安全注意事项)，并以书面形式下达。操作者必须遵守工艺纪律，不得擅自改变工艺指标。

(3) 操作者必须严格执行岗位操作法，按要求填写运行记录。

(4) 关联性强的复杂重要岗位，必须建立操作票制度，并严格执行。

(5) 安全附件和联锁装置不得随便拆卸和解除，声、光报警等信号不能随意切断。

(6) 在现场检查时，不准踩踏管道、阀门、电线、电缆架及各种仪表管线等设施。进入危险部位检查，必须有人监护。

(7) 严格遵守安全纪律，禁止无关人员进入操作岗位和动用生产设备、设施和工具。

(8) 正确判断和处理异常情况，紧急情况下，可以先处理后报告(包括停止一切检修作业，通知无关人员撤离现场等)。

(9) 在工艺运行或设备处在异常状态时，不准随意进行交接班。

二、石油化工生产开车安全要求

(1) 必须编制开车方案，检查并确认水、电、汽(气)符合开车要求，各种原料、材料、辅助材料的供应必须齐备、合格，按规定办理开车操作票，严格按开车方案进行开车。投料前还必须进行系统分析确认。

(2) 检查阀门状态及盲板抽加情况，保证装置流程畅通，各种机电设备及电气仪表等均处在完好状态。

(3) 保温、保压及清洗的设备要符合开车要求，必要时应重新置换、清洗和分析，使之合格。

(4) 确保安全、消防设施完好，通信联络畅通，并通知消防、气防及医疗卫生部门。危险性较大的生产装置开车，相关部门人员应到现场，消防车、救护车处于防备状态。

(5) 必要时停止一切检修作业，无关人员不准进入开车现场。

(6) 开车过程中要加强有关岗位之间的联络，严格按开车方案中的步骤进行，严格遵守升(降)温、升(降)压和加(减)负荷的幅度(速率)要求。

(7) 开车过程要严密注意工艺状况的变化和设备运行情况，发现异常现象应及时处理，情况紧急时应终止开车，严禁强行开车。

三、石油化工生产停车安全要求

(1) 正常停车必须编制停车方案，严格按停车方案中的步骤进行。

(2) 系统降压、降温必须按要求的幅度(速率)并按先高压后低压的顺序进行。凡是需要保温、保压的设备(容器)，停车后要按时记录压力和温度的变化。

(3) 大型传动设备的停车，必须先停主机，后停辅机。

(4) 设备(容器)卸压时，应对周围环境进行检查确认，要注意易燃易爆、易中毒等危险化学品的排放和扩散，防止造成事故。

(5) 冬季停车后，要采取防冻保温措施，注意低位、死角及水蒸气的管线、网疏水器和保温伴管等情况，防止管道和设施损坏。

四、石油化工生产紧急处理安全要求

（1）发现或发生紧急情况，必须先尽最大努力妥善处理，防止事态扩大，避免人员伤亡，并及时向有关方面报告。必要时，可先处理后报告。

（2）工艺及机电、设备等发生异常情况时，应迅速采取措施，并通知有关岗位协调处理。必要时，按步骤紧急停车。

（3）发生停电、停水、停气（汽）时，必须采取措施，防止系统超温、超压、跑料及机电设备的损坏。

（4）发生爆炸、着火、大量泄漏等事故时，应首先切断气（物料）源，同时迅速通知相关岗位采取措施，并立即向上级报告。

（5）应根据本单位生产特点，编制重大事故应急救援预案，并定期组织演练，提高处置突发事件的能力。

五、生产危险要害区域（岗位）安全要求

（1）设置生产过程中具有极度危害和高度危害毒物的装置、仓库、罐区、岗位等，以及公司供配电、供水等生产区域，为生产危险要害区域（岗位）范围。

（2）危险要害区域（岗位）由各单位安全、保卫、生产等部门共同认定，经厂长（经理）签署意见，报公司审批。

（3）要害岗位人员必须经过严格的安全培训，掌握相关的安全知识，具备较高的安全意识和较好的技术素质。

（4）要害岗位施工、检修时必须编制严密的安全防范措施，并报保卫、安全技术部门备案。施工、检修现场要设监护人，做好安全保卫工作，并认真做好详细记录。

（5）各单位应在危险要害区域界区周围设置统一的明显标志。

（6）建立健全严格的危险要害区域（岗位）的管理制度，凡外来人员必须经厂主管部门审批，并在专人陪同下，经登记后方可进入危险要害区域（岗位）。岗位人员对无手续或手续不全者应禁止其进入。

（7）应编制、修订危险要害区域（岗位）重大事故应急救援预案，定期组织有关人员演习，提高处置突发事故的能力。

六、石油化工生产场所的通风措施

石油化工生产厂房内的通风，其目的是排除或稀释火灾爆炸性气体、粉尘及有毒有害气体，防止火灾爆炸事故及保持良好的生产环境，保障劳动者的身体健康。

通风分为全面通风和局部通风。全面通风是向整个房间输送符合人体卫生和生产工艺要求的空气，更换原有的空气。局部通风包括局部吸气和局部送风。局部吸气是在有毒有害及火灾危险气体发生源附近，把有害物质随同空气一起吸走，以防止有害气体向周围空间

散布。局部送风即送入新鲜空气,以稀释室内有毒有害气体的浓度。应按照相关规定的要求,对于散发爆炸危险性粉尘或有可燃纤维的场所,应采取防止粉尘、纤维扩散和飞扬的措施;对于散发比空气重的甲类气体、有爆炸危险性粉尘或可燃纤维的厂房的地面不宜设地坑或地沟,应有防止气体积聚的措施,如设局部风口或局部机械排风。散发比空气轻的可燃气体的厂房,可采用开设天窗等自然通风;在事故状态下,可用强制机械通风。

为了防止有毒有害及火灾爆炸气体渗透到某些电气、仪表、精密仪器的场所,应采用正压通风。正压通风设备的取风口宜位于上风方向,并应高出地面 9 m 以上或高于爆炸危险区 1.5 m 以上。

七、石油化工生产对设备设施的安全要求

石油化工生产对石油化工设备设施的安全运行提出如下要求:

(1) 足够的强度。为确保石油化工设备设施长期、稳定、安全地运行,必须保证所有的零部件有足够的强度。一方面要求设计和制造单位严把设计、制造质量关,消除隐患,特别是压力容器,必须严格按照国家有关标准进行设计、制造和检验,严禁粗制滥造和任意改造结构及选用代材;另一方面要求操作人员严格履行岗位责任制,遵守操作规程,严禁违章指挥、违章操作,严禁超温、超压、超负荷运行。同时还要加强维护管理,定期检查设备与机器的腐蚀、磨损情况,发现问题及时修复或更换。当石油化工设备达到使用年限后,应及时更新,以防因腐蚀严重或超期使用而发生重大设备事故。

(2) 密封可靠。化肥、石油化工、炼油厂处理的物料大都是易燃易爆、有毒和腐蚀性的,如果由于设备设施密封不严而造成泄漏,将会引起燃烧、爆炸、灼伤、中毒等事故。因此,不管是高压设备还是低压设备,在设计、制造、安装及使用过程中,必须特别重视石油化工设备设施的密封问题。

(3) 安全保护装置必须配套。随着科学技术的发展,现代化肥、石油化工、炼油装置大量采用了自动控制、信号报警、安全联锁和工业电视等一系列先进手段。自动联锁与安全保护装置的采用,在化设备出现异常时,会自动发出警报或自动采取安全措施,以防事故发生,保证安全生产。

(4) 适用性强。当运行条件稍有变化(如温度、压力等条件)时,应能完全适应并维持正常运行。一旦由于某种原因发生事故时,可立即采取措施,防止事态扩大,并在短时间内予以修复、排除,这除了要求安装有相应的安全保护装置外,还要有方便修复的合理结构,备有标准化、通用化、系列化的零部件及技术熟练、经验丰富的维修队伍。

石油化工设备设施的运行状况直接影响到石油化工生产的连续性、稳定性和安全性,因此,强化石油化工设备设施的维护管理,提高工人尤其是技术工人的安全技术素质,确保石油化工设备设施的安全运行,在石油化工生产中越来越重要。

八、设备检修作业前的安全要求

(1) 加强检修工作的组织领导,做到安全组织、安全任务、安全责任、安全措施“四落实”。根据设备检修项目要求,制定设备的检修方案,落实检修人员和安全措施。

(2) 一切检修项目均应在检修前办理“检修任务书”和“设备检修安全作业证”。

(3) 检修项目负责人对检修安全工作负全面责任，对检修工作实行统一指挥调度，确保检修过程的安全。

(4) 必须对参加检修作业的人员进行安全教育，特种作业人员必须持证上岗，应对检修过程中可能存在和出现的不安全因素进行分析，提前采取预防措施。

(5) 检修项目负责人，必须按“检修任务书”和“设备检修安全作业证”的要求，亲自组织有关技术人员到现场向检修人员交底。

(6) 专业特种设备检修必须由具备相应检修资质的单位进行。

九、设备检修作业中的安全要求

(1) 根据“检修任务书”和“设备检修安全作业证”的要求，生产单位要对检修的设备管道进行工艺处理。工艺处理要有严格的步骤，由专人负责，分析数据是否合格。

(2) 检修的设备、管道与生产区域的设施、管道有连通时，中间必须进行有效隔离。

(3) 检修单位与生产单位共同对工艺处理等情况检查确认后办理交接手续，不经生产负责人同意不得拆卸设备及管道。

(4) 对检修使用的工具、设备应进行详细检查，保证安全可靠。

(5) 检修传动设备或传动设备上的电气设备，必须切断电源(拔掉电源熔断器)，并经两次启动复查证明无误后，在电源开关处挂上禁止启动牌或上安全锁卡。使用的移动式电气工器具应配备漏电保护装置。

(6) 检修单位应严格执行相关规程规范的要求，根据检修内容办理相关票证，并检查审批内容和安全措施的落实情况。

(7) 检修单位应检查检修中所需防护器具、消防器材的准备情况。

(8) 检修现场的坑、井、洼、沟、陡坡等应填平或铺设与地面平齐的盖板，也可设置围栏和警告标志，夜间悬挂警示红灯。检查、清理检修现场的消防通道、行车通道，保证畅通无阻。需夜间检修的作业场所，应设有足够亮度的照明装置。

(9) 应对检修现场的爬梯、栏杆、平台、盖板等进行检查，保证安全可靠。

(10) 检修人员必须按施工方案及作业证指定的范围、方法、步骤进行施工，不得随意更改。

(11) 检修人员在检修施工中应严格遵守各种安全操作规程及相关规章制度，听从现场指挥人员和安技人员的指导。

(12) 每次检修作业前，要检查作业现场及周围环境有无改变，邻近的生产装置有无异常。

(13) 凡在有可能坠落的高处(距坠落高度基准面 2 m 及以上)进行的作业，按照规定要求执行。

(14) 一切检修应严格执行企业检修安全技术规程，检修人员要认真遵守本工种安全技术操作规程的各项规定。

(15) 在生产车间临时检修时，遇有易燃易爆物料的设备，要使用防爆器械或采取其他防爆措施，严防产生火花。

(16) 在检修区域内,对各种机动车辆要进行严格管理。

(17) 在危险化学品的生产场所检修,要经常与生产岗位联系,当石油化工生产发生故障、出现突然排放危险物或紧急停车等情况时,应停止作业,迅速撤离现场。

(18) 进入石油化工生产区域内的各类塔、球、釜、槽、罐、炉膛、烟道、管路、容器及地下室、窨井、地坑、下水道或其他封闭场所内进行的作业,必须按相关规定和规范要求执行。

十、设备检修作业后的安全要求

(1) 检修完毕后必须做到:一切安全设施恢复正常状态;根据生产工艺要求抽加盲板,检查设备管道内有无异物及封闭情况,按规定进行水压或气密性试验,并做好记录备案;检修任务书归档保存;检修所用的工器具应搬走,脚手架、临时电源、临时照明设备等应及时拆除,保持现场整洁。

(2) 检修单位会同设备所属单位及有关部门,对检修的设备进行单机和联动试车,验收后办理交接手续。

(3) 投料开车前,岗位操作人员认真检查确认维修部位和安全部件,保证其安全可靠,仪表管线畅通。

(4) 生产岗位交接班时,操作人员必须将检修中变动的设备管道、阀门、电器、仪表等情况相互交接清楚。

第五节　石油化工安全实践区

石油化工产业链实训培训基地的石油化工安全实践区主要由石油化工安全学训系统和石油化工安全实训区两部分组成。

一、石油化工安全学训系统简介

1. 信息中心

(1) 培训注册根据用户的角色显示管理员推荐的课程,由管理员指定或用户选择注册。

(2) 培训矩阵根据用户角色,查询显示用户的某项培训的培训计划。

(3) 考试显示用户近期将要参加的考试信息。

(4) 成绩查询可显示用户的所有成绩。

(5) 显示、修改用户的账户信息。

2. 学习资料库

资料库中可显示、查询、下载资料库课件。

3. 三维互动学习

内容主要包括防爆安全、防毒安全、防火安全、机械安全、生产停运事故、通电安全技术在内的动画演示。

4. 考试系统

考试系统包括：安全标识考试系统软件（含题库及考核软件）、安全防护考试系统软件（含题库及考核软件）、安全操作规程训练（含题库及考核软件）、安全防护考试系统软件（含题库及考核软件）、安全事故处理系统演示软件。

考核平台采用开放、动态的系统架构，将传统的考试培训模式与先进的网络应用相结合，实现对学员的出卷、考试、培训的高效管理。安全教学培训及技能鉴定考核系统由前台用户考试部分、后台系统管理部分两部分组成。用户考试部分包括考试练习模块，并拥有考试查分、历史查询、统计查分等功能。

二、石油化工安全实训区

1. 安全展示区

以安全文化展示、案例讨论和安全管理知识强化为主要教学功能。配备丰富的展板，以宣传安全生产方针、主要安全法规、企业安全文化、“5S”现场管理、HSE 管理体系、ISO 14000 认证体系、危险化学品安全知识、职业防护知识、特种作业知识等知识性内容为主，辅以必要的安全评价技术、安全与生产等内容，通过展板塑造良好的师生互动环境，提高学生的安全素养，强化安全文化知识学习，提高学生化工安全意识（图 2-13）。

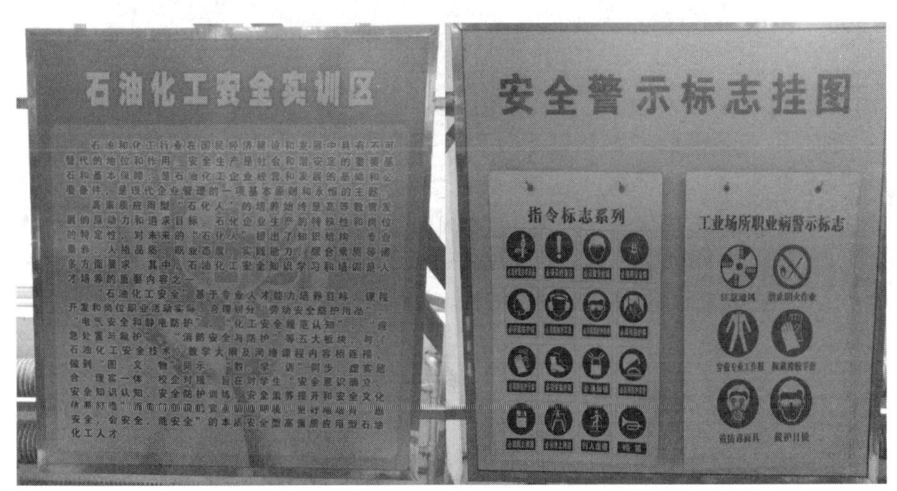

图 2-13　实训培训基地的石油化工安全实训区挂板

2. 消防实训区

本区主要针对工作中涉及的特种作业内容设置实训环节，通过现场模拟和情景再现模式强化安全操作规范与现场工作规范。主要设备包括消防栓、消防水炮（图 2-14）、手提式灭火器、推车式灭火器、消防应急灯、消防应急逃生箱、正压式空气呼吸器（图 2-15）、灭火器箱、感烟器、火灾报警仪、安全帽、安全带等。

图 2-14 消防水炮

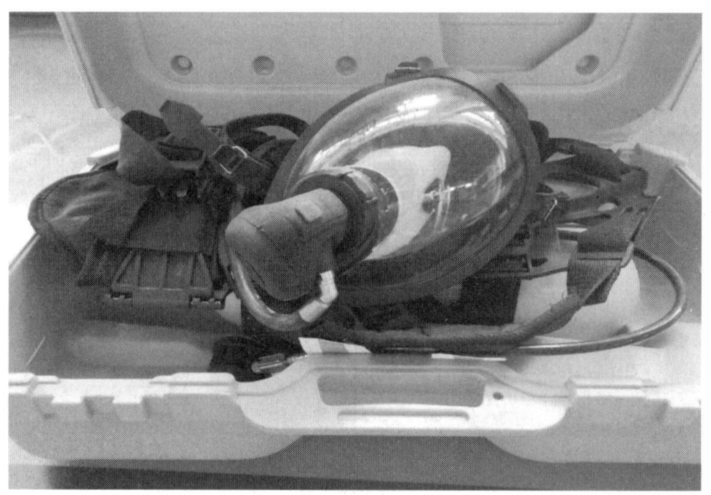

图 2-15 正压式空气呼吸器

3. 职业防护实训区

本区主要功能是训练学生的职业防护技能，进一步强化职业防护知识。设置防护服、防毒面具、洗眼器等实物，实现学生职业防护用具的使用技能实训，同时设置外伤包扎用具的实训设备，实现学生现场救护技能实训。

扫描二维码获取本章习题及附表。

第三章

乙烯装置工艺介绍

第一节　装置简介及技术特点

乙烯是石油化工的标志产品，在石油化工中占主导地位。乙烯装置生产的三烯（乙烯、丙烯、丁二烯）是其他有机原料及三大合成材料（合成树脂、合成橡胶、合成纤维）的基础原料。以乙烯为龙头的石化工业在国民经济中占有重要的地位，它作为重要的原材料行业，对整个国家的经济有重大影响，人们通常用乙烯的产量来衡量一个国家石油化学工业的发展水平（图 3-1）。

图 3-1　某石化公司 80 万 t/a 的乙烯生产装置

本装置主要由裂解-急冷、裂解产物预分馏、裂解气的净化、裂解气的压缩制冷和裂解气的精馏分离5个系统组成(图3-2)。烃类蒸汽裂解制烯烃(乙烯)装置采用的是美国斯通-韦伯斯特(S&W)公司的专利技术。裂解炉为USC型管式裂解炉;急冷油塔、急冷水塔、碱洗塔采用S&W公司的波纹塔盘(ripple tray);裂解气压缩采用五段压缩;分离系统采用双塔前脱丙烷、前加氢、低压乙烯塔与乙烯压缩机构成开式热泵;深冷分离采用了S&W公司最新的专利技术HRS(热集成精馏系统)等先进的工艺技术;运行安全可靠,投资低,能耗较低。

80万t/a乙烯生产装置采用了目前多项先进工艺技术,主要体现在:

(1) 该装置裂解炉使用S&W公司专有的超选择性裂解(USC)技术,该技术具有停留时间短、高转换率、运行周期长、原料分配灵活等特点。

(2) 裂解炉采用"双辐射段",即通过采用2个辐射室共用1个对流段(双炉膛),节省投资。

(3) 使用文丘里分配器,使所有的辐射段盘管流速一致,最终每根炉管有相同的停留时间。

(4) SLE换热器的设计使其减少焦粒的冲刷,避免结焦。保证长周期运行,最大限度地减少检修工作。

(5) 利用对流段回收的废热,产生最大限度的过热超高压蒸汽,使总的热效率高于93.5%(其中,轻质液体炉的热效率高于94%)。

(6) 对流段设计适应原料的多样性,加氢尾油和减顶/减一线油采用二次注入稀释蒸汽,以保证液体原料全部汽化在对流段盘管外,防止对流段盘管结焦,保证裂解炉运行周期,得到更好的传热和裂解效果。

(7) 为了增加进料的灵活性,重质原料裂解炉还具有"分区裂解"(1/4裂解)的功能,即每个炉膛分2个区,2个区可以裂解不同的原料。

(8) 辐射炉管从第一程炉管到第二程炉管变径扩大的设计,提高了产率,减少了焦粒堵塞辐射管的可能性。

(9) 急冷油塔和急冷水塔采用S&W公司的专利波纹塔盘,具有高效、流通量大、压降小、不易结焦、运行周期长等特点。

(10) 采用前脱丙烷前加氢流程,只有C_3及轻组分去低温单元,而且乙炔加氢采用前加氢,不用将氢气全部分离出来再补充进来加氢,这样可以节省冷剂的用量,降低了制冷压缩机的负荷和能耗。采用高、低压双塔脱丙烷,约50%的C_3及以上重组分不进入裂解气压缩机五段,节省裂解气压缩机功率。高压脱丙烷塔与裂解气压缩机五段组成开式热泵,节省能耗。双塔脱丙烷使塔釜操作温度降低,减少塔底和再沸器聚合结焦。

(11) 深冷分离采用了S&W公司最新的专利技术HRS(热集成精馏系统),使深冷分离效率提高,在较高温度下将氢气甲烷与乙烯组分分离,降低了冷量消耗。从而节省制冷压缩机的功率,节省了投资和能耗;同时减少了乙烯的损失,也相对地增加了产量,经HRS分离回收乙烯后,低压甲烷氢中乙烯损失低于500 ppm。HRS单元的优点可以归纳为:有效降低投资费用、保持了分馏器的能效、乙烯回收率高且稳定、设计紧凑、占地空间小。采用了

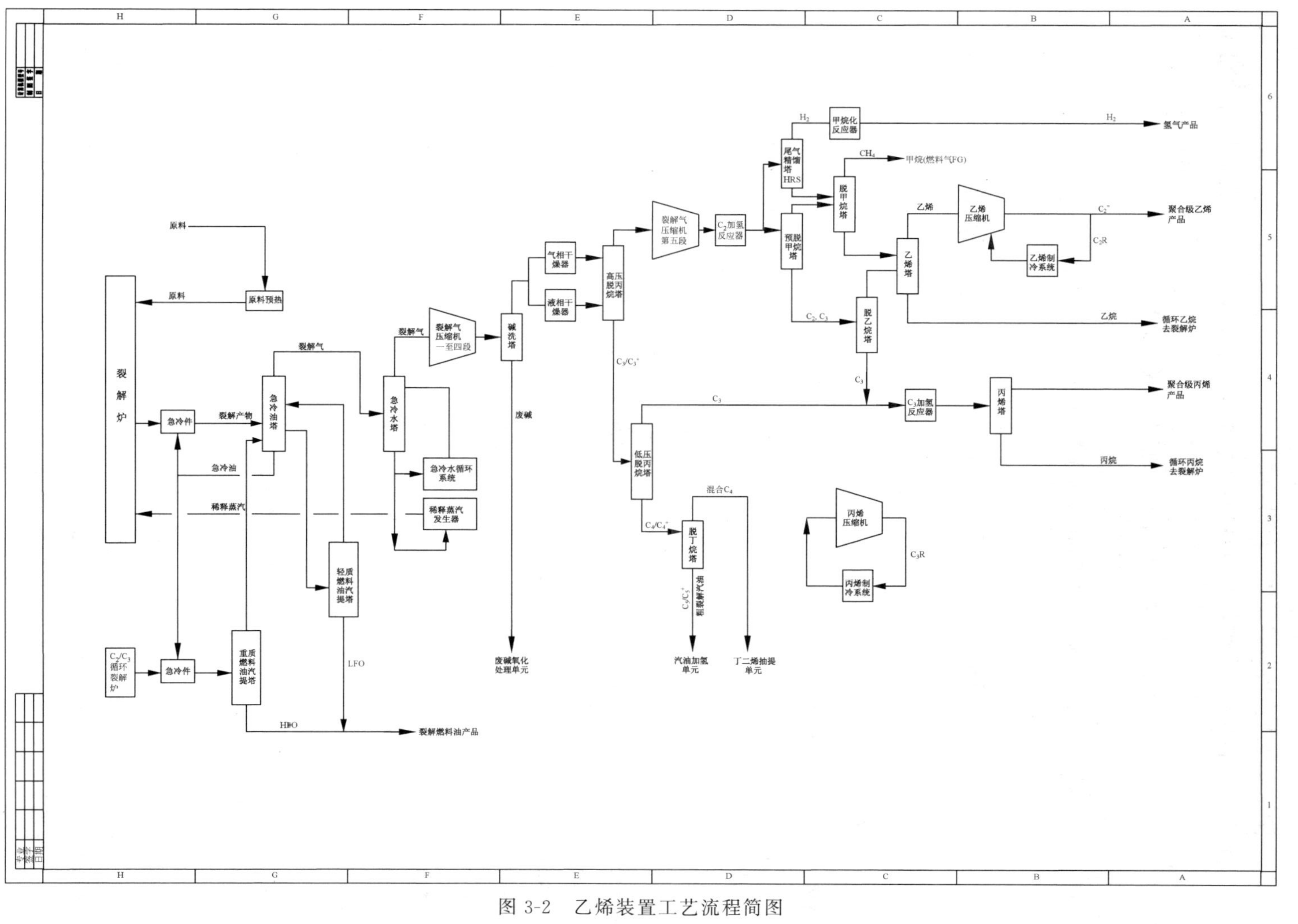

图 3-2　乙烯装置工艺流程简图

传统设备构件，缩短了运输设备所需时间。

(12) 将回流冷凝器与脱甲烷塔直接连接，省去低温回流泵。

(13) 使用板翅式换热器减小压降和温差。

(14) 流程中增加预脱甲烷塔(C-1410)，此塔采用低温碳钢材质，降低成本，节省投资，并且脱甲烷塔底作为乙烯精馏塔的第二股进料，约40%混合 C_2 在不经过脱乙烷塔前提下直接去乙烯精馏塔，节约分离乙烯冷剂消耗量，减小了脱乙烷塔设备尺寸。

(15) 乙烯精馏塔与乙烯压缩机组成开式热泵，乙烯塔采用低压精馏，降低了制冷压缩机的负荷和能耗。取消了回流泵和罐，并减少了塔盘数量，节省投资。

第二节　乙烯装置部分工艺原理介绍

一、裂解-急冷系统

烃类热裂解是将烃类原料(天然气、炼厂气、石脑油、轻油、柴油、重油等)在高温(800℃以上)、低压(无催化剂)条件下，使烃类分子发生碳链断裂或脱氢反应，生成相对分子质量较小的烯烃、烷烃和其他相对分子质量不同的轻质和重质烃类。

乙烯装置的裂解-急冷系统主要由裂解炉和急冷换热器组成。

(1) 裂解炉包括蓄热式炉、砂子炉、管式炉等炉型。各国著名的公司如Stone&Webster、Linde-Selas、Kellogg、Foster-Wheeler、三菱油化公司等都相继提出了自己开发的新型管式裂解炉。其基本的工作原理是：裂解原料首先进入管式裂解炉的对流段炉管升温，达到一定温度后与来自蒸汽发生器的稀释蒸汽混合，继续升温到600～650℃，然后转向进入裂解炉的辐射段炉管继续升温并发生裂解反应，直到裂解炉出口温度即所谓的反应温度800～850℃离开裂解炉，最后高温裂解产物通过急冷换热器降温后，到后续进行预分馏。

(2) 急冷换热器：裂解炉出口的高温裂解产物在出口高温条件下将继续进行裂解反应，由于停留时间的增长二次反应加剧，结焦严重，烯烃损失随之增多。为此，需要将裂解炉出口高温裂解产物尽快冷却，通过急冷以终止其裂解反应，当裂解产物温度降至650℃以下时裂解反应基本终止。急冷换热器是裂解气和高压水(8.7～12 MPa)经列管式换热器间接换热使裂解气骤冷的重要设备，它使裂解气在极短的时间(0.01～0.1 s)内，温度由800～900℃下降到露点左右。急冷换热器的运转周期应不低于裂解炉的运转周期，为减少结焦发生应采取如下措施：一是增大裂解气在急冷换热器中的线速度，以避免返混而使停留时间拉长造成二次反应；二是必须控制急冷换热器出口温度，要求裂解气在急冷换热器中冷却温度不低于其露点。如果冷到露点以下，裂解气中较重组分就要冷凝下来，在急冷换热器管壁上形成缓慢流动的液膜，既影响传热又因停留时间过长发生二次反应而结焦。

二、裂解产物预分馏

裂解炉出口的高温裂解产物经急冷换热器的冷却，再经油急冷器进一步冷却后，温度可以降到200～300℃之间，将急冷后的裂解气进一步冷却至常温，并在冷却过程中分馏出裂解产物中的重组分（如燃料油、裂解汽油、水分），这个环节称为裂解产物的预分馏。经预分馏处理后得到的裂解气再送至裂解气压缩与净化过程，最后进行深冷分离。显然，裂解产物的预分馏过程在乙烯装置中起着十分重要的作用，具体如下：

(1) 经预分馏处理，尽可能降低裂解气的温度，从而保证裂解气压缩机的正常运转，并降低裂解气压缩机的功耗。

(2) 裂解产物经预分馏处理，尽可能分馏出裂解产物中的重组分，减少进入压缩分离系统的进料负荷。

(3) 在裂解产物的预分馏过程中将裂解产物中的稀释蒸汽以冷凝水的形式分离回收，用以发生稀释蒸汽，从而大大减少污水排放量。

(4) 在裂解产物的预分馏过程中继续回收裂解产物低能位热量。通常，可由急冷油回收的热量发生稀释蒸汽，将急冷水回收的热量提供给了分离系统。

三、裂解气的净化

来自水洗塔顶的裂解气中含有 H_2S、CO_2、H_2O、C_2H_2、C_3H_4、CO 等气体杂质，这些杂质的含量虽不大，但对后续深冷分离过程是有害的。如果这些杂质不脱除，就会进入乙烯、丙烯产品，将使产品达不到规定的标准，影响产品的质量与应用。尤其是生产聚合级乙烯、丙烯时，其杂质含量的控制是很严格的，为了达到产品所要求的规格，必须脱除这些杂质，对裂解气进行净化。这些杂质的主要来源是由原料中带来、裂解反应过程中生成、裂解气处理过程引入。

1. 酸性气体的脱除

酸性气体的脱除包括碱洗法和乙醇胺法。碱洗法是用 NaOH 为吸收剂，通过化学吸收使 NaOH 与裂解气中的酸性气体发生化学反应，以达到脱除酸性气体的目的。乙醇胺法是用乙醇胺做吸收剂除去裂解气中的 H_2S、CO_2，是一种物理吸收和化学吸收相结合的方法，所用的吸收剂主要是一乙醇胺（MEA）和二乙醇胺（DEA）。在使用过程中一般将这 2 种（或 3 种，加上三乙醇胺）乙醇胺混合物（不分离）配成 30%左右的水溶液（乙醇胺溶液，因为乙醇胺中含有羟基官能团，溶于水）使用。

一般情况下乙烯装置均采用碱洗法脱除裂解气中的酸性气体，只有当酸性气体含量较高（例如裂解原料中硫的体积分数超过 0.2%）时，为减少碱耗量以降低生产成本，可考虑采用醇胺法预脱裂解气中的酸性气体，但仍需要碱洗法进一步作精细脱除。

2. 水的脱除

水的脱除主要采用固体吸附法进行干燥。裂解气中的水含量不高，但要求脱水后物料的干燥度很高，因而，均采用固体吸附法进行干燥。常用的干燥剂有硅胶、活性炭、活性氧化铝、分子筛等。裂解气干燥工序设在压缩和深冷分离之间，压力越高，温度越低，越有利于干燥。因此，干燥工序的温度应以不生成水合物为原则，一旦系统被水合物冻堵，可用甲醇、乙醇或热甲烷解冻。

分子筛具有极强的吸附选择性，是一种极性吸附剂，它对极性分子有较大的吸附力。由于水是强极性分子，因此，在裂解气与水的混合气体通过分子筛床层时，水首先被吸附。分子筛吸附水分是一个放热过程，因此，低温有利于干燥过程的进行。当分子筛孔隙大部分被水分占满时，其吸附能力就会显著下降，这时分子筛就需进行再生。分子筛的再生，是用不被分子筛吸附的干燥甲烷/氢通过含水的分子筛床层。由于加热和吹扫，被分子筛吸附的水分子从分子筛的孔穴中被解吸出来，由甲烷/氢带走，使分子筛含水量大大降低，从而恢复吸附能力。

3. 炔烃的脱除

乙烯生产中脱除乙炔的方法常采用溶剂吸收法和催化加氢法。溶剂吸收法是使用溶剂吸收裂解气中的炔烃以达到净化的目的，同时也可回收一定量的炔烃。催化加氢法是将裂解气中的炔烃加氢成为相应的烯烃或烷烃，由此达到脱除炔烃的目的。溶剂吸收法和催化加氢法各有优缺点，目前在不需要回收炔烃时，一般采用催化加氢法(特别是小规模的乙烯化工厂)，当需要回收炔烃时，则采用溶剂吸收法(主要是规模较大的乙烯化工厂)。实际生产装置中，同时建有回收炔烃的溶剂吸收系统和催化加氢脱炔系统，两个系统并联，根据实际情况灵活运用。

在乙烯工艺技术中，催化选择加氢的方法可脱除裂解气中微量的炔烃。所谓选择加氢，就是尽量使原料气中的炔烃进行加氢，而目的产物乙烯尽量少被加氢。影响催化加氢的因素很多，如进料温度、接触时间、炔烃分压、氢炔比、CO 浓度、硫浓度及催化剂使用时间的长短等都对催化剂的活性有影响。但对固定的反应器，进料量及进料组成基本稳定，反应接触时间基本不变，炔烃分压与绿油生成量有关，对催化剂的活性无直接影响，但若炔烃分压过高，生成的绿油可将催化剂表面覆盖住，而使催化剂活性减小。硫可使催化剂中毒，影响催化剂的活性和选择性，但在酸性气体脱除系统已被除去，故对催化剂的活性不会有大的影响，所以进料温度、氢炔比、CO 浓度、催化剂使用时间是对催化剂的活性有直接影响的 4 大因素。

4. 一氧化碳的脱除

采用甲烷化法脱 CO，在温度 250～300℃、压力 3 MPa、Ni 催化剂的条件下，将氢气中的 CO 加氢转化成甲烷和水并放出大量的热。在甲烷化反应器之后，设有冷却器、分离罐和氢气干燥器，用于降低氢气温度，脱除反应中生成的水。由于汽油加氢工艺对水含量的要求不很严格，所以经过甲烷化反应后的一部分氢气可以不经干燥直接送往汽油加氢装置。而 C_2 加氢、C_3 加氢所用氢气都必须是经过干燥脱水的干氢，有些乙烯装置还向界区外输送干氢和湿氢产品。

四、裂解气压缩制冷

裂解气中许多组分在常压下都是气体，其沸点很低，如果常压下进行各组分精馏分离，则分离温度很低，需要大量冷量和耐低温钢材。为了使分离温度不太低，可适当提高分离压力使各组分沸点升高，操作温度升高，则耗冷量减少，可节省冷剂和减少耐低温钢材的使用，同时可脱除部分重组分和水；但若压力太高，对设备要求升高，所需压缩功增加，各组分相对挥发度减小，难分离，塔釜温度升高，二烯烃聚合；综合起来工程上一般采用 3～4 MPa。

压力升高，压缩机内温度升高（压缩过程近似绝热），二烯烃在机内聚合，聚合物沉积在压缩机的汽缸和叶片上，造成磨损；同时，压缩机内温度升高，使机内润滑油黏度下降，压缩机缩短寿命。为了克服这种矛盾，工程上采用多段（级）压缩，一般采用三至五段（级）压缩，段与段间必须设置中间冷却器。

深冷分离过程需要制冷剂制冷降温。制冷是利用制冷剂压缩和冷凝得到制冷剂液体，再在不同压力下蒸发，来获得不同温度级位的冷冻过程。高压低温的气体迅速通过节流阀泄压膨胀，由于过程进行得非常快，来不及与外界进行热交换，膨胀所需要的能量只有取自气体本身（内能），这样就使其温度下降，这种过程就叫节流膨胀制冷，温度下降值叫节流效应。液体节流必须有部分汽化。节流前温度越低、压力越高，节流效果越好。

单级压缩制冷循环只能提供一种温度的冷量，即蒸发器的蒸发温度，这样不利于冷量的合理利用。为了降低冷量的消耗，制冷系统应提供多个温度级别的冷量，以适应不同冷却温度的要求。在需要提供几个温度级的冷量时，可在多级节流多级压缩制冷循环的基础上，在不同压力等级设置蒸发器，形成多级节流、多级压缩、多级蒸发的制冷循环，以一个压缩机组同时提供几种不同温度级的冷量，从而降低投资。

热泵是通过做功将低温热源的热量传送给高温热源的供热系统（或说将精馏塔顶移出的热量传到精馏塔底的装置）。显然，热泵也是采用制冷循环，利用制冷循环在制取冷量的同时进行供热。在单级蒸汽压缩制冷循环中，通过压缩机做功将低温热源（蒸发器）的热量传送到高温热源（冷凝器），此时如仅以制取冷量为目的，则称为制冷机。如果在此循环中将冷凝器作为加热器使用，利用制冷剂供热则可称此制冷循环为热泵。在裂解气低温分离系统中，有些部位需要在低温下进行加热，例如低温分馏塔的再沸器和中间再沸器，乙烯产品汽化等。此时，如利用制冷循环中气相冷剂进行加热，则可以节省相当的能耗。

五、裂解气精馏分离

裂解气的分离大多采用深冷分离。深冷分离是将裂解气冷却到－100℃以下，此时裂解气中除了 H_2、CH_4 以外的其他组分全部被冷凝下来，然后在根据各组分相对挥发度的不同，将其一一分开。其优点是所得烯烃纯度高、收率高。在深冷分离中所涉及的主要设备包括脱甲烷塔、脱乙烷塔、脱丙烷塔、脱丁烷塔、乙烯精馏塔、丙烯精馏塔。

脱甲烷塔系统包括两个部分：第一部分是进料的预冷；第二部分是脱甲烷塔。在顺序分离流程中，进入脱甲烷系统的裂解气除含有氢、甲烷外，还含有 C_2～C_5 以上的各种烃类。深冷分离的目的就是将氢气、甲烷和其他组分从裂解气中逐一分离，从而获得高纯度的乙烯、丙烯等产品。为了达到此目的，并减少乙烯在甲烷中的损失，同时尽可能多地回收冷量，在脱甲烷塔系统设置了冷箱。在实际生产装置中，根据冷箱所处的位置不同，可将脱甲烷塔系统分为前冷和后冷两种流程。脱除裂解气中的氢和甲烷是裂解气分离装置中投资最大、能耗最多的环节。在深冷分离装置中，需要在－100℃以下的低温条件下进行氢和甲烷的脱除，其冷冻功耗约占全装置冷冻功耗的 50％以上。对于脱甲烷塔而言，其轻关键组分为甲烷，重关键组分为乙烯。塔顶分离出的甲烷轻馏分中的乙烯含量尽可能低，以保证乙烯的回收率，而塔釜产品则应使甲烷含量尽可能低，以确保乙烯产品质量。

乙烯精馏塔的作用是以混合 C_2 馏分为原料，分离出合格的产品乙烯，并由塔釜获得乙烷。在顺序分离流程和前脱丙烷分离流程中，均以脱乙烷塔塔顶产品作为乙烯精馏塔进料（尚需在乙烯精馏塔进料前脱炔和干燥处理，前加氢脱炔除外），而在前脱乙烷分离流程中，则以脱甲烷塔釜液作为乙烯精馏塔进料。无论采用哪种分离流程，乙烯精馏塔进料均以 C_2 馏分为主，C_2 馏分含量约占 99.6％（摩尔分数）以上，另含氢气和甲烷等轻组分在 0.12％～0.15％（摩尔分数）以下，丙烯等重组分在 0.1％～0.25％（摩尔分数）以下。因此，乙烯精馏塔可以近似看作 C_2H_4～C_2H_6 二元精馏系统。由于乙烯对乙烷的相对挥发度随压力的降低而升高，在相同压力下，乙烯对乙烷的相对挥发度将随温度的升高而升高，随乙烯浓度的增加而下降。

丙烯精馏塔也是产品塔之一，其操作的好坏直接影响到丙烯产品的质量和收率，同时丙烯又是制冷剂，影响到制冷循环。丙烯与丙烷的相对挥发度接近 1，非常难分，丙烯精馏塔是乙烯厂中回流比最大、塔板数最多、塔高度最高的一个，经常采用两塔或三塔串联使用。常见的双塔丙烯精馏实质上就是将一个精馏塔分成两个塔，这样设计降低了单塔高度，同时可以在较小的回流比下获得较高纯度的丙烯产品。进入丙烯精馏系统的 C_3 馏分用加氢方法除去丙炔/丙二烯后，利用丙烯/丙烷在同一温度、压力下其相对挥发度不同的这一特性，在塔板上经过多次部分汽化和部分冷凝的传质和传热过程，最终在塔顶得到聚合级的丙烯产品，在塔釜得到较为纯净的丙烷，从而达到丙烯/丙烷分离的目的。

冷箱是指脱甲烷系统中将部分温度很低的换热器、冷凝器、节流阀等冷设备集装成箱，可以有效防止散冷，减少与环境接触的表面积。用于回收低位冷量以分离沸点极低的甲烷和氢气。利用其传热效率高，可实现多股物料同时换热，可以最大限度地利用余热和余冷，降低能耗，提高产品收率。

冷箱在脱甲烷塔之前的工艺（流程）叫前冷工艺（流程），也叫前脱氢工艺（流程）；冷箱在脱甲烷塔之后的工艺（流程）叫后冷工艺（流程），也叫后脱氢工艺（流程）。冷箱是将几台钎焊铝制板翅式换热器和配管放置在密闭的钢制箱体内，并在箱体与箱内设备之间充填满珠光砂。板翅式换热器内部为密闭结构，外部结构由型钢和碳钢板制成，另外，箱顶还设有压力调节盒。在板翅式换热器与支撑梁相接触的部位，放置隔热材料。珠光砂在安装现场充填，以达到保温的目的。

第三节 工艺流程说明

一、裂解工段流程

1. 裂解炉工艺综述

80万 t/a 乙烯装置共有8台裂解炉，其中4台重质进料裂解炉、3台轻质进料裂解炉、1台循环气体裂解炉，均采用S&W公司先进的裂解炉技术。现场实物装置每一种类型各设置1台。

2. 原料预热

原料预热系统主要是利用可得到的低温热量来预热裂解炉原料。裂解炉新鲜原料有：石脑油、加氢尾油、减一/减顶油、轻烃、液态烃以及装置自产的乙烷和丙烷作为循环裂解原料。

3. 裂解炉

裂解单元由8台S&W公司的USC型裂解炉组成，7台USC-176U型液体原料裂解炉(6开1备)、1台USC-12M型循环气裂解炉。其中4台USC-176U重质原料裂解炉裂解加氢尾油(HTO)和减一/减顶油原料；3台USC-176U轻质原料裂解炉裂解石脑油、轻烃等轻质原料。这两种炉型的裂解炉能够裂解所有界区外来的新鲜原料，一台重质或轻质原料炉处于备用状态。当循环气裂解炉清焦时，循环气体可送至轻质原料裂解炉裂解F-1160-F-1170A炉膛。重质原料和轻质原料炉可以分区(炉膛)进料(同一裂解炉的4个区(2个炉膛)裂解不同原料)、分炉膛清焦(A炉膛裂解而B炉膛清焦)。每台USC-176U型液体原料裂解炉的辐射室为双炉膛结构，每个炉膛中有88组"U"形炉管一字垂直排列，燃烧器位于炉管的两侧，每一炉膛形成单排双辐射立管式裂解炉。对流段位于2个辐射室中间的上部。从辐射段出来的高温裂解气在SLE(选择线性换热器)中被迅速急冷，回收的热量用于产生超高压(SS)蒸汽，从SLE中急冷的裂解气随后进入急冷器中被进一步冷却至下游所需温度220℃左右。USC-12M型循环气裂解炉为单炉膛(辐射室)结构，12根"M"形炉管在炉膛中一字排列，燃烧器位于炉管的两侧，形成单排双辐射立管式裂解炉，对流段位于辐射段上部的旁侧。从辐射段出来的高温裂解气在USX(超选择性线性换热器)内被迅速急冷，回收的热量用于产生超高压蒸汽，从USX中急冷的裂解气然后进入急冷器中被进一步冷却至下游所需的温度。所有裂解炉均采用超低氮氧化物排放燃烧器，全部底烧结构设计，助燃空气借助炉膛负压自然吸入，炉膛的负压由引风机提供。

4. 辐射段

USC-176U型裂解炉共有176根"U"形辐射管，分为2个炉膛，每个炉膛内悬挂单排

88 根炉管。炉管进口管内径为 45 mm，出口管内径为 51 mm，总长度约为 23 m，停留时间约 0.2 s。辐射管出口管采用扩大直径的设计，提高了乙烯产率，并降低焦粒堵塞炉管的风险。在对流段预热过的原料烃和稀释蒸汽的混合物由 4 根横跨管分别引入到 16 个辐射段入口集合管中，每根横跨管连接 4 个集合管，每个集合管再通过 11 根辐射管将裂解原料输送进炉膛中。每一根辐射管入口处配有一个文丘里流量计以保证进口流量的一致。当文丘里下游与上游管内的绝压比大于 0.9 时，各管内的流量将变得不均衡，此时炉管需要清焦。对于重质原料炉，每两个辐射管出口管由一个“Y”形件合二为一，再通过一短过渡段与 SLE 相连。对于轻质原料炉，每个辐射管出口管由一短过渡段直接与 SLE 相连。由于过渡段暴露于炉外，绝热容积很小，可最大限度地降低裂解气的二次反应。每个炉膛配有 4 组 SLE，从 4 组 SLE 出来的裂解气汇总到一个共用集合管中，然后再进入每个炉膛对应的急冷器中进一步冷却。

USC-12M 型裂解炉共有 12 根“M”形辐射管，单排排列在一个炉膛内。前面 3 程炉管内径为 105 mm，后面 3 程炉管内径为 111 mm，总长度约为 67 m，停留时间约 0.4 s。辐射管出口(后 3 程)直径的增加，提高了乙烯产率，降低了焦粒堵塞辐射炉管的风险。经对流段预热过的原料烃和稀释蒸汽的混合物经过 3 根横跨管进入辐射段炉管。每根横跨管为 4 根辐射炉管供料。每一根辐射炉管入口处配有一个文丘里流量计以保证进口流量的一致。当文丘里下游与上游管内的绝压比大于 0.9 时，各管内的流量将变得不均衡，此时炉管需要清焦。每个辐射炉管的出口管通过一过渡段直接与一台 USX 型急冷器相连，由于过渡段暴露于炉外，绝热容积很小，最大限度地降低了裂解气的二次反应。从 12 个 USX 急冷器急冷出来的裂解气汇总到一个集合管中，再送至下游的急冷件中进一步冷却。两种炉型的所有辐射炉管均通过其入口管与恒力弹簧竖直悬挂。穿过炉膛的炉管由遮蔽箱密封，遮蔽箱盖板可灵活拆卸。

5. 对流段

对流段的加热介质选用水、过热超高压蒸汽、过热稀释蒸汽等，以提高裂解炉总的热效率。其中，重质和轻质原料裂解炉(F1110～1170)的对流段由以下盘管组成：

(1) 原料预热盘管 1(HC1)；

(2) 省煤器(锅炉给水)；

(3) 原料预热盘管 2(HC2)；

(4) 烃＋稀释蒸汽预热盘管 1(HC＋DS1)；

(5) 稀释蒸汽预热盘管(DS)；

(6) 超高压蒸汽过热盘管 1(SHPSS1，温度调节器前)；

(7) 超高压蒸汽过热盘管 2(SHPSS2，温度调节器后)；

(8) 烃＋稀释蒸汽预热盘管 2(HC＋DS2)。

新鲜原料经 4 个进料控制阀进入原料预热盘管 1 预热，然后在原料预热盘管 2 中进一步加热。对于轻质裂解原料，经过稀释蒸汽预热盘管过热的稀释蒸汽在外部混合器中与来自原料预热盘管 2 预热后的烃混合，混合后的烃＋稀释蒸汽重新进入对流段，并在烃＋稀释蒸汽预热盘管 1 (HC＋DS2)预热，再进入烃＋稀释蒸汽预热盘管 2(HC＋DS2)进一步加热。稀释蒸汽在进入稀释蒸汽预热盘管前，注入一定量的DMDS。对于重质裂解原料，稀释蒸汽分两次注入烃原料中。首先，将约占需求总量20%的稀释蒸汽注入来自原料预热盘管2的烃进料中，混合物在烃+稀释蒸汽预热盘管1中进一步加热。其余80%的稀释蒸汽在重质进料混合器中与从烃+稀释蒸汽预热盘管1来的混合物再混合，以保证重质烃在进入烃+稀释蒸汽预热盘管2进行最后加热前完全汽化。稀释蒸汽在进入稀释蒸汽预热盘管前，注入一定量的DMDS。

循环气裂解炉(F-1180)的对流段由以下盘管组成：

(1) 原料预热盘管1(HC1)；

(2) 省煤器(锅炉给水)；

(3) 原料预热盘管2(HC2)；

(4) 超高压蒸汽过热盘管1(SHPSS1，温度调节器前)；

(5) 超高压蒸汽过热盘管2(SHPSS2，温度调节器后)；

(6) 烃+稀释蒸汽预热盘管(HC+DS)。

C_2/C_3 循环进料经过3个流量控制阀进入原料预热盘管1预热，然后在原料预热盘管2进一步加热。烃原料经过原料预热盘管2过热后，注入掺有DMDS的稀释蒸汽，然后烃和稀释蒸汽的混合物进入烃+稀释蒸汽预热盘管进行进入辐射段前的最后加热。每台裂解炉的超高压蒸汽过热盘管(SHPSS)和省煤器(锅炉给水)盘管，用于生产过热超高压蒸汽。锅炉给水在省煤器中预热后进入汽包进行汽液分离，从汽包出来的超高压蒸汽进入超高压蒸汽过热盘管1(SHPSS1)进行初步预热，再进入超高压蒸汽过热盘管2(SHPSS2)进行最终过热，在SHPSS1和SHPSS2两组盘管之间的外部，设有一台减温器，用于调节超高压蒸汽出口的过热蒸汽温度。

6. 烧嘴

每台USC-176U型裂解炉配有64个自然进风的超低 NO_x 排放的底烧燃烧器，每个炉膛内的32个燃烧器分2排平行布置于辐射段炉管两边，即每台裂解炉共有4排燃烧器，每排布置16个。USC-12M型裂解炉配有24个自然进风的超低 NO_x 排放的底部燃烧器，平行2排布置于辐射段炉管的两边，每排12个燃烧器。燃烧器的燃料来自于装置内产生的甲烷和氢气，界区外的天然气为补充燃料气，开车燃料气采用LPG和天然气。燃烧器的调节比为8∶1，以满足操作负荷的变化，所有燃烧器都配有手点火孔和长明灯。

7. 急冷系统

高温裂解气的急冷系统分为两级。第一级：一级急冷安装于炉顶、多组捆绑在一起的SLE或者USX急冷器内进行。SLE或者USX型急冷器为双套管、线性结构的换热器，这种急冷器的特点是管子结焦少，几乎不需要机械清焦。裂解气自下而上穿过急冷器内管，套管外走从汽包下降管来的锅炉给水，经急冷裂解气产生的超高压蒸汽通过上升管进入汽包。水侧的循环流动靠热虹吸作用自然循环。第二级：从每个炉膛所对应的所有SLE出来的裂解气汇集到同一个集合管混合后，进入急冷器中进一步冷却到设定的温度后，进入急冷油塔。从全部 USX 出来的裂解气汇集到同一个集合管混合后，进入急冷器中进一步冷却到所设定的温度，最后进入重燃料油汽提塔。

8. 汽包

每台裂解炉配有一台汽包，用以产生高质量的超高压蒸汽。利用自然热虹吸作用将锅炉水从汽包送至 SLE/USX 急冷换热器，并将产生的高压蒸汽送入汽包，汽包装配有液位控制、报警及安全阀三重控制系统。汽包设连续排污以保持水质，同时提供间歇排污。注入磷酸盐以保持锅炉给水的 pH 和水质。BFW 经过省煤器预热后进入汽包。汽包内设有水汽分离器，用以产生高质量的超高压蒸汽(大于 99.9%)，降低透平和过热器的结垢。

9. 引风机

每台裂解炉都配有一台引风机，用于提供炉子所需的抽力，引风机安装于炉子对流段的炉顶平台上。裂解炉挡墙处微负压的控制，是由引风机的变频电机通过控制引风机的转速实现的。

10. 分区裂解

USC-176U 型液体原料炉具有独立炉膛裂解功能。即同一裂解炉的 2 个炉膛可以同时裂解 2 种不同的原料，并保持其相应的裂解深度。每个炉膛设有 2 个相应的进料控制阀。

11. 独立炉膛清焦

USC-176U 型裂解炉具有独立炉膛清焦操作的功能，当裂解炉需要清焦时，每个炉膛可单独清焦，提高了炉子的整体使用率。清焦操作时炉膛的吸热量大约是正常负荷的 40%。清焦温度是由清焦炉膛平均 COT 温度来控制，清焦气可以返回炉膛焚烧或者进清焦罐排放。不需要清焦的一侧炉膛要按正常工作负荷运行，并在烃＋稀释蒸汽 2 盘管中注入稀释蒸汽，以防止清焦侧横跨管温度超温。

来自界区外罐区的混合石脑油和轻烃组分，分别在轻质液体原料进料预热器 E-1101 和 E-1102，用循环急冷水和盘油经温度控制后预热到约 60℃后，分为两路：每路都经流量控制后，与经流量控制的部分稀释蒸汽混合，进入轻质原料裂解炉 F-1150 对流段原料预热盘管。从原料预热盘管出来的烃＋稀释蒸汽与经过流量控制进入稀释蒸汽预热盘管过热的稀释蒸汽进一步混合后，再进入对流段烃＋稀释蒸汽预热盘管 1(HC＋DS1)进一步的预热。从烃＋稀释蒸汽预热盘管 1 出来的烃＋稀释蒸汽进入对流段烃＋稀释蒸汽预热盘管 2 进一步加热，用进入预热盘管 2 入口没有经过过热的稀释蒸汽，来调节预热盘管 2 出口的温度。从对流段烃＋稀释蒸汽预热盘管 2 出来的烃＋稀释蒸汽经集合管重新混合及文丘里分配器分配后，进入辐射段进行裂解，用入炉燃料控制辐射室出口温度。从辐射段出来的高温裂解气在一级急冷器 E-1150 内被高温水迅速急冷，回收的热量用于产生超高压蒸汽，从一级急冷器 E-1150 急冷的裂解气然后进入二级急冷器 Z-1150 中被急冷油进一步冷却，用急冷油控制二级急冷器出口温度，然后进入急冷油塔 C-1210(图 3-3)。

轻质炉设置有开车循环罐 V-1151，用于处理在开停车过程中产生的不合格产品。

来自高压蒸汽系统
来自空气压缩系统
混合石脑油
来自界区外
轻烃来自界区外
锅炉给水
放空
QW
PO
自E-1275
至SS界区系统
来自N2管网
炉膛吹扫蒸汽
燃料气管网
来自界区外
去F-1110
去F-1180
空气
K-1150
E-1101
E-1102
V-1150
B-1150
F-1150
E-1150A
E-1150B
Z-1150A
Z-1150B
V-1151
自E-1270
至火炬系统
去C-1210
去V-1101
自P-1220
Z-1150A
二级急冷器
Z-1150B
二级急冷器
V-1151
开车循环罐
秦皇岛博赫科技开发有限公司
辽宁石油化工大学
乙烯装置
裂解工段
轻质炉工艺
BH2017-V-022-GY-02-A
2017年11月2日
K-1150
鼓电机
E-1101
轻质液体原料预热器
E-1102
轻质液体原料预热器
V-1150
汽包
E-1150A
SLE换热器
F-1150
轻质原料裂解炉
B-1150
电机
E-1150B
SLE换热器

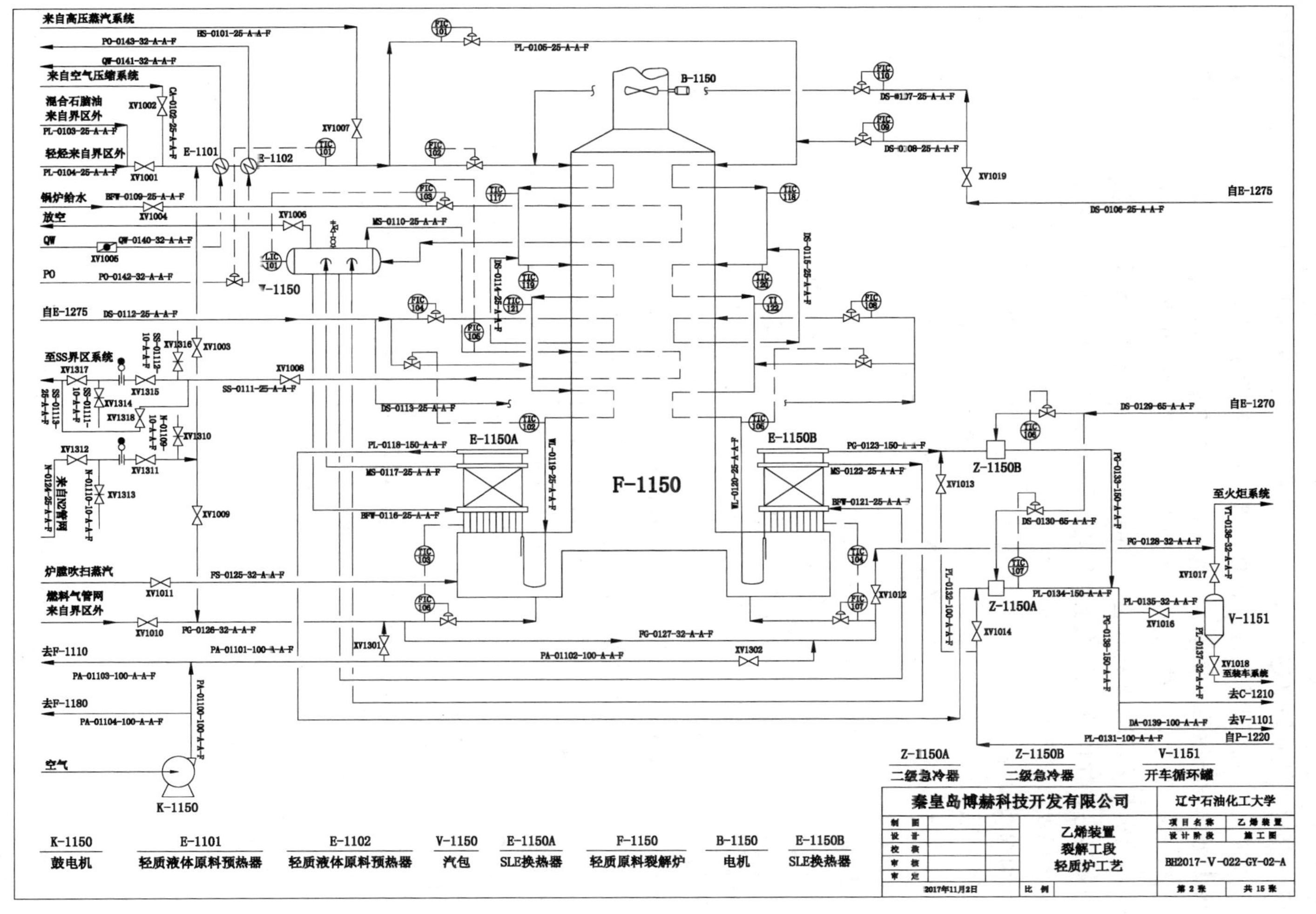

图 3-3　轻质炉工艺

来自界区外罐区的加氢尾油(HTO)和减一/减顶油分别在重质液体原料进料加热器E-1103和E-1105,经循环急冷水和盘油预热到110℃,然后与部分稀释蒸汽混合后,进入重质原料裂解炉F-1110对流段原料预热盘管,从原料预热盘管出来的烃+稀释蒸汽再进入对流段烃+稀释蒸汽预热盘管1(HC+DS1)进一步的预热,从烃+稀释蒸汽预热盘管1出来的烃+稀释蒸汽与经过稀释蒸汽预热盘管过热的稀释蒸汽在混合器M-1131A/B中与来自烃+稀释蒸汽预热盘管1预热后的烃混合,混合后的烃+稀释蒸汽重新进入对流段烃+稀释蒸汽预热盘管2进一步加热,从对流段烃+稀释蒸汽预热盘管2出来的烃+稀释蒸汽经集合管重新混合分配后,进入辐射段进行裂解,从辐射段出来的高温裂解气在一级急冷器E-1110内被水迅速急冷,回收的热量用于产生超高压(SS)蒸汽,从一级急冷器E-1110急冷的裂解气然后进入二级急冷器Z-1110中被急冷油进一步冷却,然后进入急冷油塔C-1210(图3-4)。

从丙烯精馏塔C-1530塔釜来的循环C_3进入循环丙烷汽化器E-1108中经低压蒸汽汽化后,与来自乙烯精馏塔C-1440塔釜经过热的循环C_2气体混合,经循环乙烷/丙烷过热器E-1109由循环急冷水加热到50℃,然后与部分稀释蒸汽混合后,进入循环原料裂解炉F-1180对流段原料预热盘管1,从原料预热盘管1出来的烃+稀释蒸汽进入原料预热盘管2进一步加热,从原料预热盘管2出来的烃+稀释蒸汽与另一部分稀释蒸汽混合后,然后烃和稀释蒸汽的混合物进入烃+稀释蒸汽预热盘管进行进入辐射段前的最后加热。从最后对流段烃+稀释蒸汽预热盘管出来的烃+稀释蒸汽经集合管重新混合分配后,进入辐射段进行裂解,从辐射段出来的高温裂解气在一级急冷器E-1180内被水迅速急冷,回收的热量用于产生超高压蒸汽,从一级急冷器E-1180急冷的裂解气然后进入二级急冷器Z-1180中被急冷油进一步冷却,然后进入重燃料油汽提塔C-1230(图3-5)。

来自界区的锅炉给水,经流量、液位及汽包产汽流量比例串级调节后,分别进入裂解炉F-1110、F-1150、F-1180对流段进行预热,预热后的高温水分别进入汽包V-1110、V-1150、V-1180,利用自然热虹吸作用将锅炉水从汽包分别送至一级急冷换热器E-1110、E-1150、E-1180产生超高压蒸汽,并将产生的高压蒸汽送入汽包,V-1110、V-1150、V-1180汽包产生的饱和超高压蒸汽分别经裂解炉F-1110、F-1150、F-1180对流室过热段过热至520℃后,分别排入超高压蒸汽系统管网,作为裂解气压缩机透平K-1300等设备的驱动蒸汽。

来自装置外储罐的LPG、天然气和自产的甲烷氢,供给裂解炉F-1110、F-1150、F-1180所需的燃料,燃料流量和辐射室出口温度串级控制。

二、急冷工段流程

1. 急冷油系统(图3-6)

1)急冷油塔C-1210

急冷油塔共有22层塔盘。

急冷油塔可分为三段:急冷油循环段(第19至22层塔盘)、盘油循环段(第11至18层塔盘)和精馏段(第1至10层塔盘)。

来自二级急冷器Z-1110、Z-1150和C-1230塔顶的裂解气混合后,进入第22层塔盘以下的急冷油循环段,与被送到第19层塔盘上部经冷却过的循环急冷油回流接触,该段

PO-0156-32-A-A-F
QW-0153-32-A-A-F
减一/减顶油
来自界区外
PL-0151-25-A-A-F
加氢尾油来
自界区外
PL-0152-25-A-A-F
QW
PO
PO-0155-32-A-A-F
自锅炉给水
BFW-0162-25-A-A-F
自E-1275
DS-0164-25-A-A-F
去SS界区系统
SS-0166-25-A-A-F
燃料气管网来自界区外
FG-0170-32-A-A-F
自K-1150
PA-01105-100-A-A-F
PA-01106-100-A-A-F
B-1110
F-1110
E-1110A
E-1110B
M-1131A
M-1131B
V-1110
Z-1110A
Z-1110B
自E-1275
DS-0159-25-A-A-F
自E-1270
去C-1210
PG-0177-150-A-A-F
E-1103
重质液体原料预热器
E-1105
重质液体原料预热器
V-1110
汽包
M-1131A
混合器
E-1110A
SLE换热器
F-1110
重质原料裂解炉
B-1110
电机
E-1110B
SLE换热器
M-1131B
混合器
Z-1110A
二级急冷器
Z-1110B
二级急冷器
秦皇岛博赫科技开发有限公司
辽宁石油化工大学
乙烯装置
裂解工段
重质炉工艺
BH2017-V-022-GY-03-A
2017年11月2日
第 3 张
共 15 张

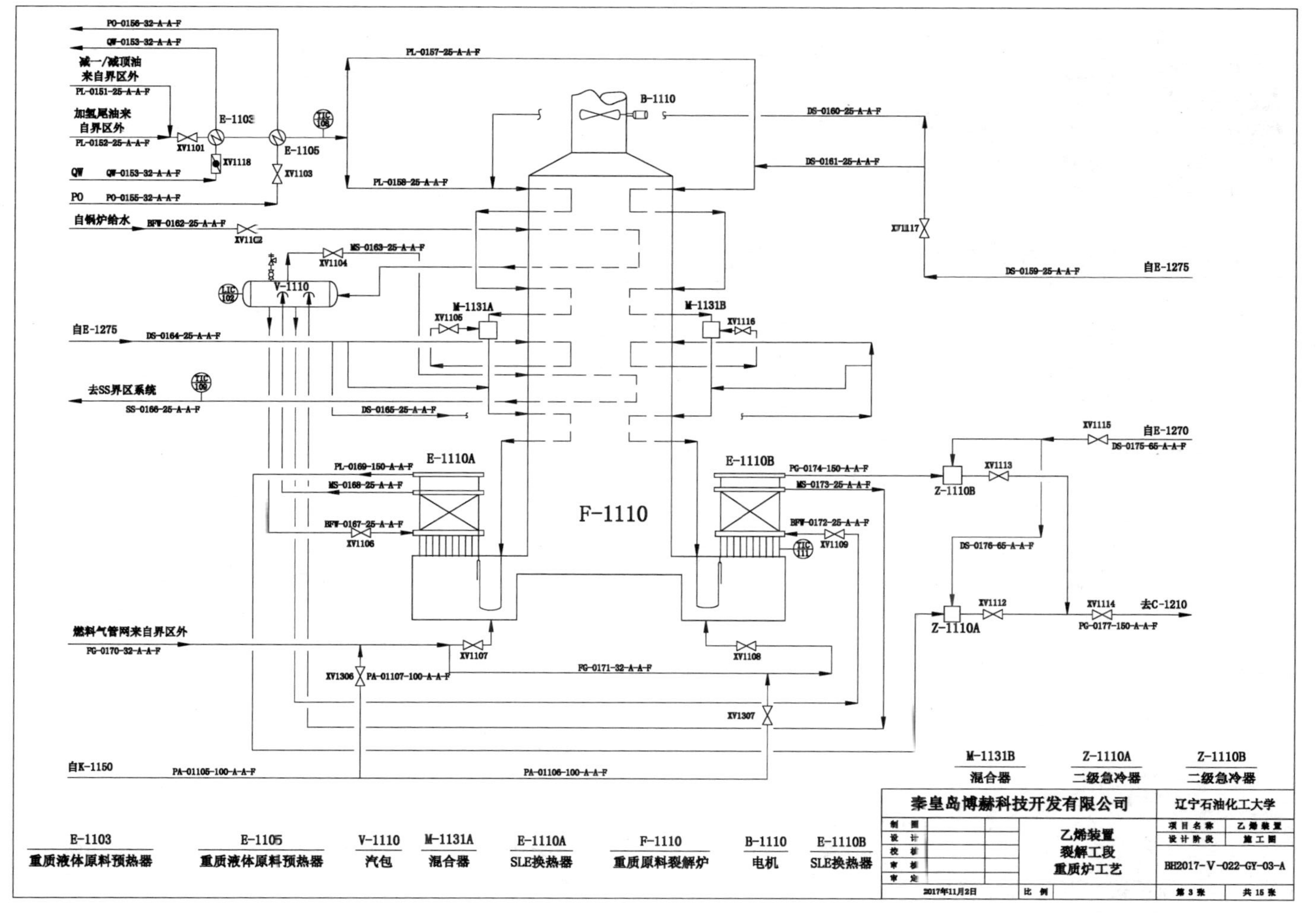

图 3-4　重质炉工艺

去C-1230
XV1211
PL-0195-65-A-A-F
DS-0197-25-A-A-F
XV1210
自E-1275
DS-0198-25-A-A-F
DS-0196-25-A-A-F
B-1180
QW-0187-32-A-A-F
自P-1445
PL-0181-25-A-A-F
XV1202
E-1109
TIC 110
LS-0182-32-A-A-F
PL-0183-25-A-A-F
XV1204
自C-1530
E-1108
XV1203
MS-0189-25-A-A-F
XV1205
去C-1210
WL-0184-25-A-A-F
LS
LS-0185-32-A-A-F
XV1201
LI 103
V-1180
QW
QW-0186-32-A-A-F
锅炉给水
BFW-0188-25-A-A-F
Z-1180
PG-0194-65-A-A-F
TIC 116
XV1206
至SS界区系统
SS-0190-25-A-A-F
MS-0193-25-A-A-F
XV1212
自P-1210
MS-0191-25-A-A-F
E-1180
BFW-0192-25-A-A-F
XV1208
F-1180
TIC 113
自K-1150
PA-01108-100-A-A-F
XV1305
TI 115
燃料气管网来自界区外
FG-0199-32-A-A-F
XV1209
F-1180
循环原料裂解炉
B-1180
电机
E-1108
循环乙烷气化器
E-1109
循环乙烷/丙烷过热器
Z-1180
二级急冷器
V-1180
汽包
E-1180
USX换热器
秦皇岛博赫科技开发有限公司
辽宁石油化工大学
乙烯装置
裂解工段
循环炉工艺
BH2017-V-022-GY-04-A
2017年11月2日

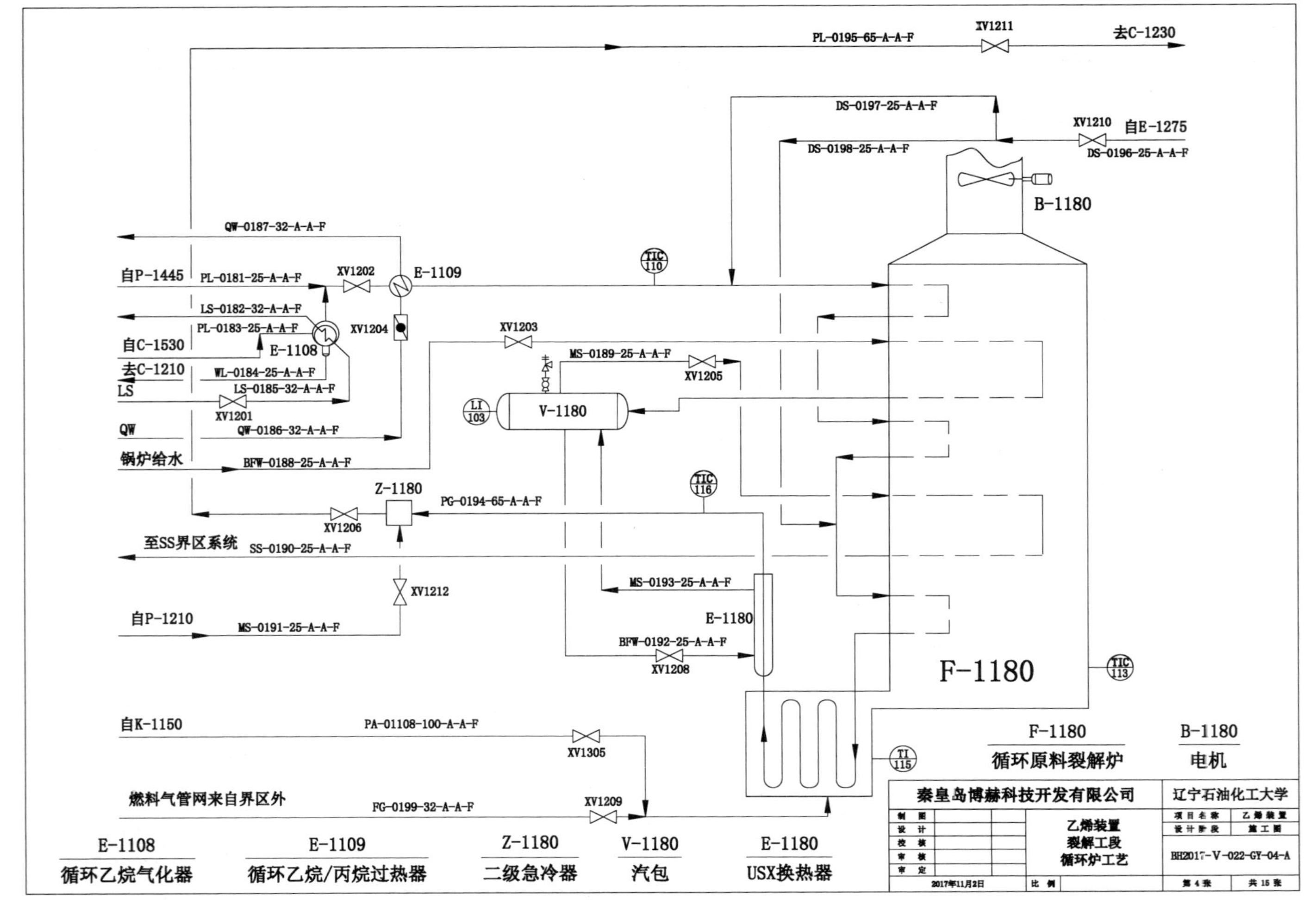

图 3-5 循环炉工艺

C-1220
急冷水塔
P-1220
急冷水循环泵
E-1226
第二急冷水冷却器
E-1224
第一急冷水冷却器
秦皇岛博赫科技开发有限公司
辽宁石油化工大学
乙烯装置
急冷工段
急冷工艺
BH2017-V-022-GY-05-A
C-1230
重燃料油汽提塔
P-1230
重燃料油产品泵
C-1210
急冷油分馏塔
P-1210
急冷油循环泵
C-1240
轻燃料油汽提塔
P-1240
轻燃料油产品泵
P-1211
盘油循环泵
E-1211
盘油冷却器
P-1221
急冷油塔回流泵

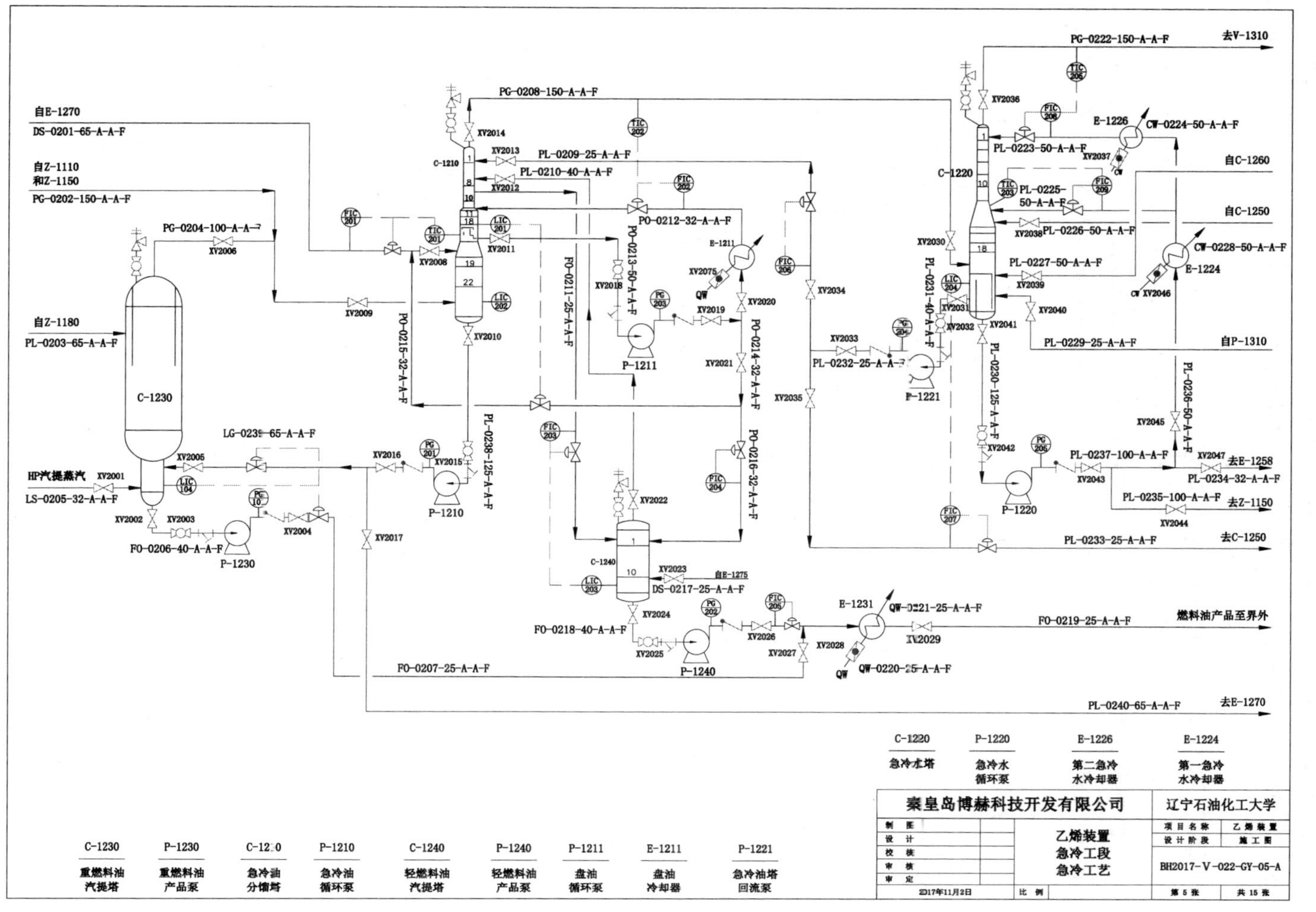

图 3-6　急冷工艺

把裂解气体中的大部分燃料油冷凝下来。冷却的裂解气上升至盘油循环段，与被送到第11层塔盘上部冷却过的循环盘油接触，将重组分冷凝到盘油槽。冷却的裂解气从盘油循环段上升进入精馏段，与从急冷水塔C-1220塔釜油水分离器分离出的裂解汽油回流接触，把在急冷油循环段和盘油循环段中未冷凝的燃料油组分冷凝去除，以维持裂解汽油的终馏点。

急冷油塔塔釜的急冷油由急冷油循环泵P-1210抽出后，分为3路：第一路通过稀释蒸汽发生器E-1270，对工艺水加热，使急冷油冷却，同时回收急冷油的高品位热能以发生稀释蒸汽；第二路进入重燃料油汽提塔C-1230底部，利用高压蒸汽及裂解气进行汽提减黏；第三路至循环裂解炉F-1180的二级急冷器Z-1180，对裂解气进行油冷却。经稀释蒸汽发生器E-1270冷却后，分为两路：一路进第19层塔盘上方，作为急冷油循环，调节循环急冷油流量控制19层塔盘上方温度；另一路作为急冷油至Z-1110、Z-1150，对裂解气进行油冷却。

从第18层盘油槽由P-1211抽出的盘油，分为3路：第一路通过盘油槽液位控制阀返回到循环急冷油中，用于控制急冷油的挥发度和盘油槽液位，并控制急冷油的热回收效率；第二路经流量调节后至轻质燃料油汽提塔C-1240顶，汽提出轻组分以维持盘油循环段的物料平衡；第三路作为盘油循环，经E-1211等进行热量回收、冷却后返回第11层塔盘，塔顶温度与盘油循环流量串级控制。

轻燃料油馏分从第9层塔盘下方采出，经采出流量与C-1240塔底液位串级控制后，至轻燃料油汽提塔C-1240顶，从C-1240塔顶返回的气相进入第9层塔盘上方。来自P-1221的裂解汽油经流量控制后，作为顶回流进入1层塔盘的上方。塔顶裂解气进入急冷水塔C-1220。

2）轻燃料油汽提塔C-1240

来自急冷油塔C-1210第9层塔盘下方的轻燃料油馏分和来自盘油泵P-1211出口的盘油进入塔的顶部一层塔盘的上方，在10层浮阀塔盘下注入稀释蒸汽进行汽提，去除进料中的轻馏分，来控制裂解燃料油产品的初馏点。汽提出的塔顶物料返回到急冷油塔的精馏段8层塔盘上方，塔釜的轻燃料油产品由轻燃料油产品泵P-1240从塔釜抽出，经流量控制后与重燃料油产品混合，然后经燃料油冷却器E-1231用循环急冷水冷却后，作为燃料油产品送至界区。

3）重燃料油汽提塔C-1230

来自循环裂解炉F-1180的二级急冷器Z-1180的裂解气进入塔的上部，通过旋风分离器和高压蒸汽汽提将重质燃料油与轻组分分开。来自C-1210塔釜的急冷油进入塔的底部，来自高压蒸汽管网的汽提蒸汽进入塔釜，塔顶汽提出的轻组分与来自Z-1110、Z-1150混合裂解气混合后，进入急冷油塔的底部塔盘下方。塔釜的重燃料油由重燃料油产品泵P-1230抽出，经塔底液位和急冷油入塔串级控制后，送至P-1240出口与来自轻燃料油汽提塔C-1240的轻燃料油产品混合后经燃料油产品冷却器E-1231冷却后作为产品去界外的罐区。

2. 急冷水系统

1）急冷水塔C-1220

从急冷油塔顶部出来的裂解气进入急冷水塔C-1220底部，裂解气通过与返回到塔的中部和顶部的循环急冷水直接接触而进一步冷却。

塔顶的裂解气出急冷工区，进入压分单元裂解气压缩机一段吸入罐 V-1310。来自 V-1310 的液相烃类及水和来自水汽提塔 C-1260 塔顶的气相烃类，分别进入塔的底部。来自汽油汽提塔 C-1250 塔顶的气相烃类进入塔的中部。

冷凝的烃类和水在塔釜内部的油水分离器进行分离，分离出的裂解汽油由 P-1221 抽出，分为两路：一路被用作急冷油塔的汽油回流；另一路经塔底液位和流量串级控制后，作为汽油汽提塔 C-1250 的进料。塔釜水由急冷水循环泵 P-1220 抽出，分为两路：第一路作为循环急冷水，经 E-1224 等换热器进行热量回收、冷却后，又分为两路：一路经 10 层塔盘下方温度和流量串级控制后，返回至第 10 层塔盘下方；另一路经 E-1266 用循环水冷却后，经塔顶温度和流量串级控制后，返回至塔的 1 层塔盘的上方，作为顶回流。第二路送入水汽提塔 C-1260。

2）汽油汽提塔 C-1250

来自急冷水塔塔釜的粗裂解汽油与来自裂解气压缩机二段吸入罐的汽油混合后，进入塔顶部，塔顶汽提出的 C_4 和轻馏分返回急冷水塔 C-1220 中部。

塔釜侧线液相靠重力进入塔釜再沸器 E-1250，利用循环盘油进行加热，15 层塔盘的温度与循环盘油的流量串级控制，保证塔釜的加热量稳定。

塔釜的裂解汽油由 P-1250 抽出，经塔釜液位与塔釜采出量进行串级控制后，与脱丁烷塔 C-1560 塔釜汽油组分混合，进入 E-1566 用循环水冷却后，作为裂解汽油产品送至界外储罐。

3. 工艺水系统

1）水汽提塔 C-1260

C-1260 塔上部汽提段有 11 层双溢流固阀塔盘。

来自 P-1220 的工艺水进入塔进料加热器 E-1258，用盘油预热到起泡点后进入到塔顶 1 层塔盘上方，E-1258 的出口工艺水水温与盘油流量串级控制。

塔盘下方进入的汽提蒸汽（稀释蒸汽）的流量由塔顶气相流量控制，汽提蒸汽的流量控制为约进水量的 5%（质量分数）并根据工艺水的水质调整。

塔釜的工艺水由泵 P-1260 抽出，经塔釜液位和塔釜流量串级控制后，经稀释蒸汽发生器进料换热器 E-1273 预热后，进入稀释蒸汽发生器 V-1270。

2）稀释蒸汽发生系统

稀释蒸汽发生器 V-1270 在 0.75 MPa 下操作，来自 C-1260 预热的水被送入 V-1270，通过两组水平安装的热虹吸式再沸器加热，再沸器 E-1270 利用循环急冷油作为热源，形成基础负荷，再沸器 E-1271 利用中压蒸汽作为热源，形成可调负荷。

V-1270 顶部出来的蒸汽，分为两路：一路至水汽提塔作为汽提蒸汽；另一路进入蒸汽过热器 E-1275 中用中压蒸汽过热。过热后的蒸汽又分为两路：一路至轻燃料油汽提塔作为汽提蒸汽；另一路用于各裂解炉的稀释蒸汽（图 3-7）。

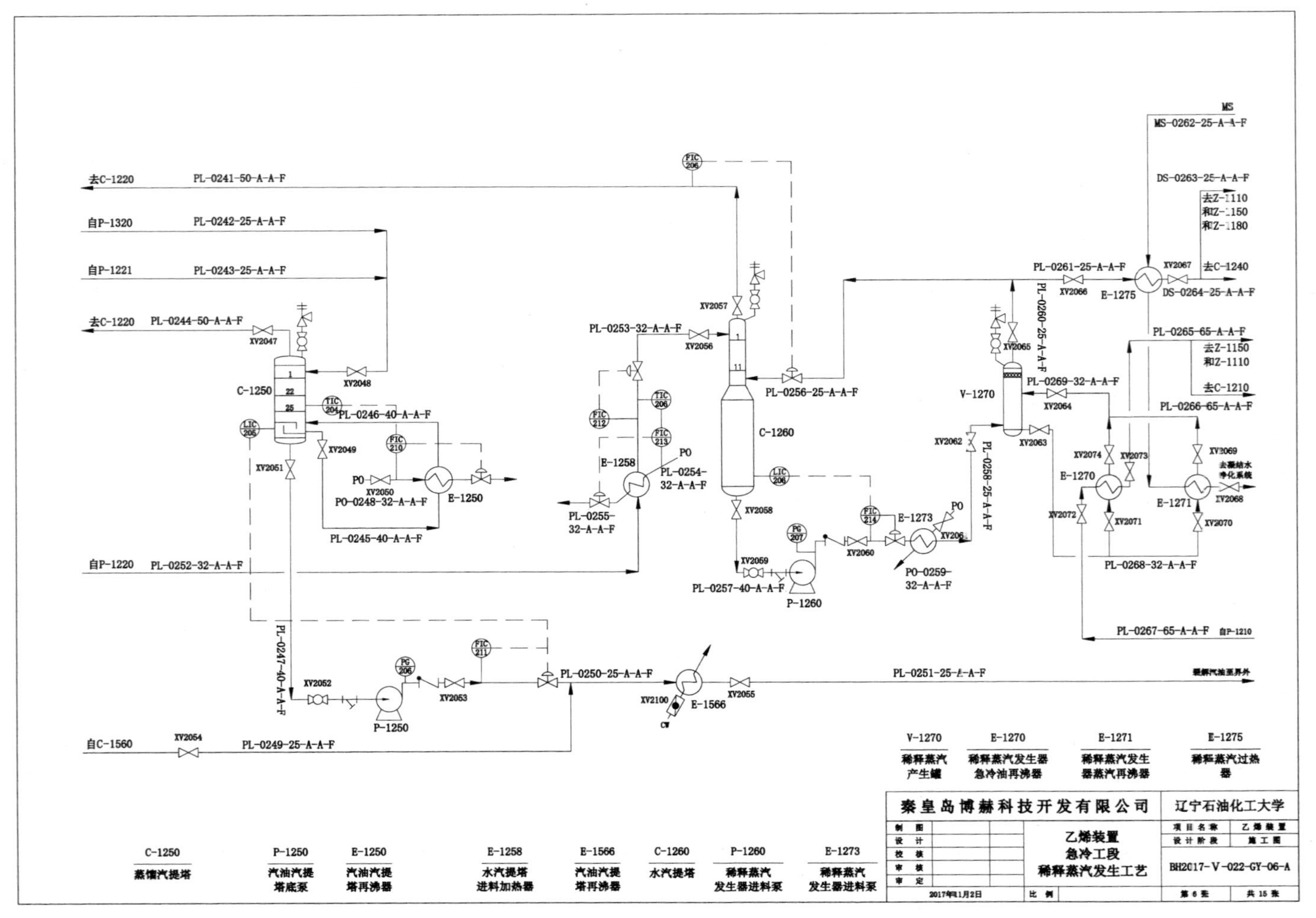

图 3-7　稀释蒸汽发生工艺

三、压缩碱洗工段流程

1. 裂解气压缩

从急冷水塔顶出来的温度为41℃、压力为0.03 MPa的裂解气进入裂解气压缩机一段吸入罐V-1310，对裂解气进行气液分离。分离出的液体由泵P-1310抽出，经液位控制后，送回急冷水塔C-1220塔釜，气体进入压缩机一段压缩。

一段压缩出来的气体，经一段排出冷却器E-1310用循环水冷却后，与脱丁烷塔顶回流罐V-1565的排气混合后，进入二段吸入罐V-1320对裂解气进行气液分离。分离出的液相中有水和部分凝烃，水和凝烃通过沉降分离，水由界位控制器控制进入V-1310，凝烃溢流到另一侧，由液位控制器控制，由P-1320抽出送到汽油汽提塔C-1250塔顶，气相进入二段压缩。

二段压缩出来的气体，经二段排出冷却器E-1320用循环水冷却后，与低压脱丙烷塔顶回流罐V-1366的排气混合后，进入三段吸入罐V-1330，分离出液相和气相。液相由控制器控制返回二段吸入罐V-1320，气相进入三段压缩。

三段压缩出来的气体进入三段排出冷却器E-1330用循环水冷却，又与丙烯塔顶回流罐气相经V-1551冷却后的排气混合，进入四段吸入罐V-1335，分离出液相和气相。液相由控制器控制返回三段吸入罐V-1330，气相进入四段压缩。

四段压缩出来的气体与脱乙烷塔顶回流罐V-1435排气、C_3加氢后分离罐V-1520排气混合后，进入四段排出冷却器E-1343用循环水冷却后，进入四段排出罐V-1340，分离出液相和气相。液相控制器控制与来自V-1346底部分离出的水、聚结器A-1380沉降分离出的水混合后返回四段吸入罐V-1335，气相进入碱洗系统。

高压脱丙烷塔塔顶不含C_4的气相经E-1366加热到7℃后进入K-1300五段压缩，经K-1300五段压缩后的气体去C_2加氢系统(图3-8)。

在裂解气压缩机防喘振中，裂解气压缩机设置了四套防喘振最小流量返回线。第一条为“三返一”，第二条为“四返四”，第三条为“五返五”，第四条为“五回五”。

(1)“三返一”UK-13001A是将压缩机三段排出的气体返回一部分进入一段吸入，以保证压缩机一、二、三段吸入流量大于所需要的最小流量。

(2)“四返四”UK-13001B是将压缩机四段排出的气体返回一部分进入四段吸入，保证压缩机四段吸入流量大于所需要的流量。

(3)“五返五”UK-13001D将压缩机五段排出的气体返回到高压脱丙烷塔，高压脱丙烷塔顶气再进压缩机五段。

(4)“五回五”UK-13001C是指压缩机五段出口气，经前加氢脱砷保护床、前加氢反应器、第二干燥器、高压脱丙烷塔回流罐顶部分气体返回高压脱丙烷塔，再由高压脱丙烷塔顶返回到压缩机五段入口。

P-1310
裂解气压缩机一段凝液泵
V-1310
裂解气压缩机一段吸入罐
E-1310
裂解气压缩机一段后冷却器
P-1320
蒸馏气提塔进料泵
V-1320
裂解气压缩机二段吸入罐
E-1320
裂解气压缩机二段后冷却器
V-1330
裂解气压缩机三段吸入罐
E-1330
裂解气压缩机三段后冷却器
V-1335
裂解气压缩机三段排出罐
E-1343
裂解气压缩机四段后冷却器
V-1340
裂解气压缩机四段排出罐
K-1300
裂解气压缩机
秦皇岛博赫科技开发有限公司
辽宁石油化工大学
乙烯装置
压缩工段
压缩工艺
BH2017-V-022-GY-07-A

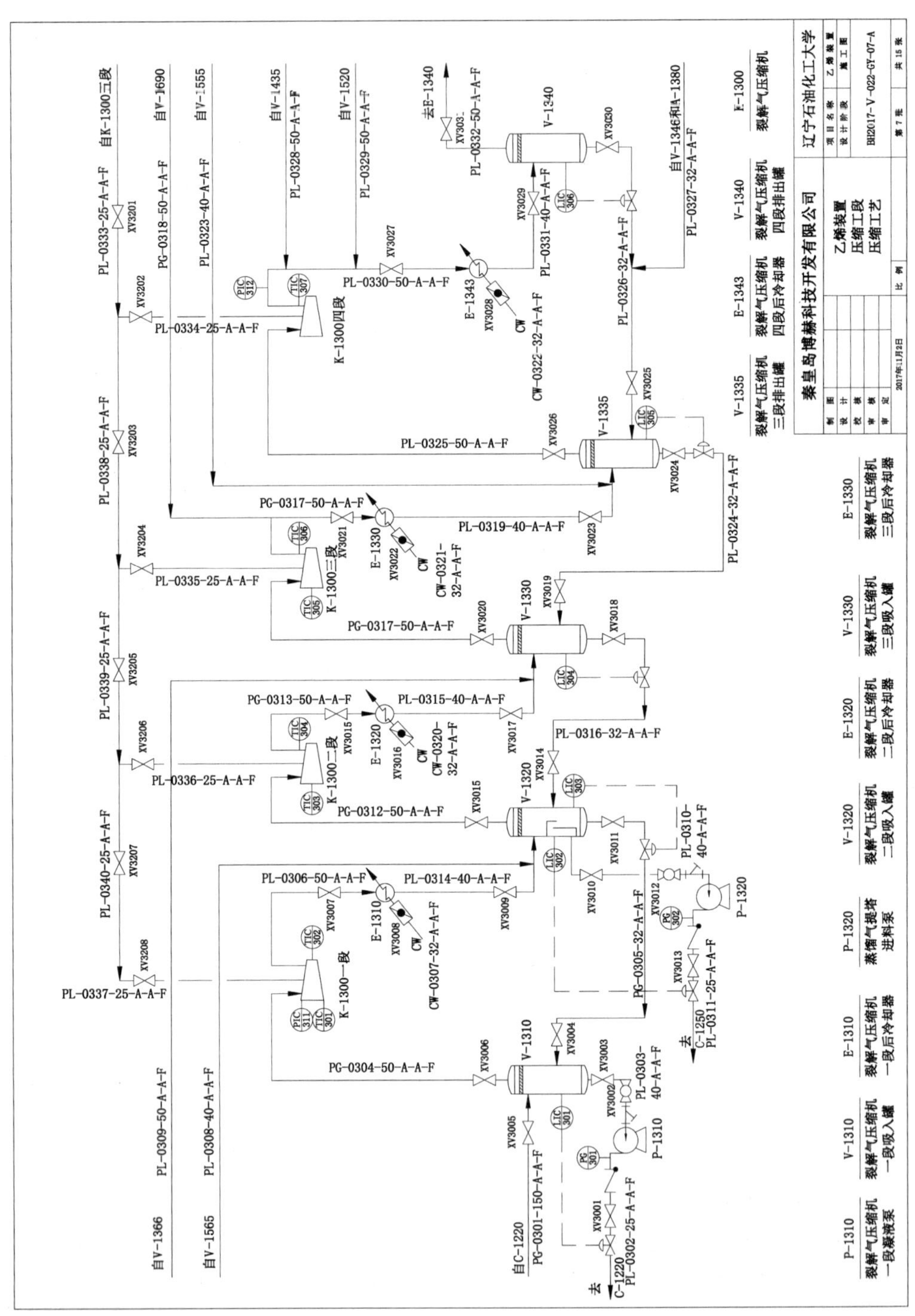

图 3-8 压缩工艺

2. 裂解气碱洗

来自 K-1300 四段出口分离罐 V-1340 顶的裂解气经 E-1340 用循环急冷水加热后进入碱洗塔 C-1340 第 45 层塔盘下方，调节循环急冷水流量控制碱洗塔 C-1340 的 31 层塔盘温度。

碱洗塔 C-1340 分为四段：自上而下分别是水洗段、强碱段、中碱段和弱碱段。酸性裂解气进入塔釜后与循环弱碱(1%～2%)逆向接触，塔釜弱碱由弱碱循环泵 P-1342 抽出，打入 31 层塔盘的上方；裂解气经弱碱段后向上进入中碱段，中碱(6%～7%)自 30 层塔盘下方由中碱循环泵 P-1343 抽出，打入 21 层塔盘的上方；裂解气经中碱段后向上进入强碱段与强碱逆向接触，强碱(9%～10%)自 20 层塔盘下方由强碱循环泵 P-1344 抽出，与补入的新鲜碱液一起进入 6 层塔盘的上方；裂解气经强碱段后向上进入水洗段，裂解气在水洗段被洗涤，除去夹带的碱，洗涤水自 5 层塔盘的下方由洗涤水循环泵 P-1345 抽出，经塔顶温度与流量及 E-1341 跨线串级控制后，进入 E-1341 用循环水冷却后，返回塔 1 层塔盘上方。

C-1340 塔顶裂解气进入过冷器 E-1345，用 7℃的丙烯冷剂进行部分冷凝，从 E-1345 出来的裂解气温度与换热器壳体返回冷剂的压力串级控制。经过冷凝的裂解气进入分离罐 V-1346，罐顶气相进气相干燥器 D-1370，罐底液相烃类由泵 P-1380 抽出送入液相干燥系统，罐底液相水排入裂解气压缩机四段入口吸入罐 V-1335。

塔釜黄油和废碱的混合物经塔底液位控制后，排至废碱处理装置。

3. 裂解气干燥系统

来自 V-1346 罐顶的气相，进入裂解气干燥器 D-1370 顶部，向下通过干燥器，干燥后的裂解气进入高压脱丙烷系统。

来自 V-1346 罐底的凝烃由泵 P-1380 抽出，送到液体干燥器进料聚结器 A-1380，脱除沉降分离出来的水，水返回裂解气压缩机四段入口吸入罐 V-1335，凝烃进入液相干燥器 D-1380 底部，凝烃自下而上通过液相干燥器，干燥的凝烃经 V-1346 界位和流量串级控制后进入高压脱丙烷系统(图 3-9)。

4. 高压脱丙烷塔 C-1365 及乙炔加氢

来自干燥器 D-1370 底部的干燥裂解气经 E-1366 被高压脱丙烷塔塔顶气相冷却后，作为高压脱丙烷塔 C-1365 的气相进料，进入塔第 15 层塔盘的下方。来自液相干燥器 D-1380 顶部的液体烃类进入 C-1365 第 16 层塔盘上方。

塔釜侧线液相靠重力进入塔釜再沸器 E-1358，通过温度与盘油流量串级控制为塔釜提供热源，加热后的气体返回到 C-1365 的第 42 层塔盘下。

塔釜物料经 E-1368 用循环水冷却后，经液位与流量串级控制进入热分离系统的低压脱丙烷塔 C-1360(图 3-10)。

塔顶不含 C_4 的气体通过 E-1366 被进料加热到 7℃后，进入裂解气压缩机 K-1300 五段，五段排出的裂解气经 E-1357 用循环水冷却后，通过 C_2 加氢脱砷床 R-1365 脱砷，脱砷后的裂解气经 C_2 加氢进料加热器 E-1363 用低压蒸汽加热，C_2 加氢反应器的入口温度由 E-1363 旁路控制，然后进入 C_2 加氢反应器 R-1360 脱除乙炔，脱出乙炔后的气体从上部进入裂解气第二干燥器 D-1375，D-1375 底部出来干燥后的物料进入高压脱丙烷塔冷凝器 E-1361，

新鲜碱液
PL-0341-25-A-A-F
XV3113
PL-0354-65-A-A-F
7.0°
C3R
XV3121
PIC 307
XV3122
XV3123
E-1345
PL-0356-32-A-A-F
TIC 309
XV3120
E-1341
FIC 301
XV3119
XV3118
CW
C-1340
XV3117
PL-0353-25-A-A-F
PG 306
XV3115
XV3116
PL-0352-40-A-A-F
P-1345
XV3114
PL-0351-25-A-A-F
XV3112
PG 305
XV3110
PL-0350-40-A-A-F
XV3111
P-1344
XV3109
PL-0349-25-A-A-F
XV3108
PG 304
XV3106
PL-0348-40-A-A-F
XV3107
P-1343
QW-0344-40-A-A-F
TIC 308
自V-1340
PL-0342-50-A-A-F
E-1340
XV3101
LIC 307
QW
QW-0343-40-A-A-F
XV3102
XV3103
XV3105
PL-0347-25-A-A-F
PG 303
XV3104
PL-0346-40-A-A-F
P-1342
至废碱处理装置
PL-0345-40-A-A-F
TIC 310
PL-0355-50-A-A-F
PL-0357-50-A-A-F
XV3125
V-1346
XV3124
LIC 308
XV3126
XV3127
PL-0358-50-A-A-F
PL-0359-32-A-A-F
XV3133
D-1370
PL-0362-32-A-A-F
XV3134
去E-1366
XV3163
PL-0363-32-A-A-F
D-1380
FIC 302
PL-0361-32-A-A-F
XV3132
XV3130
去C-1365
PL-0360-32-A-A-F
A-1380
XV3129
PG 308
XV3128
P-1380
XV3131
去V-1335
V-1346
裂解气四段分离罐
D-1370
裂解气干燥器
D-1380
液体干燥器
A-1380
液体干燥器进料聚结器
E-1340
碱洗塔进料加热器
C-1340
碱洗塔
P-1342
弱碱循环泵
P-1343
中碱循环泵
P-1344
强碱循环泵
P-1345
水洗循环泵
E-1341
碱洗塔水洗段补充水冷却器
E-1345
碱洗塔顶过冷却器
P-1380
液体干燥器进料泵
秦皇岛博赫科技开发有限公司
辽宁石油化工大学
乙烯装置
碱洗工段
碱洗干燥工艺
项目名称
乙烯装置
设计阶段
施工图
BH2017-V-022-GY-08-A
2017年11月2日
比例
第8张
共15张

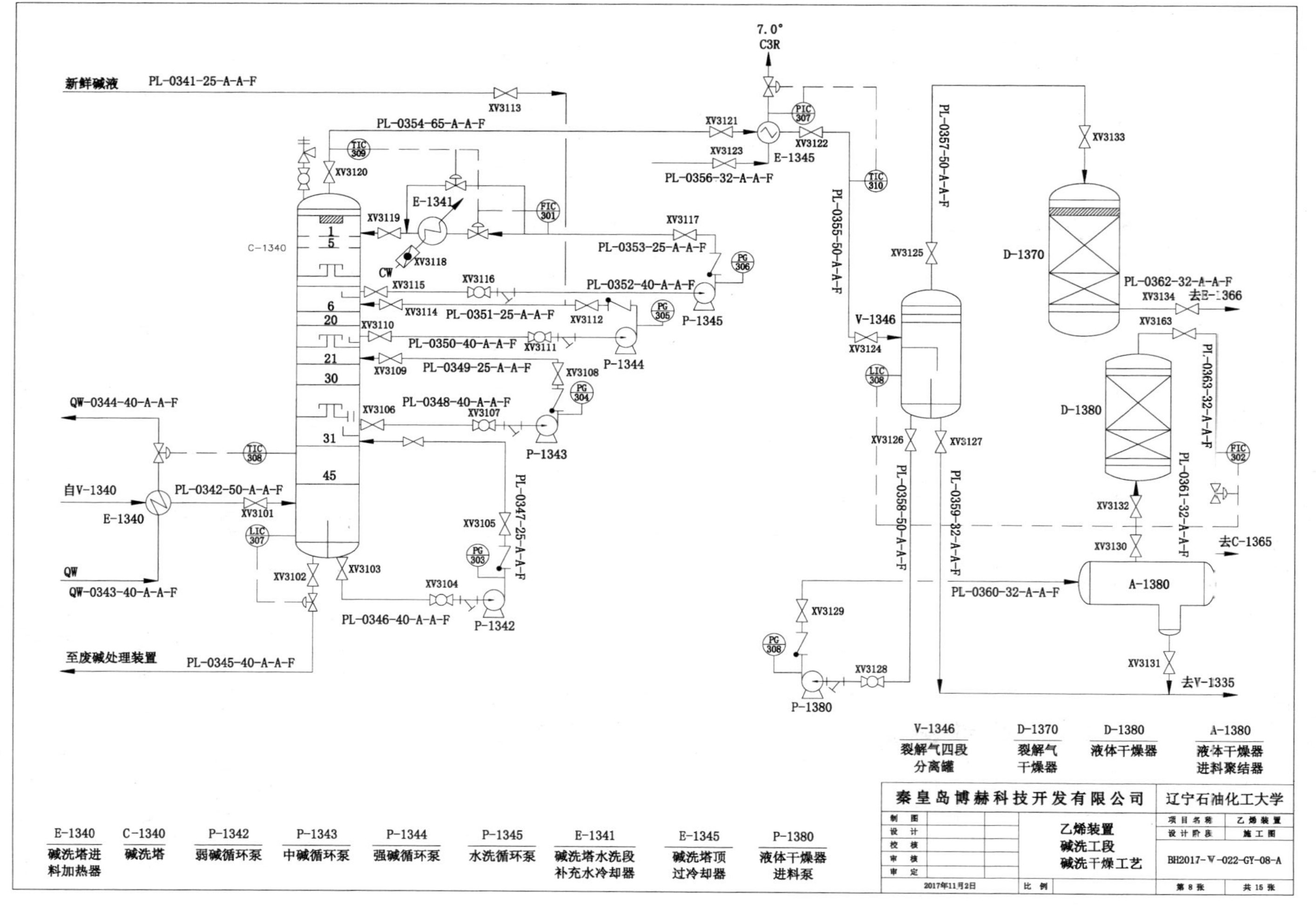

图 3-9　碱洗干燥工艺

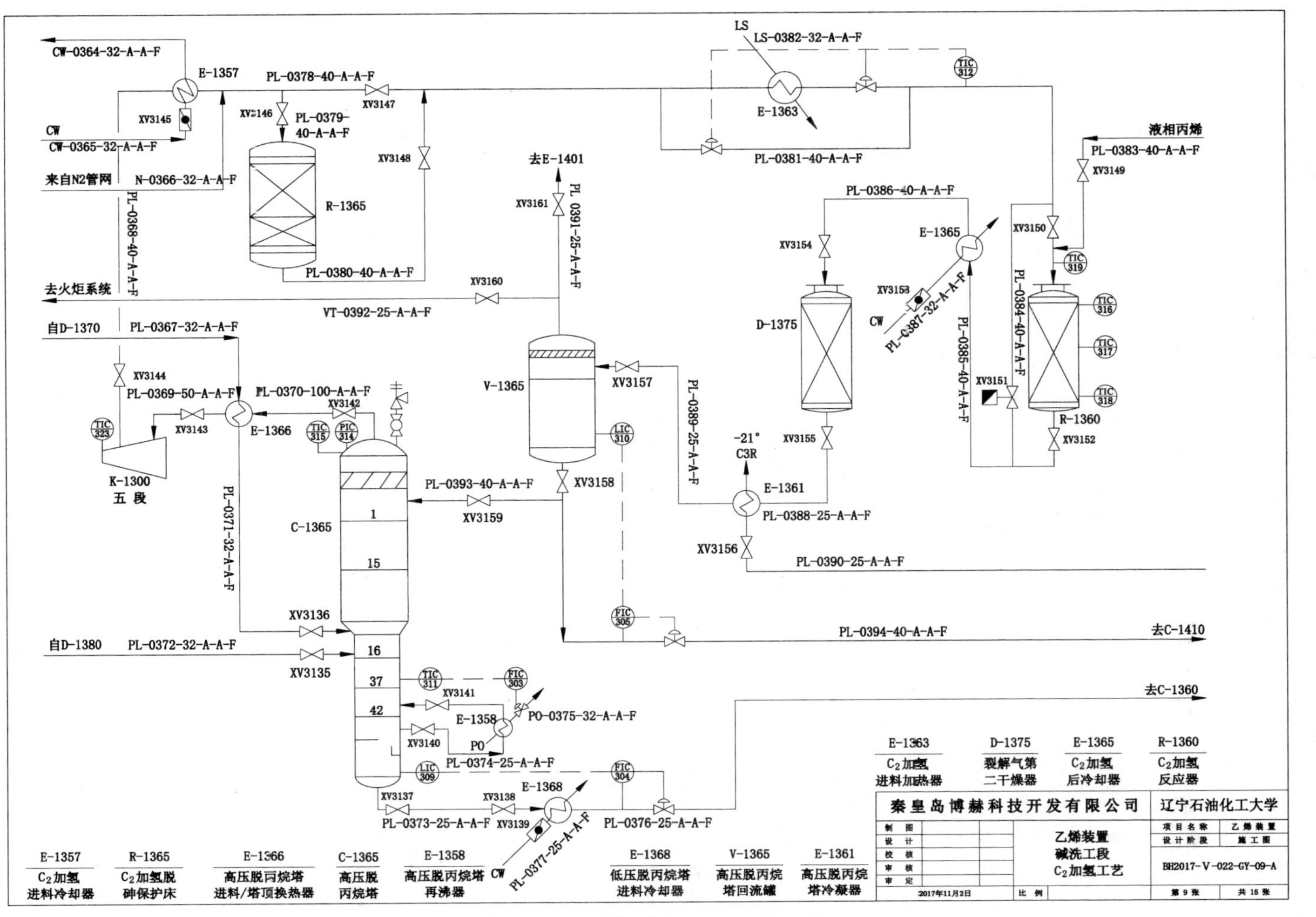

图 3-10 高压脱丙烷和 C_2 加氢工艺

用丙烯冷剂冷却后，进入高压脱丙烷塔回流罐 V-1365 进行分离。

V-1365 顶部未冷凝的气相进入冷分离系统的脱甲烷预分馏塔 1 号冷却器 E-1401。

V-1365 底部液相分为两路：一路作为 C-1365 塔的回流；另一路经液位与流量串级控制后，进入冷分离系统的脱甲烷预分馏塔 C-1410。

四、热分离工段流程

1. 低压脱丙烷塔 C-1360

来自高压脱丙烷塔塔釜液进入塔 30 层塔盘的上方，分离 C_3 和 C_4 及以上重组分。

塔釜侧线液相靠重力进入塔釜再沸器 E-1360，通过温度与盘油流量串级控制，为塔釜提供热源，加热后的气体返回到 C-1360 的第 64 层塔盘下。

脱出丙烷后的塔釜物料经液位与流量串级控制后，进入脱丁烷塔 C-1560。

塔顶气相经 E-1359 用 7℃的丙烯制冷剂冷凝后，进入顶回流罐 V-1366。V-1366 气相经压力控制后，排入裂解气压缩机三段入口分离罐 V-1330，液相由泵 P-1360 抽出，分为两路：一路作为塔顶的回流；另一路经液位与流量串级控制后，进入 C_3 加氢系统。

2. C_3 加氢系统

来自 P-1360 的 C_3 进入 C_3 加氢脱砷反应器 R-1510，除去物料中所含的砷及痕量羰基硫，除去砷及痕量羰基硫的 C_3 与来自脱乙烷塔釜液混合，混合物又与来自甲烷化单元经流量控制的氢气混合，一起进入 C_3 加氢反应器 R-1520，对进入丙烯回收单元物料中的甲基乙炔(MA)和丙二烯(PD)进行选择性加氢，使其转化为丙烯、丙烷和少量的绿油，同时所有的丁二烯转化为 1-丁烯，用加氢后 P-1520 出口的返回量控制加氢反应器入口温度。

反应器流出物经 C_3 加氢后冷器 E-1526 用循环水冷却至 40℃后，进入 V-1520 进行气液分离，气相排入裂解气压缩机四段出口 E-1343 前，液相由泵 P-1520 抽出，经液位与流量串级控制后，进入丙烯精馏系统(图 3-11)。

3. 丙烯精馏塔 C-1530

来自泵 P-1520 的 C_3 加氢反应物进入丙烯精馏塔 C-1530 中部。

塔釜液相靠重力进入塔釜再沸器 E-1530，用循环急冷水为塔釜提供热源，加热后的物料返回到塔釜上部，塔釜温度与循环急冷水流量串级控制。

塔釜的丙烷经塔底液位与流量串级控制后，返回裂解炉 F-1180，作为裂解原料。

塔顶气相经 E-1535 用循环水冷凝并冷却至 41℃，进入回流罐 V-1555，液体由回流泵 P-1555 抽出，打入塔顶作为顶回流；气体经丙烯塔放空冷凝器 E-1551 用循环水冷却后返回裂解气压缩机 K-1300 四段入口吸入罐 V-1335 前。

聚合级丙烯产品由丙烯塔 9 层塔盘下的集液槽流入丙烯分离罐 V-1530 进行气液分离，气相返回 9 层塔盘上方，液相抽出泵 P-1552 抽出，经丙烯产品冷却器 E-1541 冷却至 40℃送至界区外，丙烯塔顶回流罐的液位与丙烯产品的流量串级控制调节(图 3-12)。

4. 脱丁烷塔 C-1560

来自低压脱丙烷塔的釜液进入脱丁烷塔 24 层塔盘上方，脱丁烷塔将 C_4 组分从重组分

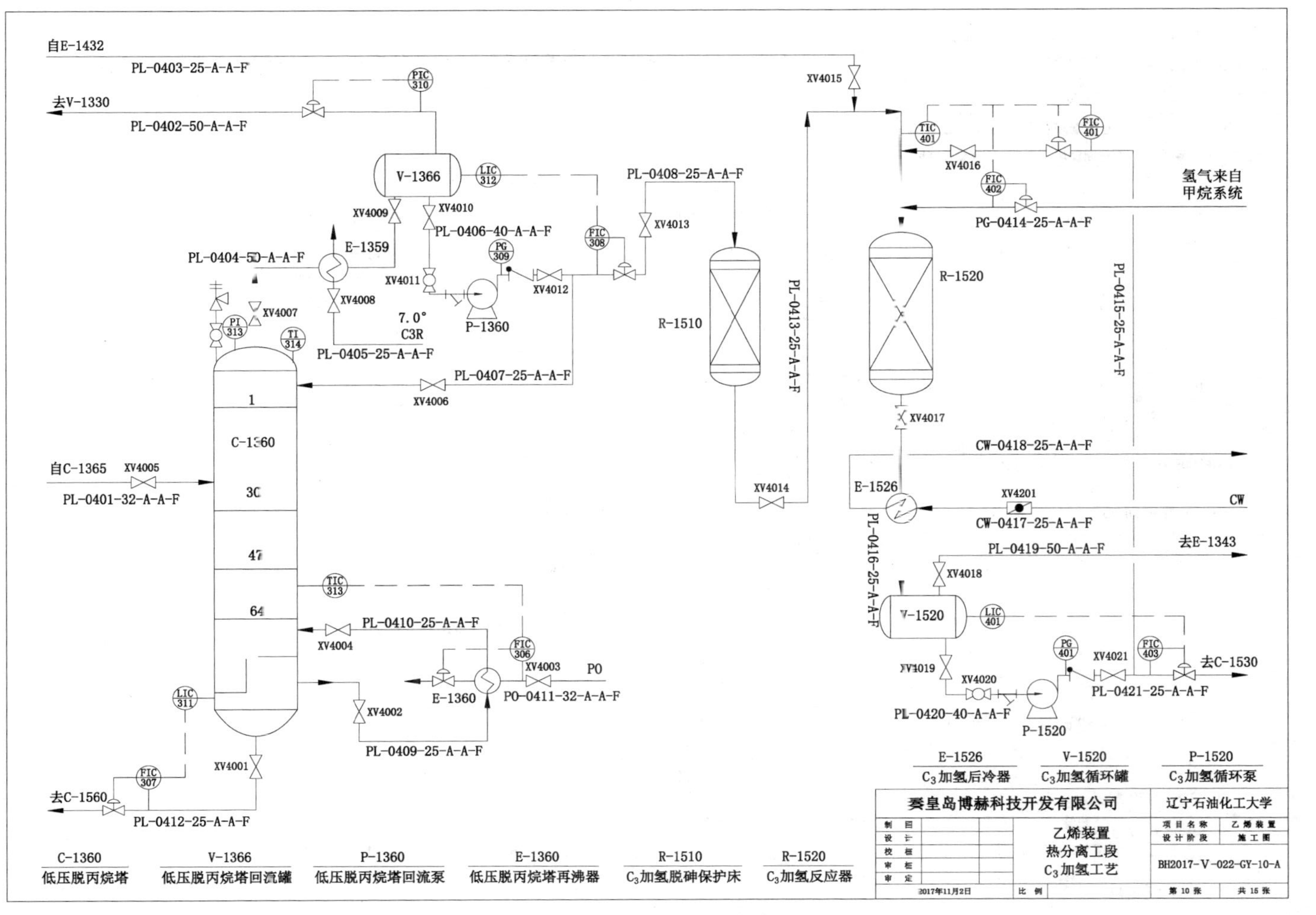

图 3-11　低压脱丙烷和 C_3 加氢工艺

CW-0422-32-A-A-F
E-1535
PL-0430-65-A-A-F
CW
CW-0423-32-A-A-F
XV4026
XV4025
XV4202
PL-0445-65-A-A-F
E-1551
CW-0449-32-A-A-F
XV4030
去V-1335
PL-0447-40-A-A-F
XV4028
CW
CW-0448-32-A-A-F
XV4027
V-1555
XV4034
PL-0431-50-A-A-F
XV4203
PL-0434-50-A-A-F
XV4035
PL-0432-50-A-A-F
XV4204
XV4033
XV4031
PL-0446-65-A-A-F
XV4032
P-1555
XV4036
XV4022
C-1530A
XV4208
C-1530B
PL-0435-50-A-A-F
PL-0433-50-A-A-F
CW-0444-32-A-A-F
PL-0436-50-A-A-F
E-1541
聚合级丙烯产品
PL-0425-25-A-A-F
PL-0426-25-A-A-F
XV4207
V-1530
PL-0470-15-A-A-F
PL-0442-32-A-A-F
XV4039
XV4040
CW
PL-0428-25-A-A-F
PL-0439-25-A-A-F
取样点
XV4037
CW-0443-32-A-A-F
XV4038
PL-0441-50-A-A-F
P-1552
E-1530A
E-1530B
XV4023
XV4205
QW
QW-0429-25-A-A-F
QW-0440-25-A-A-F
XV4024
XV4206
PL-0427-25-A-A-F
PL-0438-25-A-A-F
去E-1108
PL-0437-25-A-A-F
自P-1520
PL-0424-25-A-A-F
V-1530
丙烯分离罐
P-1552
丙烯产品泵
E-1541
丙烯产品冷却器
秦皇岛博赫科技开发有限公司
辽宁石油化工大学
乙烯装置
热分离工段
丙烯精馏工艺
BH2017-V-022-GY-12-A
C-1530A/B
丙烯汽提精馏塔
E-1530A/B
丙烯塔再沸器
E-1535
丙烯塔冷凝器
V-1555
丙烯塔回流罐
P-1555
丙烯精馏塔回流泵
E-1551
丙烯塔放空冷凝器

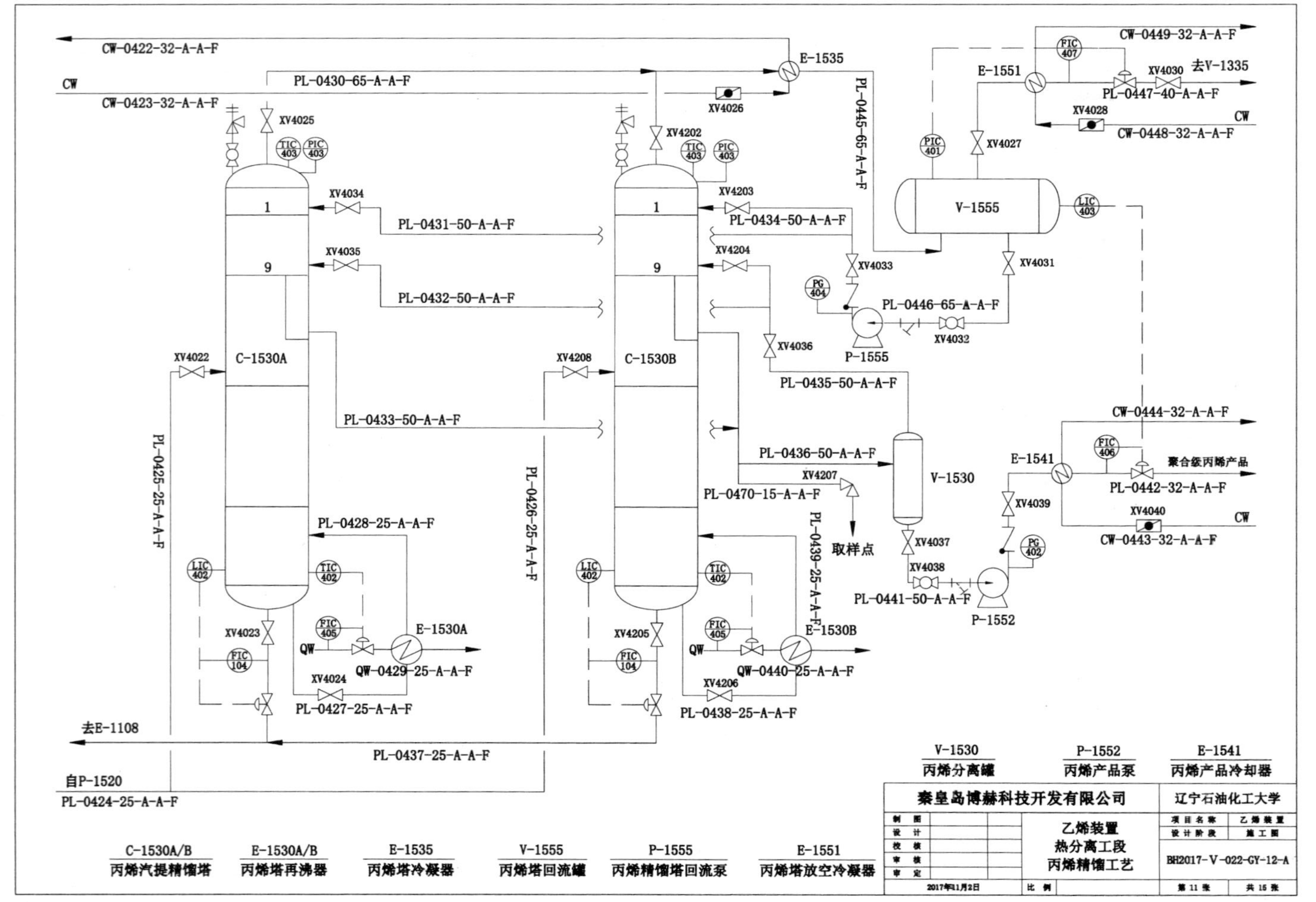

图 3-12 丙烯精馏工艺

中分离出来。

塔顶气相混合 C_4 组分经 E-1565 用循环水冷凝、冷却后，进入回流罐 V-1565，不凝气排放至裂解气压缩机二段入口分离罐 V-1320 前。液体由泵 P-1565 抽出，分为两路：一路经流量控制后，作为塔顶回流进入 1 层塔盘上方；另一路经液位和流量串级控制后，作为混合 C_4 产品送至界区外。V-1565 罐顶压力由 E-1565 前与 V-1565 之间的控制阀控制。

塔釜液相靠重力进入塔釜再沸器 E-1560，用过热低压蒸汽为塔釜提供热源，塔釜温度与过热低压蒸汽流量串级控制，加热后的物料返回到塔釜 44 层塔盘下。

塔釜粗汽油经液位和流量串级控制后，与来自汽油汽提塔 C-1250 塔釜的裂解汽油混合，经裂解汽油产品冷却器 E-1566 用循环水冷却至 40℃送至界区外（图 3-13）。

五、冷分离工段系统

1. 预脱甲烷塔

在技术先进的热回收系统/热集成精馏系统（ARS/HRS）中，使用列管式、板翅式换热器和 HRS 将乙烯、丙烯以及冷剂逐级冷却，实现裂解气中重组分的冷却、冷凝，与 C_2 分离。冷凝出的液体作为预脱甲烷塔（C-1410）和脱甲烷塔（C-1420）的进料。

来自高压脱丙烷塔回流罐（V-1365）的气体在预脱甲烷塔 1＃进料冷却器（E-1401）中用两种冷剂冷却：一种为循环乙烷，另一种为丙烯。被冷却的裂解气在预脱甲烷塔 1＃进料分离罐（V-1411）罐内闪蒸，闪蒸液体直接进预脱甲烷塔（C-1410）分离，而高压脱丙烷塔回流罐（V-1365）液相直接进入预脱甲烷塔（C-1410）进行分离。

预脱甲烷塔 1＃进料分离罐（V-1411）闪蒸后气体在预脱甲烷塔 2＃进料冷却器（E-1405）、3＃进料冷却器（E-1406）中被乙烯冷剂、低压尾气、甲烷、氢、高压尾气和低压甲烷/氢进一步冷却，并经过预脱甲烷塔 2＃进料分离罐（V-1414）、3＃进料分离罐（V-1415）闪蒸，用以分离裂解气中 C_3 以上重组分。闪蒸后不含 C_3 的气相进入 HRS 单元，液体回收冷量后被预热到－38℃进入预脱甲烷塔（C-1410）顶部，作为预脱甲烷塔（C-1410）的一股进料，另一股进料来自高压脱丙烷塔回流罐（V-1365）的液相。

预脱甲烷塔再沸器（E-1410）用 38.9℃液态丙烯冷剂作热源，来自脱甲烷塔（C-1420）塔底馏出物作为预脱甲烷塔冷凝器（E-1415）的冷源，而预脱甲烷塔冷凝器（E-1415）用脱甲烷塔（C-1420）塔底物料作为冷源，冷凝塔顶气相。脱甲烷塔底物料经丙烯冷剂过冷以减小闪蒸，压力降低后，其制冷效果等同于热泵回路中－61℃的冷剂。预脱甲烷塔顶气相中不含任何 C_3，进入脱甲烷进料接触塔（C-1415），塔底物料去脱乙烷塔（C-1430）（图 3-14）。

2. HRS 单元和脱甲烷进料接触器

预脱甲烷塔进料分离罐闪蒸出来的气体进入 HRS 单元。从 HRS 单元出来的液相进入脱甲烷进料接触塔（C-1415）。HRS 单元的塔顶物料送到甲烷膨胀/压缩系统。HRS 单元中用乙烯冷剂、冷甲烷、氢气作为冷媒。

脱甲烷进料接触塔（C-1415）有两股进料：一股是来自 HRS 单元温度低、较重的液体；另一股是来自预脱甲烷塔（C-1410）温度高、较轻的气体。如果将这两股进料合理分配，可以

XV4108
TIC 405
PIC 405
PL-0456-50-A-A-F
PL-0457-40-A-A-F
去V-1320
XV4109
PL-0458-40-A-A-F
1
XV4117
XV4112
PIC 407
XV4202
PL-0460-25-A-A-F
C-1560
V-1565
LIC 405
FIC 408
XV4113
自C-1360
PL-0450-32-A-A-F
XV4101
24
38
CW-0463-32-A-A-F
XV4111
FIC 409
混合C4产品
XV4116
XV4115
TIC 404
E-1565
PL-0461-50-A-A-F
PL-0464-40-A-A-F
PG 406
CW
44
XV4110
CW-0462-32-A-A-F
XV4102
XV4103
PL-0454-25-A-A-F
XV4114
PL-0459-40-A-A-F
FIC 410
E-1560
P-1565
LS
LS-0451-25-A-A-F
XV4104
LIC 404
LS-0452-25-A-A-F
FIC 411
XV4106
PL-0455-25-A-A-F
XV4107
去E-1566
PL-0453-25-A-A-F
XV4105
E-1565 脱丁烷冷凝器
V-1565 脱丁烷塔回流罐
秦皇岛博赫科技开发有限公司
辽宁石油化工大学
乙烯装置
热分离工段
脱丁烷工艺
BH2017-V-022-GY-12-A
2017年11月2日
E-1560 脱丁烷塔再沸器
C-1560 脱丁烷塔
P-1565 脱丁烷塔回流泵

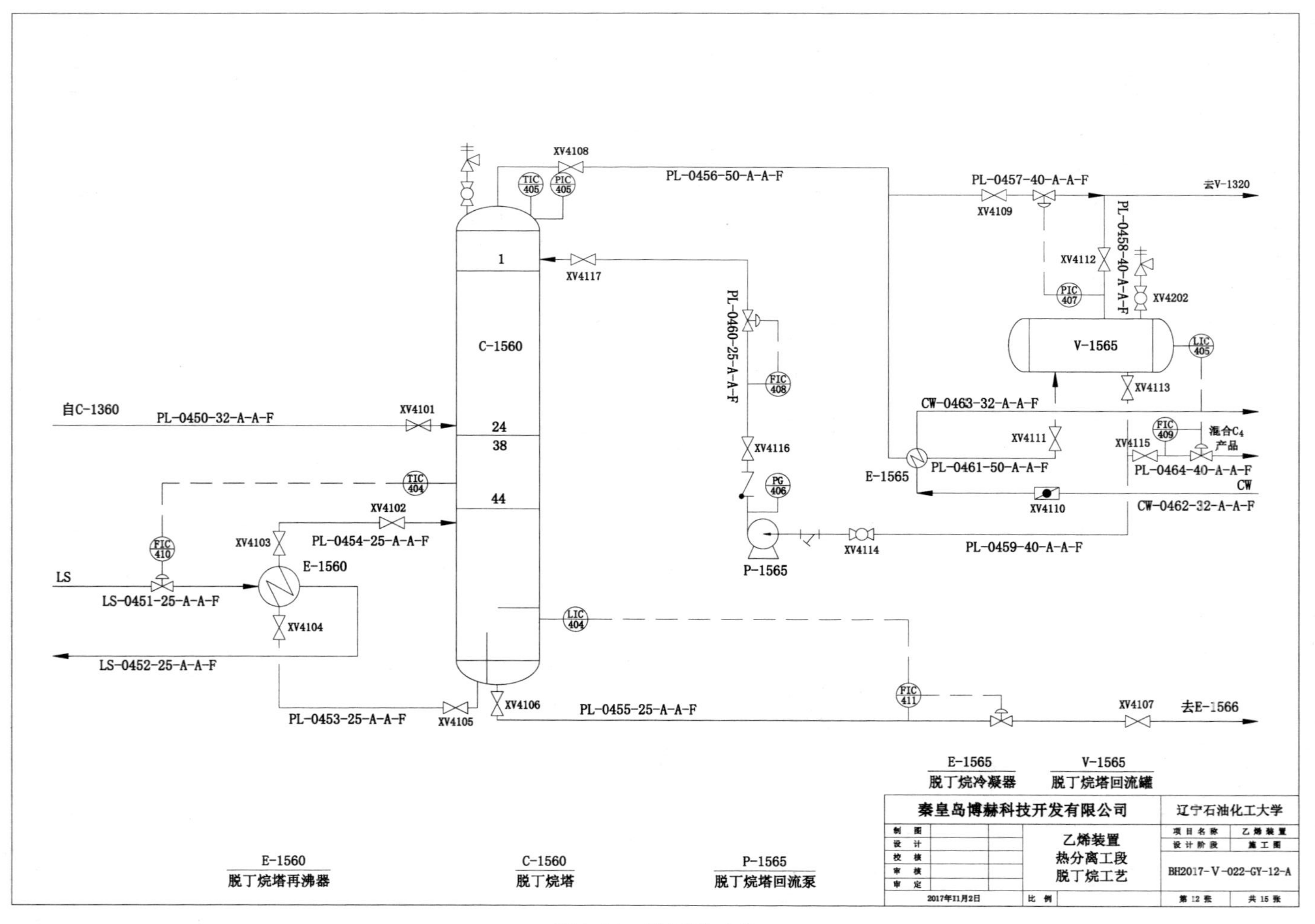

图 3-13　脱丁烷工艺

去甲烷化系统
至燃料气系统
-101℃
C₂R
自V-1365
去C-1440
去C-1430
E-1401
预脱甲烷塔1#进料冷却器
E-1405
预脱甲烷塔2#进料冷却器
E-1406
预脱甲烷塔3#进料冷却器
V-1411
预脱甲烷塔1#进料分离罐
V-1414
预脱甲烷塔2#进料分离罐
V-1415
预脱甲烷塔3#进料分离罐
E-1415
预脱甲烷塔冷凝器
C-1410
脱甲烷预分馏塔
E-1413
尾气精馏塔冷凝器
C-1413
热集成精馏塔
V-1413
尾气精馏塔回流罐
C-1415
脱甲烷进料接触塔
E-1418
脱甲烷接触塔顶冷却器
E-1425
脱甲烷塔冷凝器
C-1420
脱甲烷塔
E-1420
脱甲烷塔再沸器
V-1482
脱甲烷塔釜闪蒸罐
E-1421
脱甲烷塔底蒸发器
秦皇岛博赫科技开发有限公司
辽宁石油化工大学
项目名称　乙烯装置
设计阶段　施工图
乙烯装置
冷分离工段
脱甲烷工艺
BH2017-V-022-GY-13-A
2017年11月2日
第 13 张
共 15 张

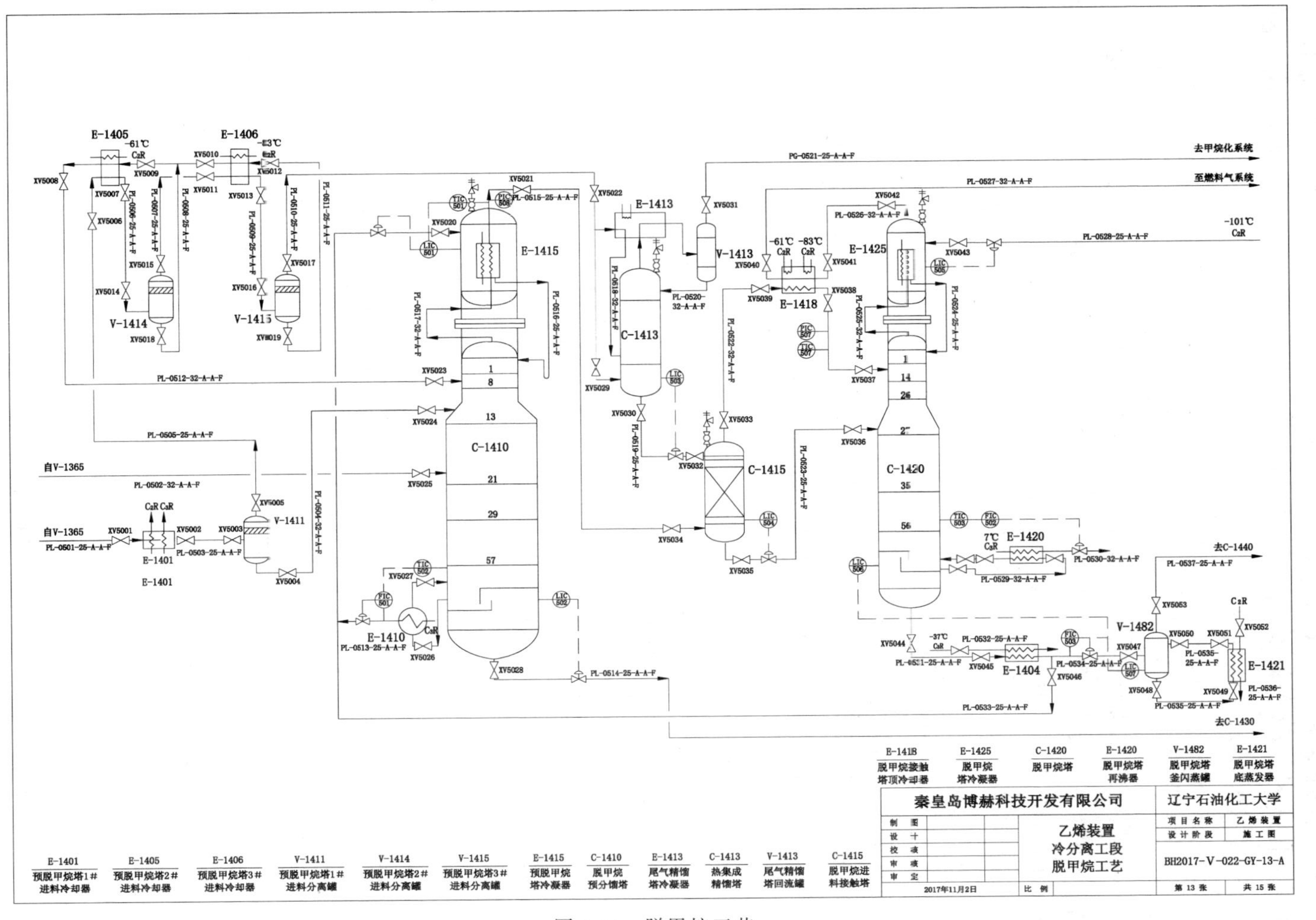

图 3-14　脱甲烷工艺

减小脱甲烷塔(C-1420)的尺寸和回流量。S&W 公司为此设计了一个简单的、更小的接触塔,流体在塔中逆流接触,即从上向下冷液体与由下而上较轻的气体形成对流,既传质又传热,这样形成脱甲烷塔(C-1420)的两股进料,即顶部冷、轻的气体和底部重、热的液体,在热力学上比较理想。这个接触塔的制造费用远远比脱甲烷所用低温合金材料费用低,而且它只需要一个简单的液位控制回路,不需要特殊的操作。

3. 脱甲烷塔

脱甲烷塔进料主要为 C_2 及轻组分,所以脱甲烷塔釜液不需去脱乙烷塔,而直接进入乙烯塔。脱甲烷塔再沸器(E-1420)用 7℃气态丙烯冷剂作热源,脱甲烷塔冷凝器 E-1425 安装于塔的顶部,用－101℃液态乙烯冷剂作冷源。

预脱甲烷塔(C-1410)和脱甲烷塔(C-1420)的塔顶冷凝器与塔顶成一个整体,实际上是安装在塔顶部的板翅换热器。它的优点是在 HRS 单元内不需要冷泵。低温泵造价高,而且操作危险,并且也是传统乙烯厂主要的不可靠因素之一。脱甲烷塔塔釜液先由－37℃丙烯冷剂过冷,过冷后分成两部分:一部分去预脱甲烷塔冷凝器(E-1415)作冷源;另一部分进入脱甲烷塔底闪蒸罐(V-1482),经脱甲烷塔底蒸发器(E-1421)用－33.4℃液态乙烯冷剂回收冷量,两股物料均完全汽化后合并去乙烯塔(C-1440)。

4. 脱乙烷塔

来自预脱甲烷塔(C-1410)塔底的液体进入脱乙烷塔(C-1430),塔顶温度－14℃,塔底温度 63℃,塔压 2.59 MPaG,进行 C_2 与 C_3 的分离,塔顶物料经脱乙烷塔冷凝器(E-1435)被丙烯全部冷凝后进入乙烯塔(C-1440)。脱乙烷塔釜液经脱乙烷塔底冷却器(E-1432)用循环水冷却 40℃后去 C_3 加氢系统。

脱乙烷塔再沸器(E-1430)用急冷水作热源,脱乙烷塔冷凝器(E-1435)用－21℃液态丙烯冷剂做冷源。

5. 乙烯热泵/乙烯制冷系统

乙烯塔(C-1440)是一个低压的乙烷、乙烯精馏塔,与乙烯制冷系统形成热泵流程。塔顶操作温度－61℃,压力 0.64 MPa,塔底操作温度－39℃。

乙烯塔有两股进料:一股来自脱甲烷塔底,乙烯含量较高;另一股来自脱乙烷塔顶,乙烯含量较低。这两股进料进入乙烯塔的不同塔盘,形成了乙烯塔的浓度分布。同时,顶部进料起到了一定的回流作用,减小了乙烯塔顶的回流,节约能耗。

乙烯塔顶气相经乙烯塔回流预冷器(E-1445)回收冷量后被加热到－52.2℃进入乙烯压缩机(K-1650)三段入口,三段压缩机出口经过乙烯塔中间再沸器(E-1441)和乙烯塔回流预冷器(E-1445)冷凝后作为乙烯塔的部分回流。回流比根据流量和总的乙烯产率比计算。

四段排出的气相乙烯压力为 1.79 MPaG,温度为 20℃,在两个并联的板翅换热器乙烯冷剂冷凝器(E-1649)和乙烯塔底再沸器(E-1440)中被丙烯冷凝后,进入乙烯冷剂缓冲罐(V-1690)。罐内的液相乙烯一部分回流乙烯塔,多余部分产品经泵升压至 2.0 MPaG 后,再经乙烯产品过冷器(E-1645)冷却到－35℃后送至界区外的球罐中(图 3-15)。

去E-1343
取样点
去E-1330
气相乙烯至界区外
液相乙烯至界区外
-34.5℃
K-1650
V-1690
E-1649
E-1645
E-1445
E-1441
E-1440
C-1440
P-1445
P-1690A
P-1690B
V-1435
E-1431
E-1430
E-1432
P-1435
自V-1482
自C-1410
去R-1520
去E-1109
CW
-21℃ C3R
-37℃ C3R
E-1432 脱乙烷塔底冷却器
C-1430 脱乙烷塔
E-1435 脱乙烷塔冷凝器
V-1435 脱乙烷塔回流罐
P-1435 脱乙烷塔回流泵
E-1430 脱乙烷塔再沸器
E-1431 脱乙烷塔顶过冷器
P-1445 乙烷循环泵
C-1440 乙烯塔
E-1440 乙烯塔底再沸器
E-1441 乙烯塔中间再沸器
E-1445 乙烯塔回流过冷器
E-1649 乙烯冷却器
K-1650 乙烯压缩机
V-1690 乙烯冷剂缓冲罐
P-1690A 乙烯产品泵
P-1690B 乙烯产品泵
E-1645 乙烯产品过冷器
秦皇岛博赫科技开发有限公司
辽宁石油化工大学
乙烯装置
冷分离工段
乙烯工艺
BH2017-V-022-GY-14-A
第14张
共15张
2017年11月2日

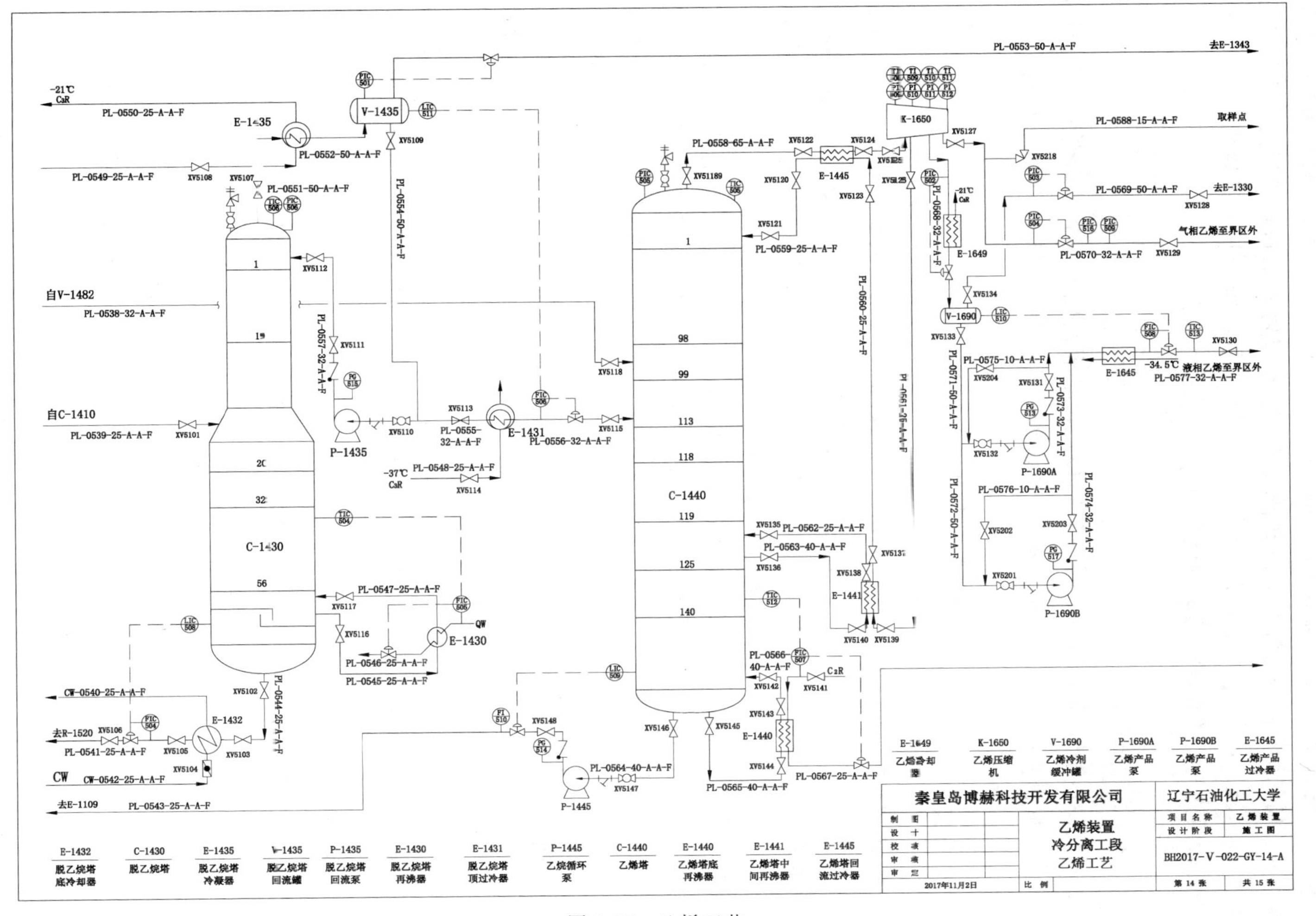

图 3-15 乙烯工艺

乙烯热泵与压缩机整合流程设计为可以调整操作弹性，当乙烯装置70%的生产能力时，可以生产50%的乙烯液相产品；当乙烯装置100%的生产能力时，可以生产100%的乙烯产品。正常操作时(即乙烯装置100%的生产能力时)，当产品中无乙烯液相产品时，五段压缩后的乙烯气相产品经乙烯产品冷却器被循环水冷却到35℃送至界区外。当生产乙烯液相产品时，五段出口气体乙烯经过乙烯产品冷却器冷却、减压后与四段出口气体乙烯混合，经冷却后送至乙烯界区外乙烯罐储存。

6. 乙烯制冷系统

乙烯制冷压缩机K-1650与乙烯精馏塔C-1440联合组成了一个开式热泵系统，同时压缩机向用户提供乙烯冷剂。K-1650是一个五段离心式压缩机，设计提供3个级别的乙烯冷剂：−101℃、−83℃和−61℃。

五段出口的气相乙烯，在五段出口压力自控阀PIC504的控制下作为气相乙烯产品送出。

乙烯压缩机四段排出气体，在两个并列的换热器：乙烯冷剂冷凝器E-1649和乙烯精馏塔再沸器E-1440内冷凝。去E-1440的乙烯，给乙烯塔加热后自身吸冷，冷剂量由再沸器出口流量控制器FIC507与设在C-1440塔第125块塔盘的温度控制器TIC512串级控制；去E-1649冷剂气体通过K-1650四段排出压力PIC502控制。

冷凝的液相乙烯进入乙烯冷剂缓冲罐V-1690，从V-1690罐底出来的液相乙烯由乙烯产品泵P-1690AB经乙烯产品过冷器E-1645，用−37℃的丙烯冷却后，送往罐区。送往罐区的产品流量，通过E-1650出口流量控制器FIC508与V-1690液位控制器LIC510串级控制，其中一股液体由泵出口控制最小流量返回V-1690。

四段出口的乙烯冷剂，一部分在脱甲烷塔塔底蒸发器E-1421内过冷；一部分为脱甲烷进料接触塔塔顶冷却器E-141提供热虹吸冷却液体；一部分液体进脱甲烷预分馏冷凝器E-1415，由手阀控制作为C-1410塔开工冷剂。

乙烯冷剂分别向脱甲烷塔冷凝器E-1425和HRS中的尾气精馏冷凝器E-1413提供−101℃的冷剂，E-1425所需的冷剂量由液位控制器LIC505控制冷剂液位来实现。

7. 丙烯制冷系统

丙烯制冷压缩机K-1600是一个四段离心式压缩机，按设计提供−37℃、−21℃、−7℃和7℃共4个不同温度等级的丙烯冷剂(图3-16)。丙烯制冷系统为封闭式循环系统。

1）给E-1410脱甲烷预分馏塔再沸器加热

丙烯冷剂走管程，给脱甲烷预分馏塔加热。去E-1410丙烯冷剂流量由流量控制器FIC501进行调节，FIC501与C-1410第28层塔盘灵敏板温度控制器TIC502串级调节控制C-1410塔的灵敏板温度。

2）给E-1345碱洗塔顶过冷却器冷却

流向E-1345的冷剂由换热器进V-1346的裂解气出口温度由TIC310与调节冷剂气相返回丙烯的压力控制器PIC307串级控制，使裂解气的出口温度控制在12.6℃。

3）给E-1359低压脱丙烷塔顶冷凝器冷却

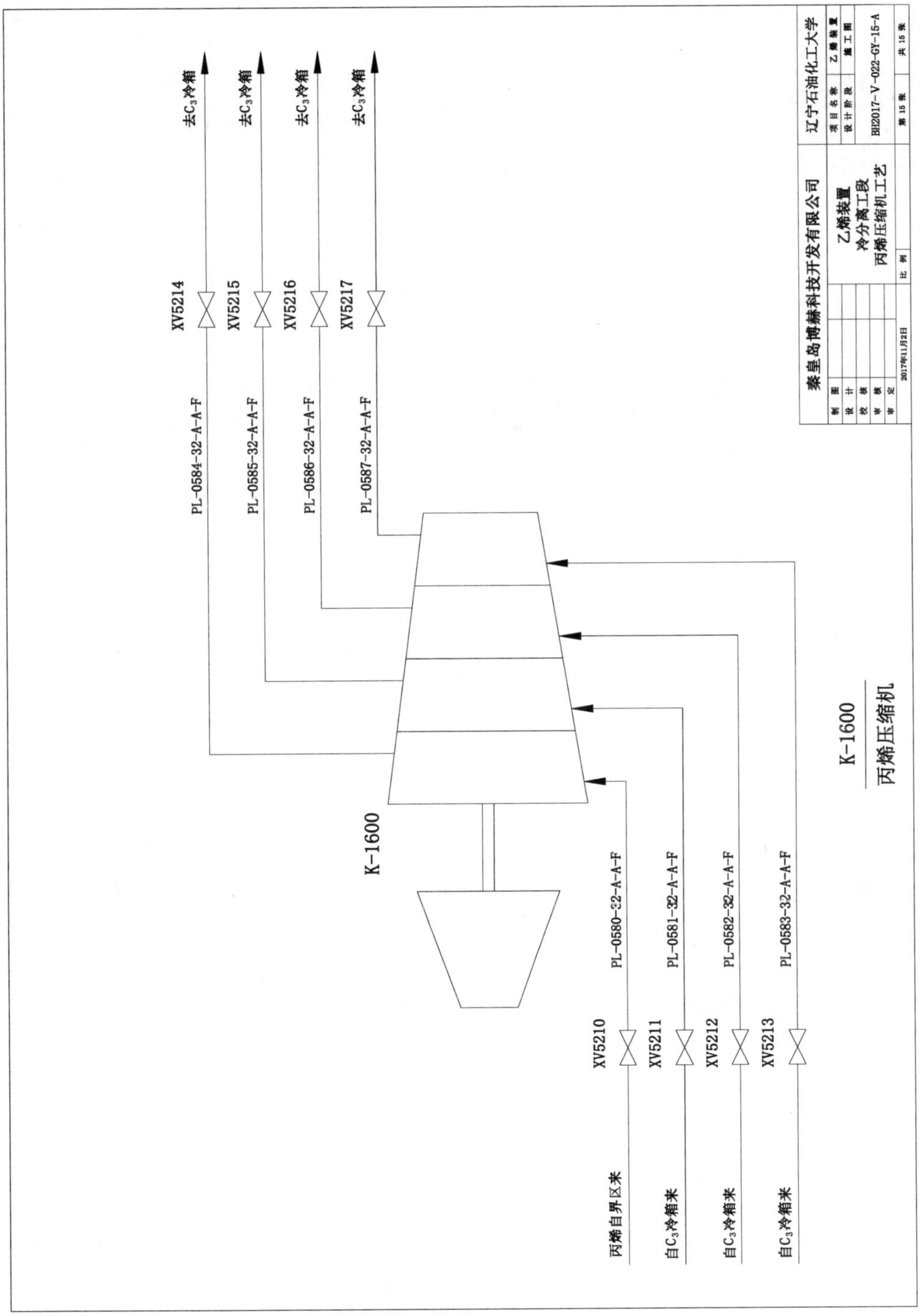

图 3-16　丙烯压缩机工艺

扫描二维码获取本章习题。

第四章

乙烯实物装置操作说明

第一节　乙烯装置巡检操作规定

一、巡检规定

(1) 乙烯装置按岗位实行巡检打卡制，检查站注明站号及检查内容、时间、路线。

(2) 各岗位操作人员必须按规定的时间、路线、内容，对本岗位所属的设备、仪表、工艺流程进行认真细致的检查，对巡检点要重点检查，并作好检查记录。

(3) 各岗位操作人员在巡检中，应按照"听、摸、看、闻、查"的五字法进行检查，发现生产、设备有异常现象，要及时汇报班长并分析查找异常的原因，采取有效措施排除故障。

(4) 在检查中发现重大问题，要立即汇报，并及时采取适当措施，防止事故扩大。

(5) 各岗位操作人员对在检查中发现的问题、处理的过程、存在的问题以及经验和教训，都必须向班长汇报。

某乙烯生产车间各岗位巡检要求见表 4-1 所示。

表 4-1　某乙烯生产车间各岗位巡检要求

职　　位	巡检要求
值班长	整点进行巡检，每两小时一次
急冷外操	整点进行巡检，每小时一次巡检和记录
裂解外操	半点开始巡检，每小时一次巡检和记录
压缩外操	整点进行巡检，每小时一次巡检和记录
干燥外操	半点开始巡检，每小时一次巡检和记录
制冷外操	整点进行巡检，每小时一次巡检和记录
冷分外操	半点开始巡检，每小时一次巡检和记录
热分外操	半点开始巡检，每小时一次巡检和记录

二、岗位巡检路线及内容

1. 各岗位巡检路线

1）裂解岗位巡检路线

外操室→炉前管廊“三阀组”处→E-1376 地面→炉三层平台东侧→炉 SLE 层→炉汽包北侧。

2）急冷岗位巡检路线

外操室→E-1231→P-1220B→P-1210 过滤器二层平台→P-1210A→ C-1240。

3）压缩岗位巡检线路

外操室→K-1300 油站→复水泵→K-1300 透平→P-1310→P-1320→ V-1335。

4）冷区分离岗位巡检路线

外操室→K-1420→冷箱平台→C-1410→C-1420→P-1435→R-1480→D-1481。

5）热区分离岗位巡检路线

外操室→P-1555→P-1552→P-1520→P-1540→P-1560→P-1565→P-1360。

6）制冷岗位巡检路线

外操室→P-1690→P-1660/1608→T-1600→K-1600→K-1650→T-1650→P/K-1650→P/K-1600。

7）干燥岗位巡检路线

外操室→P-1342A/S→V-1342→P-1330→D-1370A/S→D-1380A/S→P-1380A/S→V-1350。

2. 各岗位巡检内容

1）裂解岗位巡检内容

第一站：外操室。

确认劳动用品穿戴规范。

确认工具配备完好。

第二站：炉前管廊“三阀组”处。

检查炉前管廊地面原料、燃料气运行状态，查看是否运行异常和存在不安全因素，包括压力、流量等。

检查裂解炉炉底部燃料气系统，包括压力、温度等参数运行是否正常。

检查裂解炉烧嘴处风门开度是否合适。

第三站：E-1376 地面。

检查 E-1376A/S 的运行情况是否异常。

检查 V-1376 的运行情况是否异常。

检查燃料气系统是否异常，有无泄漏。

冬季检查时，注意管线有无冻凝。

第四站：炉三层平台东侧。

查看裂解炉运行情况。

检查裂解炉烧嘴燃烧状态。

检查裂解炉管颜色是否异常。

裂解炉内壁有无热点。

裂解炉炉管有无泄漏。

炉前采样器运行情况。

清焦罐运行及防冻情况。

第五站：炉 SLE 层。

查看裂解炉 SLE 是否运行正常，有无泄漏。

检查各裂解炉急冷器运行是否正常，有无异常。

检查各裂解炉各蒸汽是否完好备用。

第六站：炉汽包北侧。

查看裂解炉裂解气汽包(包括安全阀)是否运行正常。

查看裂解炉水汽包液位是否正常，有无泄漏。

查看裂解炉蒸汽系统是否运行正常。

检查 BFW 排放系统是否运行正常。

检查裂解炉引风机是否运行正常。

2）急冷岗位巡检内容

第一站：外操室。

确认劳动用品穿戴规范。

确认工具配备完好。

第二站：E-1231。

检查 P-1250A/S 运行是否正常(包括出入口压力、油杯液位、轴温、电机电流、蒸汽有无备用、有无杂音等)，备泵是否完好备用。

检查 E-1231/72 运行是否正常。

检查燃料油外送管线是否正常。

检查 P-1904 运行是否正常(包括出入口压力、油杯液位、轴温、电机电流、蒸汽备用是否完好、有无杂音等)，备泵是否完好备用。

检查 P-1260 运行是否正常(包括出入口压力、油杯液位、轴温、电机电流、蒸汽备用是否完好、有无杂音等)，备泵是否完好备用。

第三站：P-1220B。

检查 P-1220A/B/S 运行是否正常(包括出入口压力、油杯液位、轴温、电机电流、蒸汽备用是否完好、有无杂音等)，备泵是否完好备用。

检查 P-1220A/B/S 前后过滤器运行是否正常。

检查 P-1221A/S 运行是否正常(包括出入口压力、油杯液位、轴温、电机电流、蒸汽备用是否完好、有无杂音等)，备泵是否完好备用。

检查 P-1212A/S 运行是否正常(包括出入口压力、油杯液位、轴温、电机电流、蒸汽备用是否完好、有无杂音等)，备泵是否完好备用。

第四站：P-1210 过滤器二层平台。

C-1230 运行正常，蒸汽备用完好，现场无跑、冒、滴、漏。

检查 P-1210A/B/S 入口过滤器运行是否正常，压差是否正常。

检查 P-1221A/S 入口过滤器运行是否正常，压差是否正常。

第五站：P-1210A。

检查 P-1220A/B/S 运行是否正常（包括出入口压力、油杯液位、轴温、电机电流、蒸汽备用是否完好、有无杂音等），备泵是否完好备用。

C-1221A/S 运行正常（包括出入口压力、油杯液位、轴温、电机电流、蒸汽备用是否完好、有无杂音等），蒸汽备用完好。

现场无跑、冒、滴、漏。

第六站：C-1240。

检查 P-1240A/S 运行是否正常（包括出入口压力、油杯液位、轴温、电机电流、蒸汽备用是否完好、有无杂音等），备泵是否完好备用。

C-1240 运行正常，蒸汽备用完好，现场无跑、冒、滴、漏。

3）压缩岗位巡检内容

第一站：外操室。

确认劳动用品穿戴规范。

确认工具配备完好。

第二站：K-1300 油站。

检查油站液位。

检查油过滤器压差。

检查油冷器出口温度。

检查油泵出口压力。

检查油泵油杯液位。

检查泵体及轴承箱的温度是否正常。

检查泵体是否有杂音。

第三站：复水泵。

检查复水泵出口压力。

检查泵体及轴承箱的温度是否正常。

检查泵体是否有杂音。

第四站：K-1300 透平。

检查一、二级轮室压力。

检查透平有无异常声音。

检查油压。

检查 HS 抽出压力。

第五站：润滑油高位油槽。

检查润滑油高位油槽液位。

检查液面计伴热。

第六站：P-1310。

检查 P-1310A/S 润滑油杯液位、泵出口压力及白油密封罐的液位。

检查冷却水视镜,看冷却水是否畅通。

检查泵体及轴承箱的温度是否正常。

检查泵体是否有杂音。

检查泵出口压力。

检查伴热。

第七站：P-1320。

检查 P-1320A/S 润滑油杯液位、泵出口压力及白油密封罐的液位。

检查冷却水视镜,看冷却水是否畅通。

检查泵体及轴承箱的温度是否正常。

检查泵体是否有杂音。

检查泵出口压力。

检查伴热。

第八站：V-1335。

检查 V-1330、V-1335、V-1340 液位。

检查罐体有无泄漏。

检查伴热。

4）冷区分离岗位巡检内容

第一站：外操室。

确认劳动用品穿戴规范。

确认工具配备完好。

第二站：K-1420。

检查 K-1420 有无异常声音。

检查润滑油温度。

检查润滑油过滤器压差。

检查润滑油供油与回油压差。

第三站：冷箱平台。

现场无跑、冒、滴、漏。

第四站：C-1410。

现场无跑、冒、滴、漏。

塔的温度、压力、液位是否正常。

第五站：C-1420。

现场无跑、冒、滴、漏。

塔的温度、压力、液位是否正常。

E-1420 过滤器压差是否正常。

E-1404 过滤器压差是否正常。

塔的液位是否正常。

第六站：P-1435。

检查泵运行是否正常。

出入口压力是否正常。

冷却水是否通畅。
油杯液位、轴温、电机电流是否正常。
有无杂音。
备泵是否完好备用。
第七站：R-1480。
现场无跑、冒、滴、漏。
检查反应器温度、压力是否正常。
第八站：D-1481。
干燥运行台的温度压力。
干燥器再生台再生气温度、压力、流量是否正常。
5）热区分离岗位巡检内容
第一站：外操室。
确认劳动用品穿戴规范。
确认工具配备完好。
第二站：P-1555。
检查泵运行是否正常。
出入口压力是否正常。
冷却水是否通畅。
油杯液位、轴温、电机电流是否正常。
有无杂音。
备泵是否完好备用。
第三站：P-1552。
检查泵运行是否正常。
出入口压力是否正常。
冷却水是否通畅。
油杯液位、轴温、电机电流是否正常。
有无杂音。
备泵是否完好备用。
第四站：P-1520。
检查泵运行是否正常。
出入口压力是否正常。
冷却水是否通畅。
油杯液位、轴温、电机电流是否正常。
有无杂音。
备泵是否完好备用。
第五站：P-1540。
检查泵运行是否正常。
出入口压力是否正常。
冷却水是否通畅。

油杯液位、轴温、电机电流是否正常。

有无杂音。

备泵是否完好备用。

第六站：P-1560。

检查泵运行是否正常。

出入口压力是否正常。

冷却水是否通畅。

油杯液位、轴温、电机电流是否正常。

有无杂音。

备泵是否完好备用。

第七站：P-1565。

检查泵运行是否正常。

出入口压力是否正常。

冷却水是否通畅。

油杯液位、轴温、电机电流是否正常。

有无杂音。

备泵是否完好备用。

第八站：P-1360。

检查泵运行是否正常。

出入口压力是否正常。

冷却水是否通畅。

油杯液位、轴温、电机电流是否正常。

有无杂音。

备泵是否完好备用。

6）制冷岗位巡检路线

第一站：外操室。

确认劳动用品穿戴规范。

确认工具配备完好。

第二站：P-1690，P-1660/1608/1445。

检查泵运行是否正常。

出入口压力是否正常。

冷却水是否通畅。

油杯液位、轴温、电机电流是否正常。

有无杂音。

备泵是否完好备用。

第三站：K-1600 油站。

检查油站液位。

检查油过滤器压差。

检查油冷器出口温度。

检查油泵出口压力。
检查油泵油杯液位。
检查泵体及轴承箱的温度是否正常。
检查泵体是否有杂音。
备泵是否完好备用。
第四站：K-1600 压缩机。
检查一、二级轮室压力。
检查透平有无异常声音。
检查油压。
检查抽气压力。
检查润滑油高位油槽液位。
检查液面计伴热。
第五站：K-1650 压缩机。
检查一、二级轮室压力。
检查透平有无异常声音。
检查油压。
检查抽气压力。
检查润滑油高位油槽液位。
检查液面计伴热。
第六站：K-1650 油站。
检查油站液位。
检查油过滤器压差。
检查油冷器出口温度。
检查油泵出口压力。
检查油泵油杯液位。
检查泵体及轴承箱的温度是否正常。
检查泵体是否有杂音。
第七站：P/K-1650。
检查复水泵出口压力。
检查泵体及轴承箱的温度是否正常。
检查泵体是否有杂音。
第八站：P/K-1600。
检查复水泵出口压力。
检查泵体及轴承箱的温度是否正常。
检查泵体是否有杂音。

三、交接班规定

乙烯装置交接班制是上班和下班人员之间实行责任交接，保证生产连续进行的一项重要制度，每次交接班实质是一次以岗位为主的岗位责任制检查。

1. “十交五不接”规定

乙烯装置交接班的内容必须严格执行现场“十交五不接”的规定：

1）十交

（1）交本班生产情况和任务完成情况。

（2）交设备、仪表运行和使用情况。

（3）交不安全因素采取的预防措施和事故的处理情况。

（4）交设备润滑三级过滤和工具数量及缺损情况。

（5）交工艺指标执行情况。

（6）交原始记录并确认正确完整。

（7）交原材料使用和产品质量情况及存在的问题。

（8）交上级指示、要求和注意事项。

（9）交岗位设备管理和区域卫生的情况。

（10）交跑、冒、滴、漏的情况。

2）五不接

（1）工具不全不接。

（2）设备或工艺有问题、搞不清楚不接。

（3）岗位卫生不整洁不接。

（4）记录不齐、不清、不准不接。

（5）基层单位指定当班的任务未完成不接。

2. “你不接我不走，对口交接”的原则

乙烯装置交接班以接班及交班人员召开班前会、班后会形式进行，现场交接坚持“你不接我不走，对口交接”的原则。

1）班前会

（1）接班人员提前到岗，按规定着装，并对本岗位的情况进行上岗前的检查。

（2）交班班长向接班人员全面介绍当班生产、质量、安全、仪表使用等情况。

（3）接班班长安排本班工作，班组安全员提出安全要求。

2）交接班

（1）双方岗位人员在操作室认真查看记录和报表。

（2）交班者严格按照“十交”内容进行交接，内容齐全，并签名确认。

（3）本岗位的要害部位、重大事项及出现的问题要逐项交接，并详细做好记录。

（4）交班人员对接班者提出问题要及时整改，双方有争议的问题汇报各自班长协调解决。

（5）接班者接班后，要及时签字确认。接班后出现的问题由接班者负责。

3）接班后

（1）交班班长召集本班人员开班后会，岗位人员报告当班重点工作。

（2）班长小结本班工作。

4）交接班要求与考核

（1）乙烯装置管理人员参加班前、班后会，负责向职工传达上级指示，安排部署工作，协调交接班过程中出现的问题，并在交接班本上签字。

（2）根据季节变化，遇到节假日和特殊任务，要有针对性地提出安全要求。

（3）各种原始生产记录做到完好、详细、准确、及时、整洁、不弄虚作假，字体仿宋，涂改率不超过2‰。

（4）本规定的执行情况由乙烯装置管理人员监督检查，并与业绩考核挂钩。

四、各岗位交接班内容

1．裂解岗位交接班内容

（1）裂解炉负荷以及运行情况。

（2）裂解各运行参数（包括温度（COT）、SS温度和压力、裂解原料选择和投用、进料量、燃料气量、锅炉给水量、横跨段温度等）。

（3）DCS运行情况（包括联锁投用、摘除、故障、模式切换等）。

（4）现场操作情况（包括裂解炉切换、投油、退油、清焦；泵、过滤器、换热器切换、投用等）。

（5）本岗位现场是否存在跑、冒、滴、漏处理情况以及工具交接。

2．急冷岗位交接班内容

（1）C-1210/1220/1230/1240/1250/1260，V-1270负荷以及运行情况，运行参数是否正常。

（2）燃料油外送是否正常。

（3）各助剂系统运行是否正常。

（4）室外设备、蒸汽等备用是否完好。

（5）DCS运行情况（包括联锁投用、摘除、故障、模式切换等）。

（6）现场操作情况（包括泵、过滤器、换热器切换、投用等）。

（7）本岗位现场是否存在跑、冒、滴、漏处理情况以及工具交接。

3．压缩岗位交接班内容

（1）压缩机各段吸入压力和排出压力。

（2）压缩机各段排出温度。

（3）压缩机组各参数。

（4）一段吸入管线排凝情况。

（5）各机泵的运行状况。

4．冷区分离岗位交接班内容

（1）冷区负荷。

（2）冷箱温度、压力，换热状况。

(3) 预脱甲烷塔 C-1410 顶温、釜温、灵敏板温度、塔压及加热情况。

(4) 脱甲烷塔 C-1420 顶温、釜温、灵敏板温度、塔压及加热情况。

(5) K-1420 的出口压力、流量等运行情况。

(6) 甲烷化反应器 R-1480 入口温度、床层温度、H_2 压力、出口 CO 含量、H_2 外送量。

(7) 脱乙烷塔 C-1430 顶温、釜温、灵敏板温度、塔压及加热情况、向热区进料负荷。

(8) 乙烯精馏塔 C-1440 顶温、釜温、灵敏板温度、塔压及加热情况、乙烯产品质量和产量、循环乙烷量。

5. 热区分离岗位交接班内容

(1) 热区负荷。

(2) 低压脱丙烷塔 C-1360 顶温、釜温、灵敏板温度、塔压及加热情况。

(3) C_3 加氢反应器 R-1520 入口温度、床层温度、进料量、循环量、出口 MAPD 含量。

(4) 丙烯精馏塔 C-1530A/B 顶温、釜温、塔压及加热情况、丙烯产品的质量和产量、循环丙烷量。

(5) 脱丁烷塔 C-1560 顶温、釜温、灵敏板温度、塔压及加热情况、混合 C_4 产品的质量和产量、裂解汽油产品的质量和产量。

6. 制冷岗位交接班内容

(1) 检查乙烯压缩机各段间罐液位。

(2) 检查丙烯压缩机各段间罐液位。

(3) 检查乙烯压缩机各机组的运行状态。

(4) 检查丙烯压缩机各机组的运行状态。

7. 干燥岗位交接班内容

(1) C_2 加氢反应器 R-1360 的反应情况、出口裂解气组分含量。

(2) 碱洗塔 C-1340 各个碱洗段的碱消耗量和洗涤运行情况。

(3) 高压脱丙烷塔 C-1365 的温度、压力等参数。

(4) 裂解气干燥器 D-1370 出口水含量、切换和再生情况。

(5) 裂解气液相干燥器 D-1380 出口水含量、切换和再生情况。

第二节 乙烯装置操作规程及主要参数

一、装置单元操作规定

1. 裂解单元

1) 裂解单元岗位任务

(1) 将来自界区的加氢尾油、减一/减顶油、混合石脑油、加氢 C_5 和轻烃，以及装置内自产的循环乙烷/丙烷预热。

（2）预热后的原料与稀释蒸汽混合，将混合原料气送入辐射段的炉管，控制适当反应温度，使其发生热裂解反应，生成富含乙烯、丙烯的裂解气，经废热锅炉和急冷器冷却后送急冷单元。

（3）经废热锅炉系统将高温裂解气进行迅速冷却以终止裂解反应，通过利用温度较高的废热、副产超高压蒸汽作为裂解气压缩机的动力。

2）裂解炉岗位职责

（1）负责裂解原料的正常接入及对各裂解原料按要求进行预热。

（2）负责裂解炉的正常投油生产，产出合格的裂解气。

（3）产生超高压蒸汽，供裂解气压缩机作透平动力。

（4）控制注硫罐、磷酸盐罐、汽包排污、汽包液面、排污罐等液面压力稳定。

（5）负责原料裂解系统各设备的操作和正常维护工作。

（6）负责对各裂解炉进行切出烧焦及烧焦结束后的投油。

（7）严格执行岗位巡回检查制，定时、定点对本岗位进行全面检查，维护好本岗位所属一切设备。负责本岗位设备检修前的倒空、置换及分析合格后的交出工作。

（8）严格执行设备维护保养制，做好设备维护保养、定点润滑工作，岗位操作人员做到"四懂三会"（懂结构、懂原理、懂性能、懂用途；会操作使用、会维护保养、会排出故障），确保本岗位所属的设备完好。

（9）保持岗位区域的设备卫生，消除本岗位跑、冒、滴、漏。

（10）岗位操作人员必须熟悉掌握本岗位工艺流程、工艺指标、设备性能及生产原理。及时、准确地处理本岗位出现的不正常现象和设备事故。

3）裂解炉岗位范围

（1）USC-176C 型管式裂解炉，USC-12M 循环气裂解炉及其所附属设备的仪表、电气等。

（2）原料预热系统：加氢尾油进料/盘油蒸发器（201-E-1105）、减一/减顶油（柴油）/盘油加热器（201-E-1106）、LPG 汽化器（201-E-1107），混合石脑油、加氢 C_5（来自 P-1850）以及轻烃/QW 预热器（201-E-1101）、循环丙烷/LS 汽化器（201-E-1108）、循环乙烷丙烷/QW 过热器（201-E-1109）及其所属的管线。

（3）裂解炉高压汽包排污系统：裂解炉排放罐（V-1950）及其所附属管线。

（4）燃料气系统：液化气罐（V 1376）、再生气分离罐（V-1350）及其所附属的管线。

2. 急冷单元

1）急冷岗位操作任务

（1）急冷区的主要任务是冷凝冷却炉区来的裂解产物，使气液两相产品分离。同时回收裂解产物热量，用于预热原料，工艺冷凝液发生稀释蒸汽供裂解炉使用。

（2）每天使用合格的化学品，向工艺水、稀释蒸汽发生器、急冷水、急冷油、裂解气系统注入膜胺中和胺、中和剂、阻聚剂、减黏剂等，以防止设备及管道受腐蚀，防止设备结垢。

（3）负责联系维修部、机电仪表部等部门对所辖区域内设备、电器、仪表进行检修。

2）急冷岗位职责

（1）冷却冷凝炉区来的裂解产物，使裂解气与液相产品分离，同时回收液相产品所带来的热量，用于预热裂解原料，工艺凝液。

（2）负责急冷油塔 C-1210、急冷水塔 C-1220、重燃料油汽提塔 C-1230、轻燃料油汽提塔 C-1240、汽油汽提塔 C-1250、水汽提塔 C-1260 以及稀释蒸汽发生器 V-1270 的日常稳定运行和现场维护。

（3）负责工艺水系统的正常维护和处理。

（4）严格执行岗位巡回检查制，定时、定点对本岗位进行全面检查，维护好本岗位所属一切设备、仪表及消防器材。负责本岗位设备检修前的倒空、置换及分析合格后的交出工作。

（5）严格执行设备维护保养制，做好设备维护保养、定点润滑工作，岗位操作人员做到“四懂三会”，确保木岗位所属的设备完好。

（6）保持岗位区域的设备卫生，消除本岗位跑、冒、滴、漏。

（7）岗位操作人员必须熟悉掌握本岗位工艺流程、工艺指标、设备性能及生产原理。及时、准确地处理本岗位发生的不正常现象和设备事故，并向班长汇报。

3）急冷岗位范围

（1）急冷油塔 C-1210、急冷水塔 C-1220、重燃料油汽提塔 C-1230、轻燃料油汽提塔 C-1240、汽油汽提塔 C-1250、水汽提塔 C-1260 以及稀释蒸汽发生器 V-1270 以及以上设备所属的换热器、机泵、管线、阀门、仪表等。

（2）消泡剂、工艺水除氧剂、破乳剂、中和剂系统所属的设备、仪表、管线、阀门等的维护保养和辖区的卫生。

3. 压缩单元

1）压缩单元操作任务

（1）将急冷水塔 C-1220 顶部出来的裂解气，经裂解气压缩机 K-1300 由 0.023 MPa 增压到 3.88 MPa，通过脱砷反应器 R-1365 脱除重金属后，在乙炔加氢反应器 R-1360 脱除乙炔，将−18℃的裂解气送到预脱甲烷系统。

（2）在裂解气压缩机 K-1300 四段采用碱洗的方法将裂解气中的 H_2S、CO_2 等酸性气体脱除，防止反应器系统中毒。

（3）将碱洗后的裂解气用裂解气干燥器进行干燥，将其中的水分脱除后进入高压脱丙烷塔，在高压脱丙烷塔中，将 C_3 和 C_3 以下的轻组分和 C_4、C_5 及更重组分分离出来。

（4）碱洗塔底部的废碱液进入废碱除油罐，进行萃取处理。

2）压缩单元岗位职责

（1）负责裂解气压缩机正常生产操作及稳定运转，为分离系统输送合格的裂解气。

（2）负责碱洗塔、高压脱丙烷塔系统正常生产操作及稳定运转。

（3）负责 C_2 加氢反应器及干燥器的正常生产操作。

（4）负责本岗位设备检修前的倒空、置换及分析合格后的交出工作。

（5）严格执行设备维护保养制，做好设备维护保养，定点润滑工作，确保本岗位所属的设备完好。

(6) 保持岗位区域的设备卫生，对设备、管线、阀门、仪表、电器要求完整，不见脏、松、缺、锈，消除本岗位跑、冒、滴、漏。

(7) 岗位操作人员必须熟悉掌握本岗位工艺流程、工艺指标、设备性能及生产原理。及时、准确地处理本岗位不正常现象和设备事故。

3) 压缩单元范围

(1) 裂解气压缩机及蒸汽透平系统所属的设备、仪表、管线。

(2) 裂解气压缩机各段间吸入罐、碱洗塔、碱液分离罐、废碱预处理系统。

(3) 裂解气第一干燥器、裂解气第二干燥器、液体干燥器、高压脱丙烷塔系统。

(4) 脱砷反应器、乙炔加氢反应器系统。

(5) 注洗油系统、阻聚剂、黄油抑制剂系统所属的设备、仪表、管线、阀门及其他辅助系统。

4. 制冷分离单元

1) 制冷分离单元操作任务

a) 制冷单元操作任务

(1) 乙烯制冷系统为本装置提供−101℃、−84℃、−61℃共3个温度等级的乙烯冷剂。

(2) 丙烯制冷系统为本装置提供−38℃、−21℃、−7℃、6.7℃共4个温度等级的丙烯冷剂。

b) 冷分离单元操作任务

(1) 由高压脱丙烷塔回流罐来的裂解气经冷箱逐级深冷分离出氢气，并经预脱甲烷和脱甲烷塔分离出甲烷和 C_2 及 C_2 以上馏分，为脱乙烷塔提供合格的原料。

(2) 在脱乙烷塔中将 C_2、C_3 混合进料分离，塔顶产出 C_2 馏分送往乙烯精馏塔，塔釜送往 C_3 加氢反应器。

(3) 为燃料气管网提供燃料气。

(4) 为干燥器提供再生气。

(5) 为炉区提供合格的循环乙烷原料。

(6) 生产合格的氢气产品。

(7) 生产3.5 MPa、33.6℃的高压气相乙烯产品和2.0 MPa、−35℃的液相乙烯产品。

(8) 负责装置内仪表空气、工艺空气、氮气、循环水、消防水、热水伴热及新鲜水系统。

c) 热分离单元操作任务

(1) 用液相加氢技术脱除 C_3 物料中的丙炔/丙二烯。

(2) 在丙烯精馏塔C-1530A/B中将丙烯、丙烷分离，从C-1530A/B第11板侧线采出聚合级的丙烯产品。

(3) 将丙烷循环至裂解作原料。

(4) 利用高低压脱丙烷塔将裂解气中 C_3 和 C_3 以下轻组分与 C_4、C_5 及更重组分分离出来。

(5) 通过脱丁烷塔C-1560分离出合格的混合 C_4 产品和裂解汽油产品。

2）制冷分离单元岗位职责

a）制冷单元岗位职责

（1）负责乙烯、丙烯制冷压缩机正常操作维护，为装置提供乙烯、丙烯冷剂。

（2）负责乙烯、丙烯制冷压缩机油系统、密封系统、蒸汽透平系统、真空复水系统的正常维护。

（3）负责本岗位设备检修前的倒空、置换及分析合格后的交出工作。

（4）严格执行设备维护保养制，做好设备维护保养，定点润滑工作，岗位操作人员做到“四懂三会”，确保本岗位所属的设备完好。

（5）保持岗位区域的设备卫生，消除本岗位跑、冒、滴、漏。

（6）岗位操作人员必须熟悉掌握本岗位工艺流程、工艺指标、设备性能及生产原理。及时、准确地处理本岗位不正常现象和设备事故，并向班长汇报。

b）冷分离单元岗位职责

（1）负责深冷分离系统DCS、脱甲烷系统、冷箱系统、甲烷化系统、再生气系统、脱乙烷塔系统、乙烯精馏塔及公用工程正常运行的操作。

（2）负责甲烷膨胀机现场开车及现场维护。

（3）提供合格的氢气产品供后系统使用。负责氢气外送量调整。

（4）负责产品乙烯的分配及送出。

（5）为制冷岗位提供进料，给炉区提供燃料气和后系统再生气。

（6）负责本岗位设备检修前的倒空、置换及分析合格后的交出工作。

（7）保持岗位区域的设备卫生，对设备、管线、阀门、仪表、电器要求完整，不见脏、松、缺、锈，消除本岗位跑、冒、滴、漏。

（8）负责本岗位设备检修前的倒空、置换及分析合格后的交出工作。

（9）严格执行设备维护保养制，做好设备维护保养，定点润滑工作，岗位操作人员做到“四懂三会”，确保本岗位所属的设备完好。

（10）岗位操作人员必须熟悉掌握本岗位工艺流程、工艺指标、设备性能及生产原理。及时、准确地处理本岗位不正常现象和设备事故，并向班长汇报。

c）热分离单元岗位职责

（1）负责热区系统的日常生产和维护，制成合格的丙烯、氢气产品。

（2）负责维护甲烷化反应的正常运行。

（3）负责 C_3 加氢系统的正常运行。

（4）负责丙烯精馏塔的正常运转。

（5）负责蒸汽系统的正常运转，保证蒸汽系统及热水站的平稳运行。

（6）负责低压脱丙烷塔、脱丁烷塔系统、丙烯精馏塔以及 C_3 加氢反应器的正常生产操作和维护。

（7）为丁二烯装置提供合格的 C_4 原料。

（8）负责本岗位设备检修前的倒空、置换及分析合格后的交出工作。

（9）严格执行设备维护保养制度，做好设备维护保养及定点润滑工作，岗位操作人员做到“四懂三会”，确保本岗位所属位的设备完好。

（10）保持岗位区域的设备卫生，对设备、管线、阀门、仪表、电器要求完整，不见脏、松、缺、锈，消除本岗位跑、冒、滴、漏。

（11）岗位操作人员必须熟悉掌握本岗位工艺流程、工艺指标、设备性能及生产原理。及时、准确地处理本岗位不正常现象和设备事故。

3）制冷分离单元范围

a）制冷单元管辖范围

（1）乙烯压缩机系统的设备、管道、阀门、仪表等。

（2）丙烯制冷压缩机（K-1650）及其油系统、真空冷凝系统和工艺系统所属的设备、管线、阀门、仪表等。

b）冷分离单元管辖范围

（1）脱甲烷及冷箱系统的设备、管线、仪表、阀门等。

（2）甲烷化系统的设备、管线、仪表、阀门等。

（3）再生气系统的设备、管线、仪表、阀门等。

（4）脱乙烷塔系统的设备、管线、仪表、阀门等。

（5）乙烯精馏塔系统的设备、管线、仪表、阀门等。

c）热分离单元管辖范围

（1）C_3 脱砷保护床、MAPD（丙炔/丙二烯）反应器系统的设备、管线、仪表、阀门等。

（2）丙烯精馏塔系统的设备、管线、仪表、阀门等。

（3）低压脱丙烷塔系统的设备、管线、仪表、阀门等。

（4）脱丁烷塔系统的设备、管线、仪表、阀门等。

二、乙烯装置主要参数指标

乙烯装置主要参数见表 4-2。

表 4-2　乙烯装置主要参数一览表

序　号	位　号	正 常 值	单　位
1	PIC307	0.8	MPa
2	PIC310	0.7	MPa
3	PIC408	1.8	MPa
4	PIC407	0.34	MPa
5	PIC501	2.45	MPa
6	PIC502	1.7	MPa
7	PIC503	1.4	MPa
8	PIC504	1.7	MPa
9	FIC101	72	t/h
10	FIC102	72	t/h
11	FIC103	159	t/h
12	FIC104	42	t/h
13	FIC105	156	t/h
14	FIC106	15	t/h
15	FIC107	15	t/h

续表

序　号	位　号	正 常 值	单　位
16	FIC108	42	t/h
17	FIC201	22	t/h
18	FIC205	3	t/h
19	FIC202	1400	t/h
20	FIC203	4	t/h
21	FIC204	4	t/h
22	FIC206	253	t/h
23	FIC208	592	t/h
24	FIC207	28	t/h
25	FIC209	3803	t/h
26	FIC210	40	t/h
27	FIC211	40	t/h
28	FIC212	259.2	t/h
29	FIC213	461	t/h
30	FIC214	256.2	t/h
31	FIC301	84	t/h
32	FIC302	26.3	t/h
33	FIC303	1040	t/h
34	FIC304	71.5	t/h
35	FIC305	28.8	t/h
36	FIC306	176	t/h
37	FIC307	52	t/h
38	FIC308	19	t/h
39	FIC401	66	t/h
40	FIC402	100	t/h
41	FIC403	54	t/h
42	FIC404A	3.5	t/h
43	FIC404B	3.5	t/h
44	FIC405A	1000	t/h
45	FIC405B	1000	t/h
46	FIC406	800	t/h
47	FIC407	1	t/h
48	FIC408	37	t/h
49	FIC409	30.8	t/h
50	FIC410	20	t/h
51	FIC411	21	t/h
52	FIC501	138	t/h
53	FIC502	26.6	t/h
54	FIC503	14	t/h
55	FIC504	36	t/h
56	FIC505	548	t/h
57	FIC506	84	t/h

续表

序　号	位　号	正 常 值	单　位
58	FIC507	120	t/h
59	FIC508	30	t/h
60	LIC101	50	%
61	LIC201	50	%
62	LIC203	50	%
63	LIC204	50	%
64	LIC205	50	%
65	LIC206	50	%
66	LIC301	30	%
67	LIC302	30	%
68	LIC303	30	%
69	LIC304	30	%
70	LIC305	30	%
71	LIC306	30	%
72	LIC307	50	%
73	LIC308	50	%
74	LIC309	50	%
75	LIC310	50	%
76	LIC311	50	%
77	LIC312	50	%
78	LIC401	50	%
79	LIC402A	50	%
80	LIC402B	50	%
81	LIC403	50	%
82	LIC404	50	%
83	LIC405	50	%
84	LIC501	50	%
85	LIC502	50	%
86	LIC503	50	%
87	LIC504	50	%
88	LIC505	50	%
89	LIC506	50	%
90	LIC507	50	%
91	LIC508	50	%
92	LIC509	50	%
93	LIC510	50	%
94	LIC511	50	%
95	TIC103	840	℃
96	TIC102	540	℃
97	TIC101	90	℃
98	TIC105	540	℃

续表

序　号	位　号	正 常 值	单　位
99	TIC104	840	℃
100	TIC106	209.281	℃
101	TIC107	209.281	℃
102	TIC201	173	℃
103	TIC202	45	℃
104	TIC203	86	℃
105	TIC204	90	℃
106	TIC205	37	℃
107	TIC206	113	℃
108	TIC308	49	℃
109	TIC309	46	℃
110	TIC310	12	℃
111	TIC311	77	℃
112	TIC312	70	℃
113	TIC313	78	℃
114	TIC401	33	℃
115	TIC404	106	℃
116	TIC402A	60	℃
117	TIC402B	60	℃
118	TIC501	−43	℃
119	TIC502	6	℃
120	TIC503	−8	℃
121	TIC504	64	℃
122	TIC512	−37	℃

三、装置开工操作规程

1. 各岗位开工确认内容

1）裂解岗位

（1）开工领导小组已成立，各级管理人员、技术人员、操作人员达到任职上岗条件。

（2）工艺技术规程、开工规程、安全环保预案等技术资料、管理制度齐全。

（3）装置开工所需的原料、燃料、三剂、化学药品、标准样品、备品配件、润滑油（脂）等种类、数量满足，并按照要求装填到位。

（4）安全、工业卫生、消防、气防、救护、通讯、劳动保护等器材和设施配备到位并完好；岗位工器具已配齐；保运工作已落实；巡检路线及标牌已设置。

（5）检维修后的设备恢复完毕；容器、管线、机泵等设备检验合格，并有相关记录。

（6）设备、管线吹扫试压试漏合格，转动设备完好备用；装置盲板管理责任落实。

（7）安全设施（安全阀、压力表、可燃气体报警仪等）安装完毕，检验合格并投用；装置下水系统完好；有毒有害化学品存放及防护情况良好；开工中可能出现的退油、不合格品、

"三废"及污染物等处置手段完备。

(8) 仪表系统、各类联锁自保系统调试完毕,具备投用条件;能源计量表启用;设备标志、管道流向标志齐全、准确。

(9) 电气设备调试合格,具备送电条件。

(10) 取样设施完好,化验分析准备就绪。

(11) 施工现场清理干净,装置区施工临时设施已拆除,设备、管线保温基本结束。

(12) 公用工程、油品储运、火炬系统等外部保障条件确认完好。

(13) 装置通过由地区分公司组织的安全风险评估。

2) 急冷岗位

(1) 吹扫试压不能憋压、泄漏。

(2) 正确穿戴劳保用品、防护用品,正确使用工具。

(3) 开工引油时,防止跑、冒、滴、漏,污染环境。

(4) 氮气置换时防止窒息。

(5) 防止废碱氧化不完全时,H_2S 中毒。

(6) 防止废碱 pH 不合格排入化污,造成化污不合格。

3) 压缩岗位

(1) 干燥剂、催化剂必须装填、查漏、气密完毕。

(2) D-1370A/S、D-1380A/S 干燥必须按照操作规程操作,保证具备一台已完成再生的干燥器。

(3) 确认压缩系统所有盲板已有专人拆除。

(4) 确认压缩系统已查漏、气密合格。

(5) C_2 加氢反应系统必须干燥合格,防止在开工过程中发生冻堵现象。

(6) 确认阻聚剂、抗氧剂、黄油抑制剂液面在 50%。

(7) 在接入新碱时必须佩戴好防酸碱劳保用品,防止管线法兰泄露,发生碱灼伤事故,并且确认新碱罐液面在 50%。

4) 制冷岗位

(1) 气密干燥过程中,流程设置应保证干燥置换气流流经所有管路。严禁留有死角,严禁干燥置换合格管线因流程设置或未隔离原因受到污染。

(2) 系统接物料时必须先进行气相充压后再进行液相填充,防止由于萃冷造成设备损坏。

(3) 脱乙烷塔进料前先将 F-1150 调节阀 FV 206 开 5%～10%阀位,防止由于进料低温使急冷水冻结造成设备损坏。

(4) 压缩机辅助系统蒸汽管道必须暖管合格才能使用。

(5) 压缩机暖机过程严格按照升速曲线进行。

(6) 压缩机调适过程中,严禁每个防喘阀 WS-PV 值≤100 发生喘振。

(7) 在开工过程中,要加强巡检,对系统及时进行冷拔紧,防止由于低温造成设备泄漏。

5) 分离岗位

(1) 低压蒸汽、中压蒸汽、高压蒸汽进装置注意事项:蒸汽管线必须暖管合格后方可将蒸汽引进装置,严禁蒸汽管线打水击。

(2) 燃料气系统操作注意事项：燃料气系统投用前，必须经过氮气置换，直至氧含量分析合格后方可投用。

(3) 甲烷化氮气升温注意事项：确保甲烷化反应器床层和出口温度高于 180℃，防止在引入粗氢气时，由于反应温度过低造成羰基镍的生成。

(4) 分离岗位开工注意事项：分离岗位在系统开工前，系统干燥必须合格，防止在开工过程中发生冻堵现象。

(5) C_3 加氢反应器操作注意事项：根据氢炔比和循环量严格控制配氢量，防止反应器飞温。

(6) 冷箱系统开工注意事项：在开工过程中，要加强巡检，对系统及时进行冷拔紧，防止由于低温造成设备泄露。

(7) 系统操作注意事项：确认加热丙烯投用正常，保证出冷箱物料温度在 0℃以上，防止由于低温造成设备损坏。

2. 装置开车具体步骤

1) 裂解炉工段开车

- 打开汽包 V-1110 锅炉给水进水阀门 XV1102。
- 打开汽包 V-1150 放空阀门 XV1006。
- 打开汽包 V-1150 锅炉给水进水阀门 XV1004。
- 打开汽包 V-1150 液位调节阀 FV103。
- 当液位 LIC101=50%时，关闭放空阀门 XV1006。
- 打开汽包 V-1180 锅炉给水进水阀门 XV1203。
- 打开鼓风机进重质炉 F-1110A 室阀门 XV1306。
- 打开鼓风机进重质炉 F-1110B 室阀门 XV1307。
- 打开鼓风机进轻质炉 F-1150A 室阀门 XV1301。
- 打开鼓风机进轻质炉 F-1150B 室阀门 XV1302。
- 打开鼓风机进循环炉 F-1180 阀门 XV1305。
- 启动 K-1150。
- 启动重质炉引风机 B-1110。
- 启动轻质炉引风机 B-1150。
- 启动循环炉引风机 B-1180。
- 打开燃料气进重质炉 F-1110A 室阀门 XV1107。
- 打开燃料气进重质炉 F-1110B 室阀门 XV1108。
- 重质炉 F-1110 点火。
- 打开燃料气进轻质炉 F-1150 总阀门 XV1010。
- 打开燃料气进轻质炉 F-1150A 室调节阀 FV106。
- 打开燃料气进轻质炉 F-1150B 室调节阀 FV107。
- 轻质炉 F-1150 点火。
- 打开燃料气进循环炉 F-1180 阀门 XV1209。
- 循环炉 F-1180 点火。

- 打开稀释蒸汽发生器出口阀门 XV2063。
- 打开 E-1271 壳程进口阀门 XV2070。
- 打开 E-1271 壳程出口阀门 XV2069。
- 打开稀释蒸汽发生器回流阀门 XV2064。
- 打开 E-1271 去凝结水阀门 XV2068。
- 打开稀释蒸汽发生器罐顶阀门 XV2065。
- 打开 E-1275 管程进口阀门 XV2066。
- 打开 E-1275 管程出口阀门 XV2067。
- 打开 E-1270 壳程进口阀门 XV2071。
- 打开 E-1270 壳程出口阀门 XV2074。
- 打开稀释蒸汽进重质炉一段阀门 XV1117。
- 打开稀释蒸汽进重质炉二段阀门 XV1105、XV1116。
- 打开稀释蒸汽进轻质炉一段总阀门 XV1019。
- 打开稀释蒸汽进轻质炉一段调节阀 FV109、FV110。
- 打开稀释蒸汽进轻质炉二段调节阀 FV104。
- 打开稀释蒸汽进轻质炉二段调节阀 FV108。
- 打开稀释蒸汽进轻质炉三段调节阀 TV102。
- 打开稀释蒸汽进轻质炉三段调节阀 TV105。
- 打开稀释蒸汽进循环炉阀门 XV1210。
- 打开重质炉汽包 V-1110 罐顶蒸汽出口阀门 XV1104。
- 打开轻质炉 F-1150 超高压蒸汽出口阀门 XV1008。
- 打开轻质炉去 SS 界区阀组前阀门 XV1315。
- 打开轻质炉去 SS 界区阀组后阀门 XV1317。
- 打开循环炉汽包 V-1180 罐顶蒸汽出口阀门 XV1205。
- 打开 E-1103 管程 QW 进口阀门 XV1118。
- 打开重质炉进料阀门 XV1101。
- 打开重质炉第二急冷器 B 出口阀门 XV1113。
- 打开重质炉第二急冷器 A 出口阀门 XV1112。
- 打开重质炉去急冷塔 C-1210 阀门 XV1114。
- 打开轻质炉原料空气吹扫阀门 XV1002。
- 打开 E-1101 管程进口阀门 XV1005。
- 打开轻质炉原料进料调节阀 FV101。
- 打开轻质炉原料进料调节阀 FV102。
- 打开二级急冷器出口阀门 XV1015。
- 打开开车循环罐进口阀门 XV1016。
- 打开开车循环罐罐顶出口阀门 XV1017。
- 关闭轻质炉原料空气吹扫阀门 XV1002。
- 打开轻质炉原料进料阀门 XV1001。
- 关闭开车循环罐进口阀门 XV1016。

➢ 关闭开车循环罐罐顶出口阀门 XV1017。
➢ 打开 E-1109 管程 QW 进水阀门 XV1204。
➢ 打开循环炉汽包 V-1180 去第一急冷器阀门 XV1208。
➢ 打开二级急冷器去 Z-1180 出口阀门 XV1206。
➢ 打开 C-1230 进口阀门 XV1211。

质量打分：

➢ 轻质炉汽包的液位 LIC101 控制在 50%±10%。
➢ 轻质炉对流段进辐射段 A 室温度 TIC102 温度控制在(540±10)℃。
➢ 轻质炉对流段进辐射段 B 室温度 TIC105 温度控制在(540±10)℃。
➢ 轻质炉辐射段 A 室出口温度 TIC103 控制在(840±10)℃。
➢ 轻质炉辐射段 B 室出口温度 TIC104 控制在(840±10)℃。
➢ 稀释蒸汽一段流量 FIC109 控制在(1.8±0.2) t/h。
➢ 稀释蒸汽一段流量 FIC110 控制在(1.8±0.2) t/h
➢ 轻质炉进料流量 FIC101 控制在(72±2) t/h。
➢ 轻质炉进料流量 FIC102 控制在(72±2) t/h。

2）急冷工段开车

➢ 打开急冷油塔 C-1210 进料阀门 XV2009。
➢ 打开 C-1230 汽提蒸汽进气阀门 XV2001。
➢ 打开 C-1230 塔顶阀门 XV2006。
➢ 待急冷塔液位 LIC202>50%后，打开塔釜出口阀门 XV2010。
➢ 打开急冷油循环泵 P-1210 进口阀门 XV2015。
➢ 启动急冷油循环泵 P-1210。
➢ 打开急冷油循环泵 P-1210 出口阀门 XV2016。
➢ 打开急冷油循环泵去 E-1270 阀门 XV2017。
➢ 打开 E-1270 管程进口阀门 XV2072。
➢ 打开 E-1270 管程出口阀门 XV2073。
➢ 打开稀释蒸汽去重质炉二级急冷器阀门 XV1115。
➢ 打开稀释蒸汽去轻质炉二级急冷器调节阀 TV106。
➢ 打开稀释蒸汽去轻质炉二级急冷器调节阀 TV107。
➢ 打开稀释蒸汽去循环炉二级急冷器阀门 XV1212。
➢ 打开稀释蒸汽进急冷油塔调节阀 FV201。
➢ 打开稀释蒸汽进急冷油塔阀门 XV2008。
➢ 打开急冷油循环泵去 C-1230 调节阀 LV104A。
➢ 打开急冷油循环泵去 C-1230 阀门 XV2005。
➢ 待液位 LIC104>30%后，打开 C-1230 塔釜阀门 XV2002。
➢ 打开重燃料油产品泵 P-1230 进口阀门 XV2003。
➢ 启动重燃料油产品泵 P-1230。
➢ 打开燃料油产品泵 P-1230 出口阀门 XV2004。
➢ 打开燃料油产品冷却器 E-1231 管程 QW 进水阀门 XV2028。

- 打开重燃料油至燃料油产品冷却器阀门 XV2027。
- 打开燃料油产品至界外阀门 XV2029。
- 待盘油段液位 LIC201＞50％后，打开盘油抽出阀门 XV2011。
- 打开盘油循环泵 P-1211 进口阀门 XV2018。
- 启动盘油循环泵 P-1211。
- 打开盘油循环泵 P-1211 出口阀门 XV2019。
- 打开 E-1105 管程进口阀门 XV1103。
- 打开 E-1102 管程进口调节阀 TV101。
- 打开盘油冷却器 E-1211 管程 QW 进水阀门 XV2075。
- 打开盘油冷却器 E-1211 壳程进口阀门 XV2020。
- 打开盘油冷却器 E-1211 壳程出口调节阀 FV202。
- 打开盘油循环泵去轻燃料油汽提塔阀门 XV2021。
- 打开轻燃料油汽提塔自盘油循环泵调节阀 FV204。
- 打开轻燃料油汽提塔自急冷油塔调节阀 FV203。
- 打开轻燃料油汽提塔顶阀门 XV2022。
- 打开急冷油塔自轻燃料油汽提塔阀门 XV2012。
- 打开盘油回流调节阀 LV201。
- 开车急冷油塔 C-1210 塔顶阀门 XV2014。
- 打开急冷油塔 C-1220 进气阀门 XV2030。
- 打开轻燃料油汽提塔蒸汽进气阀门 XV2023。
- 打开急冷水塔塔釜阀门 XV2041。
- 待急冷水塔液位 LIC204＞50％后，打开急冷水循环泵 P-1220 进口阀门 XV2042。
- 启动急冷水循环泵 P-1220。
- 打开急冷水循环泵 P-1220 出口阀门 XV2043。
- 打开急冷水循环泵 P-1220 去二级急冷器 Z-1150 阀门 XV2044。
- 打开急冷水进二级急冷器 Z-1150A 阀门 XV1014。
- 打开急冷水进二级急冷器 Z-1150B 阀门 XV1013。
- 打开第一急冷水冷却器 E-1224 壳程循环水阀门 XV2046。
- 打开第二急冷水冷却器 E-1226 管程循环水阀门 XV2037。
- 打开急冷水循环泵 P-1220 回流阀门 XV2045。
- 打开急冷水顶回流调节阀 FV208。
- 打开急冷水中段回流调节阀 FV209。
- 打开急冷水塔 C-1220 塔顶出口阀门 XV2036。
- 打开轻燃料油汽提塔塔釜出口阀门 XV2024。
- 待轻燃料油汽提塔液位 LIC203＞50％后，打开轻燃料油产品泵 P-1240 进口阀门 XV2025。
- 启动轻燃料油产品泵 P-1240。
- 打开轻燃料油产品泵 P-1240 出口阀门 XV2026。
- 打开轻燃料油产品泵 P-1240 出口调节阀 FV205。

➢ 打开急冷水塔回流急冷油塔阀门 XV2031。
➢ 待急冷水塔液位 LIC204＞50％后，打开急冷油塔回流泵 P-1221 进口阀门 XV2032。
➢ 启动急冷油塔回流泵 P-1221。
➢ 打开急冷油塔回流泵 P-1221 出口阀门 XV2033。
➢ 打开急冷油塔回流泵 P-1221 回急冷油塔阀门 XV2034。
➢ 打开急冷油塔回流泵 P-1221 回急冷油塔调节阀 FV206。
➢ 打开急冷油塔回流泵 P-1221 进急冷油塔阀门 XV2013。
➢ 打开急冷油塔回流泵 P-1221 去蒸馏汽提塔阀门 XV2035。
➢ 打开急冷油塔回流泵 P-1221 去蒸馏汽提塔调节阀 FV207。
➢ 打开蒸馏汽提塔进料阀门 XV2048。
➢ 打开汽油汽提塔再沸器管程盘油进口阀门 XV2050。
➢ 打开汽油汽提塔再沸器管程盘油出口调节阀 FV210。
➢ 打开汽油汽提塔再沸器壳程循环阀门 XV2049。
➢ 打开蒸馏汽提塔塔顶阀门 XV2076。
➢ 打开蒸馏汽提塔回急冷水塔阀门 XV2038。
➢ 待蒸馏汽提塔液位 LIC205＞50％后，打开蒸馏汽提塔塔釜阀门 XV2051。
➢ 打开汽油汽提塔底泵 P-1250 进口阀门 XV2052。
➢ 启动汽油汽提塔底泵 P-1250。
➢ 打开汽油汽提塔底泵 P-1250 出口阀门 XV2053。
➢ 打开汽油汽提塔底泵 P-1250 出口调节阀 FV211。
➢ 打开裂解汽油产品冷却器 E-1566 管程循环水阀门 XV2100。
➢ 打开裂解汽油产品冷却器 E-1566 壳程出口阀门 XV2055。
➢ 打开急冷水循环泵 P-1220 出口去水汽提塔 C-1260 阀门 XV2047。
➢ 打开水汽提塔进料加热器 E-1258 管程出口盘油调节阀 FV213。
➢ 打开水汽提塔进料加热器 E-1258 壳程出口调节阀 FV212。
➢ 打开水汽提塔 C-1260 进料阀门 XV2056。
➢ 打开水汽提塔 C-1260 塔顶阀门 XV2057。
➢ 打开急冷水塔自水汽提塔 C-1260 进料的阀门 XV2039。
➢ 打开稀释蒸汽进水汽提塔 C-1260 调节阀 FV216。
➢ 打开水汽提塔塔釜阀门 XV2058。
➢ 待水汽提塔液位 LIC206＞50％后，打开泵 P1260 进口阀门 XV2059。
➢ 启动稀释蒸汽发生器进料泵 P-1260。
➢ 打开稀释蒸汽发生器进料泵 P-1260 出口阀门 XV2060。
➢ 打开 E-1273 壳程循环水进口阀门 XV2061。
➢ 打开 E-1273 管程进口调节阀 FV214。
➢ 打开稀释蒸汽发生器 V-1270 进水阀门 XV2062。

质量打分：

➢ 重燃料油汽提塔 C-1230 液位 LIC104 控制在 50％±10％。
➢ 急冷油塔 C-1210 盘油液位 LIC201 控制在 50％±10％。

➢ 急冷水塔 C-1220 液位 LIC204 控制在 50％±10％。
➢ 蒸馏汽提塔 C-1250 液位 LIC205 控制在 50％±10％。
➢ 轻燃料油汽提塔 C-1240 液位 LIC203 控制在 50％±10％。
➢ 水汽提塔 C-1260 液位 LIC206 控制在 50％±10％。
➢ 急冷油塔 C-1210 塔顶温度 TIC202 控制在(45±5)℃。
➢ 急冷水塔 C-1220 塔顶温度 TIC205 控制在(31±5)℃。

3）压缩工段开车

➢ 打开一段吸入罐 V-1310 进口阀门 XV3005。
➢ 启动裂解气压缩机 K-1300。
➢ 打开压缩机一段后冷却器 E-1310 循环水进口阀门 XV3008。
➢ 打开压缩机二段后冷却器 E-1320 循环水进口阀门 XV3016。
➢ 打开压缩机三段后冷却器 E-1330 循环水进口阀门 XV3022。
➢ 打开压缩机四段后冷却器 E-1310 循环水进口阀门 XV3028。
➢ 打开压缩机一段吸入阀门 XV3006。
➢ 打开压缩机一段排出阀门 XV3007。
➢ 打开二段吸入罐 V-1320 进口阀门 XV3009。
➢ 打开压缩机二段吸入阀门 XV3015。
➢ 打开压缩机二段排出阀门 XV3100。
➢ 打开压缩机三段吸入罐 V-1330 进口阀门 XV3017。
➢ 打开压缩机三段吸入阀门 XV3020。
➢ 打开压缩机三段排出阀门 XV3021。
➢ 打开三段排出罐 V-1335 进口阀门 XV3023。
➢ 打开四段吸入阀门 XV3026。
➢ 打开四段排出阀门 XV3027。
➢ 打开四段排出罐 V-1340 进口阀门 XV3029。
➢ 打开四段排出罐 V-1340 罐顶出口阀门 XV3031。
➢ 打开碱洗塔 C-1340 裂解气进口阀门 XV3101。
➢ 打开碱洗塔进料加热器 E-1340 管程急冷调节阀 TV308。
➢ 打开一段吸入罐 V-1310 液相出口阀门 XV3003。
➢ 待液位 LIC301＞30％后，打开裂解气压缩机一段凝液泵 P-1310 进口阀门 XV3002。
➢ 启动裂解气压缩机一段凝液泵 P-1310。
➢ 打开裂解气压缩机一段凝液泵 P-1310 出口阀门 XV3001。
➢ 打开一段吸入罐 V-1310 液位调节阀 LV301。
➢ 打开急冷水塔自 P-1310 返回阀门 XV2040。
➢ 打开二段吸入罐 V-1320 回一段吸入罐 V-1310 阀门 XV3011。
➢ 打开二段吸入罐 V-1320 回一段吸入罐 V-1310 调节阀 LV303。
➢ 打开一段吸入罐 V-1310 自二段吸入罐 V-1320 进料阀门 XV3004。
➢ 打开二段吸入罐 V-1320 水相出口阀门 XV3010。
➢ 待液位 LIC302＞30％后，打开蒸汽汽提塔进料泵 P-1320 进口阀门 XV3012。

➢ 启动蒸汽汽提塔进料泵 P-1320。
➢ 打开蒸汽汽提塔进料泵 P-1320 出口阀门 XV3013。
➢ 打开二段吸入罐 V-1320 液位调节阀 LV302。
➢ 打开三段吸入罐 V-1330 液相出口阀门 XV3018。
➢ 打开三段吸入罐 V-1330 液相出口调节阀 LV304。
➢ 打开二段吸入罐 V 1320 自 3 段吸入罐 V-1330 进料阀门 XV3014。
➢ 打开三段排出罐 V-1335 液相出口阀门 XV3024。
➢ 打开三段排出罐 V-1335 液相出口调节阀 LV305。
➢ 打开三段吸入罐 V-1330 自 3 段排出罐 V-1335 的进料阀门 XV3019。
➢ 打开四段排出罐 V-1340 液相出口阀门 XV3030。
➢ 打开四段排出罐 V-1340 液相出口调节阀 LV306。
➢ 打开三段排出罐 V-1335 自 4 段排出罐 V-1340 的进料阀门 XV3025。
➢ 打开新鲜碱液进口阀门 XV3113。
➢ 打开强碱进碱洗塔 C-1340 阀门 XV3114。
➢ 打开碱洗塔 C-1340 中碱抽出阀门 XV3106。
➢ 打开中碱循环泵 P-1343 进口阀门 XV3107。
➢ 启动中碱循环泵 P-1343。
➢ 打开中碱循环泵 P-1343 出口阀门 XV3108。
➢ 打开中碱回流阀门 XV3109。
➢ 打开碱洗塔 C-1340 弱碱抽出阀门 XV3103。
➢ 打开弱碱循环泵 P-1342 进口阀门 XV3104。
➢ 启动弱碱循环泵 P-1342。
➢ 打开弱碱循环泵 P-1342 出口阀门 XV3105。
➢ 打开弱碱回流阀门 XV3162。
➢ 打开碱洗塔 C-1340 强碱抽出阀门 XV3110。
➢ 打开强碱循环泵 P-1344 进口阀门 XV3111。
➢ 启动强碱循环泵 P-1344。
➢ 打开强碱循环泵 P-1344 出口阀门 XV3112。
➢ 打开水洗段补充水冷却器循环水阀门 XV3118。
➢ 打开碱洗塔 C-1340 水洗段抽出阀门 XV3115。
➢ 打开水洗循环泵 P-1345 进口阀门 XV3116。
➢ 启动 P-1345。
➢ 打开水洗循环泵 P-1345 出口阀门 XV3117。
➢ 打开水洗循环泵 P-1345 出口调节阀 FV301。
➢ 打开碱洗塔 C-1340 水洗段进水阀门 XV3119。
➢ 待液位 LIC307＞50%后，打开废碱出口阀门 XV3102。
➢ 打开废碱出口调节阀 LV307。
➢ 打开碱洗塔 C-1340 塔顶阀门 XV3120。
➢ 打开裂解气进 E-1345 阀门 XV3121。

- 打开 E-1345 管程出口阀门 XV3122。
- 打开裂解气四段分离罐 V-1346 进气阀门 XV3124。
- 打开裂解气四段分离罐 V-1346 气相出口阀门 XV3125。
- 打开裂解气干燥器 D-1370 进口阀门 XV3133。
- 打开裂解气干燥器 D-1370 出口阀门 XV3134。
- 打开气相裂解气进 C-1365 阀门 XV3136。
- 打开裂解气四段分离罐烃相出口阀门 XV3126。
- 待四段分离罐液位 LIC308＞50%后，打开液体干燥器进料泵 P-1380 进口阀门 XV3128。
- 启动液体干燥器进料泵 P-1380。
- 打开液体干燥器进料泵 P-1380 出口阀门 XV3129。
- 打开液体燥器聚结器 A-1380 烃相出口阀门 XV3130。
- 打开液体干燥器 D-1380 进口阀门 XV3132。
- 打开液体干燥器 D-1380 出口阀门 XV3163。
- 打开液体干燥器 D-1380 进 C-1365 调节阀 FV302。
- 打开液体干燥器 D-1380 进 C-1365 阀门 XV3135。
- 打开裂解气四段分离罐 V-1346 水相出口阀门 XV3127。
- 打开液体干燥器聚结器 A-1380 水相出口阀门 XV3131。
- 打开 E-1345 壳程进口阀门 XV3123。
- 打开高压脱丙烷塔再沸器 E-1358 盘油出口调节阀 FV303。
- 打开 E-1345 壳程出口调节阀 TV310。
- 打开高压脱丙烷塔再沸器 E-1358 管程进口阀门 XV3140。
- 打开高压脱丙烷塔再沸器 E-1358 管程出口阀门 XV3141。
- 打开高压脱丙烷塔 C-1365 塔顶阀门 XV3142。
- 打开裂解气压缩机五段进口阀门 XV3143。
- 打开裂解气压缩机五段出口阀门 XV3144。
- 打开 C_2 加氢进料冷却器 E-1357 循环水进水阀门 XV3145。
- 打开 C_2 加氢脱砷保护床 R-1365 进口阀门 XV3146。
- 打开 C_2 加氢脱砷保护床 R-1365 出口阀门 XV3148。
- 打开 C_2 加氢进料加热器 E-1363 出口调节阀 TV312A。
- 打开液相丙烯进 C_2 加氢反应器 R-1360 阀门 XV3149。
- 打开 C_2 加氢反应器 R-1360 进料阀门 XV3150。
- 打开 C_2 加氢反应器 R-1360 出口阀门 XV3152。
- 打开 C_2 加氢后冷却器 E-1365 循环水阀门 XV3153。
- 打开裂解气第二干燥器进口阀门 XV3154。
- 打开裂解气第二干燥器出口阀门 XV3155。
- 打开高压脱丙烷塔冷凝器 E-1364 管程进口阀门 XV3156。
- 打开高压脱丙烷塔回流罐 V-1365 进口阀门 XV3157。
- 打开高压脱丙烷塔回流罐 V-1365 液相出口阀门 XV3158。

- 打开高压脱丙烷塔回流阀门 XV3159。
- 打开高压脱丙烷塔釜出口阀门 XV3137。
- 打开低压脱丙烷塔进料冷却器 E-1368 进口阀门 XV3138。
- 打开低压脱丙烷塔进料冷却器 E-1368 循环水进口阀门 XV3139。
- 打开低压脱丙烷塔进料冷却器 E-1368 出口调节阀 FV304。

质量打分：

- 裂解气压缩机一段吸入罐 V-1310 液位 LIC301 控制在 30%±10%。
- 裂解气压缩机二段吸入罐 V-1320 烃相液位 LIC302 控制在 30%±10%。
- 裂解气压缩机二段吸入罐 V-1320 水相液位 LIC303 控制在 30%±10%。
- 裂解气压缩机三段吸入罐 V-1330 液位 LIC304 控制在 30%±10%。
- 裂解气压缩机三段排出罐 V-1335 液位 LIC305 控制在 30%±10%。
- 裂解气压缩机四段排出罐 V-1340 液位 LIC306 控制在 30%±10%。
- 碱洗塔 C-1340 液位 LIC307 控制在 50%±10%。
- 裂解气压缩机四段分离罐 V-1346 液位 LIC308 控制在 50%±10%。
- 高压脱丙烷塔 C-1364 液位 LIC309 控制在 50%±10%。
- 碱洗塔 31 层塔盘下温度 TIC308 控制在(49±5)℃。
- 碱洗塔 C-1340 塔顶温度 TIC309 控制在(46±5)℃。

4）热分离工段开车

- 打开低压脱丙烷塔 C-1360 进料阀门 XV4005。
- 打开低压脱丙烷塔再沸器 E-1360 盘油进口阀门 XV4003。
- 打开低压脱丙烷塔再沸器 E-1360 盘油出口调节阀 FV306。
- 打开低压脱丙烷塔再沸器 E-1360 管程进口阀门 XV4002。
- 打开低压脱丙烷塔再沸器 E-1360 管程出口阀门 XV4004。
- 打开低压脱丙烷塔 C-1360 塔顶阀门 XV4007。
- 打开低压脱丙烷塔顶冷凝器 E-1359 壳程进口阀门 XV4008。
- 打开低压脱丙烷塔回流罐 V-1366 进口阀门 XV4009。
- 打开低压脱丙烷塔回流罐 V-1366 气相出口调节阀 PV310。
- 打开低压脱丙烷塔回流罐 V-1366 液相出口阀门 XV4010。
- 待液位 LIC312＞50%后，打开低压脱丙烷塔回流泵 P-1360 进口阀门 XV4011。
- 启动低压脱丙烷塔回流泵 P-1360。
- 打开低压脱丙烷塔回流泵 P-1360 出口阀门 XV4012。
- 打开低压脱丙烷塔 C-1360 回流阀门 XV4006。
- 打开 C_3 加氢脱砷反应器 R-1510 进口调节阀 FV308。
- 打开 C_3 加氢脱砷反应器 R-1510 进口阀门 XV4013。
- 打开 C_3 加氢脱砷反应器 R-1510 出口阀门 XV4014。
- 打开氢气进 C_3 加氢反应器 R-1520 调节阀 FV402。
- 打开 C_3 加氢后冷器 E-1526 循环水阀门 XV4201。
- 打开氢气进 C_3 加氢反应器 R-1520 出口阀门 XV4017。
- 打开 C_3 加氢循环罐 V-1520 气相出口阀门 XV4018。

➢ 打开 C_3 加氢循环罐 V-1520 液相出口阀门 XV4019。
➢ 待液位 LIC401＞50％后，打开 C_3 加氢循环泵 P-1520 进口阀门 XV4020。
➢ 启动 C_3 加氢循环泵 P-1520。
➢ 打开 C_3 加氢循环泵 P-1520 出口阀门 XV4021。
➢ 打开 C_3 加氢循环泵 P-1520 出口循环调节阀 FV401。
➢ 打开 C_3 加氢循环泵 P-1520 出口循环阀门 XV4016。
➢ 打开 C_3 加氢循环罐 V-1520 液位调节阀 FV403。
➢ 打开丙烯精馏塔 C-1530A 进料阀门 XV4022。
➢ 打开丙烯塔顶冷凝器 E-1535 管程循环水进口阀门 XV4026。
➢ 打开丙烯精馏塔 C-1530A 塔顶阀门 XV4025。
➢ 打开丙烯精馏塔 C-1530B 进料阀门 XV4208。
➢ 打开 C-1530B 塔顶阀门 XV4202。
➢ 打开丙烯塔再沸器 E-1530A 壳程急冷水进口调节阀 FV405A。
➢ 打开丙烯塔再沸器 E-1530B 壳程急冷水进口调节阀 FV405B。
➢ 打开丙烯塔再沸器 E-1530A 管程进口阀门 XV4024。
➢ 打开丙烯塔再沸器 E-1530B 管程进口阀门 XV4206。
➢ 打开丙烯塔回流罐 V-1555 气相出口阀门 XV4027。
➢ 打开丙烯塔放空冷却器 E-1551 管程循环水进口阀门 XV4028。
➢ 打开丙烯塔放空冷却器 E-1551 气相出口调节阀 FV407。
➢ 打开丙烯塔放空冷却器 E-1551 气相出口阀门 XV4030。
➢ 打开丙烯塔回流罐 V-1555 液相出口阀门 XV4031。
➢ 待液位 LIC403＞50％后，打开丙烯精馏塔回流泵 P-1555 进口阀门 XV4032。
➢ 启动丙烯精馏塔回流泵 P-1555。
➢ 打开丙烯精馏塔回流泵 P-1555 出口阀门 XV4033。
➢ 打开丙烯精馏塔回流泵 P-1555 回 C-1530B 阀门 XV4203。
➢ 打开丙烯精馏塔回流泵 P-1555 回 C-1530A 阀门 XV4034。
➢ 打开丙烯分离罐 V-1530 气相出口阀门 XV4036。
➢ 打开丙烯分离罐 V-1530 气相回 C-1530A 阀门 XV4035。
➢ 打开丙烯分离罐 V-1530 气相回 C-1530B 阀门 XV4204。
➢ 打开丙烯分离罐 V-1530 液相出口阀门 XV4037。
➢ 打开丙烯产品泵 P-1552 进口阀门 XV4038。
➢ 启动丙烯产品泵 P-1552。
➢ 打开丙烯产品泵 P-1552 出口阀门 XV4039。
➢ 打开丙烯产品冷却器 E-1541 管程循环水进水阀门 XV4040。
➢ 打开聚合级丙烯产品出口调节阀 FV406。
➢ 打开丙烯精馏塔 C-1530A 塔釜出口阀门 XV4023。
➢ 打开丙烯精馏塔 C-1530B 塔釜出口阀门 XV4205。
➢ 当精馏塔 C-1530A 液位 LIC402A＝50％时打开液位调节阀 FV404A。
➢ 当精馏塔 C-1530A 液位 LIC402B＝50％时打开液位调节阀 FV404B。

➢ 打开循环乙烷汽化器 LS 进汽阀门 XV1201。
➢ 打开循环炉 F-1180 进料阀门 XV1202。
➢ 打开低压脱丙烷塔 C-1360 塔釜阀门 XV4001。
➢ 打开低压脱丙烷塔 C-1360 液位调节阀 FV307。
➢ 打开脱丁烷塔 C-1560 进料阀门 XV4101。
➢ 打开脱丁烷塔再沸器 C-1560LS 进汽调节阀 FV410。
➢ 打开脱丁烷塔 C-1560 进再沸器阀门 XV4105。
➢ 打开脱丁烷塔再沸器 C-1560 管程进料阀门 XV4104。
➢ 打开脱丁烷塔再沸器 C-1560 管程出料阀门 XV4103。
➢ 打开脱丁烷塔 C-1560 自再沸器返回阀门 XV4102。
➢ 打开脱丁烷塔 C-1560 塔顶阀门 XV4108。
➢ 打开脱丁烷塔冷凝器 E-1565 管程循环水进口阀门 XV4110。
➢ 打开脱丁烷塔回流罐 V-1565 进口阀门 XV4111。
➢ 打开脱丁烷塔回流罐 V-1565 气相出口阀门 XV4112。
➢ 打开脱丁烷塔回流罐 V-1565 液相出口阀门 XV4113。
➢ 待液位 LIC405＞50％后，打开脱丁烷塔回流泵 P-1565 进口阀门 XV4114。
➢ 启动脱丁烷塔回流泵 P-1565。
➢ 打开脱丁烷塔回流泵 P-1565 出口阀门 XV4116。
➢ 打开脱丁烷塔回流泵 P-1565 出口调节阀 FV408。
➢ 打开脱丁烷塔 C-1560 回流阀门 XV4117。
➢ 打开混合 C_4 出装置阀门 XV4115。
➢ 打开混合 C_4 出装置调节阀 FV409。
➢ 打开脱丁烷塔 C-1560 塔釜出口阀门 XV4106。
➢ 打开脱丁烷塔 C-1560 液位调节阀 FV411。
➢ 打开脱丁烷塔 C-1560 塔釜裂解汽油出装置阀门 XV4107。
➢ 打开裂解汽油去 E-1566 阀门 XV2054。

质量打分：

➢ 低压脱丙烷塔 C-1360 液位 LIC311 控制在 50％±10％。
➢ 低压脱丙烷塔回流罐 V-1366 液位 LIC312 控制在 50％±10％。
➢ C_3 加氢循环罐 V-1520 液位 LIC401 控制在 50％±10％。
➢ 丙烯精馏塔 C-1530A 液位 LIC402A 控制在 50％±10％。
➢ 丙烯精馏塔 C-1530B 液位 LIC402B 控制在 50％±10％。
➢ 丙烯塔回流罐 V-1555 液位 LIC403 控制在 50％±10％。
➢ 脱丁烷塔 C-1560 液位 LIC404 控制在 50％±10％。
➢ 脱丁烷塔回流罐 V-1565 液位 LIC405 控制在 50％±10％。
➢ 低压脱丙烷塔 47 层塔盘下温度 TIC313 控制在(65±5)℃。
➢ 丙烯精馏塔 A 塔釜温度 TIC402A 控制在(60±5)℃。
➢ 丙烯精馏塔 B 塔釜温度 TIC402B 控制在(60±5)℃。

5）冷分离开车

- 打开高压脱丙烷塔回流罐 V-1365 气相进 E-1401 阀门 XV3161。
- 打开高压脱丙烷塔回流罐 V-1365 液相进 C-1410 调节阀 FV305。
- 打开气相进脱甲烷预分馏塔 C-1410 阀门 XV5025。
- 打开液相进 E-1401 阀门 XV5001。
- 打开液相出 E-1401 阀门 XV5002。
- 打开 1＃进料分离罐 V-1411 进口阀门 XV5003。
- 打开 1＃进料分离罐 V-1411 液相出口阀门 XV5004。
- 打开 1＃进料分离罐 V-1411 去 C-1410 阀门 XV5024。
- 打开 1＃进料分离罐 V-1411 气相出口阀门 XV5005。
- 打开 E-1405 气相进口阀门 XV5006。
- 打开 E-1405 气相出口阀门 XV5007。
- 打开 2＃进料分离罐 V-1414 进口阀门 XV5014。
- 打开 2＃进料分离罐 V-1414 气相出口阀门 XV5015。
- 打开 E-1406 气相进口阀门 XV5011。
- 打开 E-1406 气相出口阀门 XV5013。
- 打开 3＃进料分离罐 V-1415 进口阀门 XV5016。
- 打开 3＃进料分离罐 V-1415 液相出口阀门 XV5019。
- 打开 E-1406 液相进口阀门 XV5012。
- 打开 E-1406 液相出口阀门 XV5010。
- 打开 E-1405 液相进口阀门 XV5009。
- 打开 E-1405 液相出口阀门 XV5008。
- 打开 2＃进料分离罐 V-1414 液相出口阀门 XV5018。
- 打开脱甲烷预分馏塔 C-1410 进口阀门 XV5023。
- 打开脱甲烷塔再沸器 E-1410 进口调节阀 FV501。
- 打开脱甲烷预分馏塔 C-1410 进再沸器阀门 XV5026。
- 打开脱甲烷预分馏塔 C-1410 进再沸器返回阀门 XV5027。
- 打开 3＃进料分离罐 V-1415 气相出口阀门 XV5017。
- 打开尾气精馏塔冷凝器 E-1413 进口阀门 XV5022。
- 打开热集成精馏塔 C-1413 进口阀门 XV5029。
- 打开 C-1413 进脱甲烷进料接触塔 C-1415 阀门 XV5030。
- 打开 C-1413 进脱甲烷进料接触塔 C-1415 调节阀 LV503。
- 打开 C-1413 进脱甲烷进料接触塔 C-1415 进料阀门 XV5032。
- 打开脱甲烷预分馏塔 C-1410 塔顶阀门 XV5021。
- 打开 C-1413 进脱甲烷进料接触塔 C-1415 进料阀门 XV5034。
- 打开尾气精馏塔回流罐 V-1413 气相出口阀门 XV5031。
- 打开脱甲烷进料接触塔 C-1415 液相出口阀门 XV5035。
- 打开脱甲烷进料接触塔 C-1415 液相调节阀 LV504。
- 打开脱甲烷塔 C-1420 自 C-1415 进料阀门 XV5036。

- 打开脱甲烷进料接触塔 C-1415 气相出口阀门 XV5033。
- 打开 E-1418 热物料进口阀门 XV5039。
- 打开 E-1418 热物料出口阀门 XV5038。
- 打开脱甲烷塔 C-1420 自 E-1418 阀门 XV5037。
- 打开脱甲烷塔冷凝器 E-1425 液位调节阀 LV505。
- 打开脱甲烷塔冷凝器 E-1425 进料阀门 XV5043。
- 打开脱甲烷塔冷凝器 E-1425 出口阀门 XV5042。
- 打开 E-1418 冷物料进口阀门 XV5041。
- 打开 E-1418 冷物料出口阀门 XV5040。
- 打开脱甲烷塔再沸器 E-1420 冷源调节阀 FV502。
- 打开脱甲烷塔 C-1420 进再沸器阀门 XV5054。
- 打开脱甲烷塔再沸器返回脱甲烷塔阀门 XV5056。
- 打开脱甲烷塔再沸器返回脱甲烷塔阀门 XV5055。
- 打开脱甲烷塔 C-1420 塔釜出口阀门 XV5044。
- 打开脱甲烷塔 C-1420 进 E-1404 阀门 XV5045。
- 打开 E-1404 回流进 E-1415 阀门 XV5046。
- 打开预脱甲烷塔冷凝器 E-1415 温度调节阀 TV501。
- 打开预脱甲烷塔冷凝器 E-1415 进料阀门 XV5020。
- 打开脱甲烷塔釜闪蒸罐 V-1482 进料调节阀 FV503。
- 打开脱甲烷塔釜闪蒸罐 V-1482 进料阀门 XV5047。
- 打开脱甲烷塔釜闪蒸罐 V-1482 罐底阀门 XV5048。
- 打开脱甲烷塔釜闪蒸罐 V-1482 进蒸发器阀门 XV5049。
- 打开蒸发器回脱甲烷塔釜闪蒸罐 V-4182 阀门 XV5051。
- 打开蒸发器回脱甲烷塔釜闪蒸罐 V-4182 阀门 XV5050。
- 打开脱甲烷塔釜闪蒸罐 V-1482 罐顶阀门 XV5053。
- 打开脱甲烷塔釜闪蒸罐 V-1482 进乙烯塔阀门 XV5118。
- 打开脱甲烷预分馏塔釜阀门 XV5028。
- 打开脱甲烷预分馏塔 C-1410 液位调节阀 LV502。
- 打开脱乙烷塔 C-1430 进料阀门 XV5101。
- 打开脱乙烷塔再沸器 E-1430 急冷水调节阀 FV505。
- 打开脱乙烷塔 C-1430 进再沸器阀门 XV5116。
- 打开再沸器返回脱乙烷塔阀门 XV5117。
- 打开脱乙烷塔冷凝器 E-1435 壳程冷源阀门 XV5108。
- 打开脱乙烷塔顶阀门 XV5107。
- 打开脱乙烷塔回流罐 V-1435 压力调节阀 PV501。
- 打开脱乙烷塔回流罐 V-1435 液相出口阀门 XV5109。
- 待液位 LIC511＞50%后，打开脱乙烷塔回流泵 P-1435 进口阀门 XV5110。
- 启动脱乙烷塔回流泵 P-1435。
- 打开脱乙烷塔回流泵 P-1435 出口阀门 XV5111。

➢ 打开脱乙烷塔 C-1430 回流阀门 XV5112。
➢ 打开脱乙烷塔顶过冷器 E-1431 壳程冷源进料 XV5114。
➢ 打开脱乙烷塔底冷却器 E-1432 循环水进口阀门 XV5104。
➢ 打开脱乙烷塔 C-1430 塔釜出口阀门 XV5102。
➢ 打开脱乙烷塔底冷却器 E-1432 壳程进口阀门 XV5103。
➢ 打开脱乙烷塔底冷却器 E-1432 壳程出口阀门 XV5105。
➢ 打开脱乙烷塔 C-1430 液位调节阀 FV504。
➢ 打开脱乙烷塔 C-1430 液位调节阀出口阀门 XV5106。
➢ 打开 C_3 加氢反应器进口阀门 XV4015。
➢ 打开脱乙烷塔回流罐进 E-1431 进口阀门 XV5113。
➢ 打开脱乙烷塔回流罐液位调节阀 FV506。
➢ 打开 E-1431 进乙烯塔阀门 XV5115。
➢ 打开乙烯塔再沸器 E-1440 冷源阀门 XV5141。
➢ 打开再沸器返回脱乙烷塔釜温度调节阀 FV507。
➢ 打开乙烯塔 C-1440 进再沸器 E-1440 阀门 XV5145。
➢ 打开乙烯塔 C-1440 进再沸器 E-1440 阀门 XV5144。
➢ 打开再沸器返回乙烯塔 C-1440 阀门 XV5143。
➢ 打开再沸器返回乙烯塔 C-1440 阀门 XV5142。
➢ 打开乙烯塔 C-1440 塔釜出口阀门 XV5146。
➢ 待液位 LIC509＞50％后，打开乙烷循环泵 P-1445 进口阀门 XV5147。
➢ 启动乙烷循环泵 P-1445。
➢ 打开乙烷循环泵 P-1445 出口阀门 XV5148。
➢ 打开乙烷塔 C-1440 液位调节阀 LV509。
➢ 启动乙烯压缩机 K-1650。
➢ 打开乙烯塔顶阀门 XV5119。
➢ 打开乙烯塔回流过冷器 E-1445 进口阀门 XV5122。
➢ 打开乙烯塔回流过冷器 E-1445 出口阀门 XV5124。
➢ 打开乙烯压缩机一段进口阀门 XV5125。
➢ 打开乙烯压缩机二段出口阀门 XV5126。
➢ 打开乙烯压缩机二段进中间再沸器阀门 XV5139。
➢ 打开中间再沸器进 E-1445 阀门 XV5137。
➢ 打开中间再沸器进 E-1445 阀门 XV5123。
➢ 打开 E-1445 回流阀门 XV5120。
➢ 打开乙烯塔 C-1440 顶回流阀门 XV5121。
➢ 打开乙烯塔 C-1440 进中间再沸器阀门 XV5136。
➢ 打开乙烯塔 C-1440 进中间再沸器阀门 XV5140。
➢ 打开中间再沸器中段回流阀门 XV5138。
➢ 打开中间再沸器中段回流阀门 XV5135。
➢ 打开乙烯压缩机 K-1650 三段出口压力调节阀 PV502。

- 打开乙烯冷剂缓冲罐 V-1690 气相出口阀门 XV5134。
- 打开乙烯冷剂缓冲罐 V-1690 气相出口调节阀 PV503。
- 打开乙烯冷剂缓冲罐 V-1690 气相回 E-1330 阀门 XV5128。
- 打开乙烯冷剂缓冲罐 V-1690 液相出口阀门 XV5133。
- 待液位 LIC510＞50％后，打开乙烯产品泵 P-1690A 进口阀门 XV5132。
- 启动乙烯产品泵 P-1690A。
- 打开乙烯产品泵 P-1690A 出口阀门 XV5131。
- 打开乙烯冷剂缓冲罐 V-1690 液位调节阀 FV508。
- 打开液相乙烯出装置阀门 XV5130。
- 打开乙烯压缩机四段出口阀门 XV5127。
- 打开气相乙烯出装置调节阀 PV504。
- 打开气相乙烯出装置阀门 XV5129。
- 启动丙烯压缩机 K-1600。
- 打开丙烯压缩机 K-1600 一段进口阀门 XV5210。
- 打开丙烯压缩机 K-1600 一段出口阀门 XV5214。
- 打开丙烯压缩机 K-1600 二段进口阀门 XV5211。
- 打开丙烯压缩机 K-1600 二段出口阀门 XV5215。
- 打开丙烯压缩机 K-1600 三段进口阀门 XV5212。
- 打开丙烯压缩机 K-1600 三段出口阀门 XV5216。
- 打开丙烯压缩机 K-1600 四段进口阀门 XV5213。
- 打开丙烯压缩机 K-1600 四段出口阀门 XV5217。

质量打分：

- 预脱甲烷塔冷凝器 E-1415 液位 LIC501 控制在 50％±10％。
- 脱甲烷预分馏塔 C-1410 液位 LIC502 控制在 50％±10％。
- 热集成精馏塔 C-1413 液位 LIC503 控制在 50％±10％。
- 脱甲烷进料接触塔 C-1415 液位 LIC504 控制在 50％±10％。
- 脱甲烷塔冷凝器 E-1425 液位 LIC505 控制在 50％±10％。
- 脱甲烷塔 C-1420 液位 LIC506 控制在 50％±10％。
- 脱甲烷塔釜闪蒸罐 V-1482 液位 LIC507 控制在 50％±10％。
- 脱乙烷塔 C-1430 液位 LIC508 控制在 50％±10％。
- 乙烯塔 C-1440 液位 LIC509 控制在 50％±10％。
- 乙烯冷剂缓冲罐 V-1690 液位 LIC510 控制在 50％±10％。
- 脱乙烷塔回流罐 V-1435 液位 LIC511 控制在 50％±10％。
- 脱甲烷预分馏塔 C-1410 塔釜温度 TIC502 控制在(6±5)℃。
- 脱甲烷塔 C-1420 塔釜温度 TIC503 控制在(−8±5)℃。
- 脱乙烷塔 32 层塔盘下温度 TIC504 控制在(64±5)℃。
- 乙烯塔 C-1440 塔釜温度 TIC512 控制在(−37±5)℃。
- 脱乙烷塔回流罐 V-1435 压力 PIC501 控制在(2.45±0.3) MPa。
- 乙烯压缩机 K-1650 三段出口压力 PIC502 控制在(1.7±0.3) MPa。

四、装置停工具体要求

1. 各岗位停工注意事项

1）裂解岗位

（1）汽包系统应该充入 N_2 进行湿法保护，时刻注意汽包系统的气密性。

（2）原料和燃料气系统注意与其他系统隔离。

（3）裂解炉在交出检修之前，应该进行其他检测，以保证安全。

（4）冬季施工时，应注意设备和储罐的防冻防凝。

2）急冷岗位

（1）系统内的可燃气体，必须用 N_2 送火炬，不得排放大气。

（2）为减少环境污染，各类油尽可能不排地沟。

（3）倒空时，一般情况下，各管线、小容器的物料用 N_2 送到较大容器中，然后用泵送出界区，不便于集中的物料或有死角的地方，应接临时管线或装桶。

（4）系统内的油品，可燃气体必须用 N_2 置换合格后方可用空气置换。

（5）N_2 置换时，若 N_2 量不足，应一个系统一个系统置换。严禁系统间互相泄漏。

（6）各系统充 N_2 时，各类物料管线、设备压力必须小于 N_2 压力，以防物料倒串。

（7）N_2 置换前，系统和外界必须隔离，防止外系统介质窜入，同时将系统压力泄尽；走可燃气的仪表引压管线都要进行置换吹扫；有密封油的系统，在 N_2 置换时，注意系统压力，以防动设备的密封损坏；工艺管线和压力容器要同时置换，在对压力容器置换的同时要把与其相连的工艺管线考虑进去；各系统置换合格后，对火炬系统置换合格，界区火炬线调换盲板。

（8）进入塔罐等有限空间进行检修作业时，必须进行其他检测以保证安全。

（9）对物料管线进行检修时，要注意泄压。

3）压缩岗位

（1）停工领导小组已成立，各级管理人员、技术人员、操作人员达到任职上岗条件。

（2）工艺技术规程、停工规程、安全环保预案等技术资料、管理制度齐全。

（3）安全、工业卫生、消防、气防、救护、通讯、劳动保护等器材、设施配备到位，完好备用；岗位工器具已配齐；保运工作已落实；巡检路线及标牌已设置。

（4）停工中可能出现的不合格品、“三废”及污染物等处置手段完备。

（5）公用工程、火炬系统等外部保障条件确认完好。

（6）停工方案已组织学习。

（7）必须穿戴好劳保用品。

（8）系统倒空时必须遵循“先倒液后泄压”原则。

（9）严禁设备超温、超压现象发生。

（10）压缩机停转后，油系统必须继续运行 48 h，轴承温度降至常温后停运。

（11）N_2 置换过程中，流程设置应保证置换气流流经所有管路，严禁留有死角，严禁置换合格管线因流程设置或未隔离原因受到污染。

(12) 在停工过程中,要加强巡检,对由工况改变而发生的异常需要及时发现、处理和汇报。

4) 冷分离岗位

(1) 在切断进料 8 h 前,停工准备工作必须完成。

(2) 停工过程中,各岗位之间,各有关单位加强联系,确保安全停工。

(3) 装置内停止一切施工用火。

(4) 各排水沟、下水井必须畅通。

(5) 不得随地排放物料;设备放空前一定要联系调度。

(6) 停工过程中及时检查,防止冒罐、跑料,必须先倒液,后泄压。

(7) 容器、塔在人孔打开后,及时做爆炸气分析,合格后方可进入。

5) 热分离岗位

(1) 在切断进料 8 h 前,停工准备工作必须完成。

(2) 停工过程中,各岗位之间,各有关单位加强联系,确保安全停工。

(3) 装置内停止一切施工用火。

(4) 各排水沟、下水井必须畅通。

(5) 不得随地排放物料;设备放空前一定要联系调度。

(6) 停工过程中及时检查,防止冒罐、跑料,必须先倒液,后泄压。

(7) 容器、塔在人孔打开后,及时做爆炸气分析,合格后方可进入。

2. 装置停车步骤

1) 裂解炉工段停车

➢ 关闭重质炉进料阀门 XV1101。
➢ 关闭 E-1105 管程进口阀门 XV1103。
➢ 关闭 E-1102 管程进口调节阀 TV101。
➢ 关闭循环炉 F-1180 进料阀门 XV1202。
➢ 关闭燃料气进重质炉 F-1110A 室阀门 XV1107。
➢ 关闭燃料气进重质炉 F-1110B 室阀门 XV1108。
➢ 关闭燃料气进轻质炉 F-1150 总阀门 XV1010。
➢ 关闭燃料气进轻质炉 F-1150A 室调节阀 FV106。
➢ 关闭燃料气进轻质炉 F-1150B 室调节阀 FV107。
➢ 关闭燃料气进循环炉 F-1180 阀门 XV1209。
➢ 关闭轻质炉进料阀门 XV1001。
➢ 关闭轻质炉进料调节阀 FV101。
➢ 关闭轻质炉进料调节阀 FV102。
➢ 关闭二级急冷器出口阀门 XV1015。
➢ 打开轻质炉 F-1150 燃料气去火炬阀门 XV1012。
➢ 打开开车循环罐进口阀门 XV1016。
➢ 打开开车循环罐罐顶出口阀门 XV1017。
➢ 关闭重质炉汽包 V-1110 罐顶蒸汽出口阀门 XV1104。

- 关闭轻质炉 F-1150 超高压蒸汽出口阀门 XV1008。
- 关闭轻质炉去 SS 界区阀组前阀门 XV1315。
- 关闭轻质炉去 SS 界区阀组后阀门 XV1317。
- 打开汽包 V-1150 放空阀门 XV1006。
- 关闭循环炉汽包 V-1180 去第一急冷器阀门 XV1208。
- 关闭鼓风机进重质炉 F-1110A 室阀门 XV1306。
- 关闭鼓风机进重质炉 F-1110B 室阀门 XV1307。
- 停重质炉引风机 B-1110。
- 关闭汽包 V-1110 锅炉给水进水阀门 XV1102。
- 关闭稀释蒸汽进重质炉一段阀门 XV1117。
- 关闭稀释蒸汽进重质炉二段阀门 XV1105。
- 关闭稀释蒸汽进重质炉二段阀门 XV1116。
- 关闭稀释蒸汽去重质炉二级急冷器阀门 XV1115。
- 关闭重质炉第二急冷器 A 出口阀门 XV1112。
- 关闭重质炉第二急冷器 B 出口阀门 XV1113。
- 关闭重质炉去急冷塔 C-1210 阀门 XV1114。
- 关闭鼓风机进轻质炉 F-1150A 室阀门 XV1301。
- 关闭鼓风机进轻质炉 F-1150B 室阀门 XV1302。
- 关闭鼓风机进循环炉阀门 XV1305。
- 停鼓风机 K-1150。
- 停轻质炉引风机 B-1150。
- 关闭轻质炉 F-1150 燃料气去火炬阀门 XV1012。
- 关闭稀释蒸汽进轻质炉一段总阀门 XV1019。
- 关闭稀释蒸汽进轻质炉一段调节阀 FV109。
- 关闭稀释蒸汽进轻质炉一段调节阀 FV110。
- 关闭稀释蒸汽进轻质炉二段调节阀 FV104。
- 关闭稀释蒸汽进轻质炉二段调节阀 FV108。
- 关闭稀释蒸汽进轻质炉三段调节阀 TV102。
- 关闭稀释蒸汽进轻质炉三段调节阀 TV105。
- 关闭急冷水进二级急冷器 Z-1150B 阀门 XV1013。
- 关闭急冷水进二级急冷器 Z-1150A 阀门 XV1014。
- 关闭稀释蒸汽去轻质炉二级急冷器调节阀 TV106。
- 关闭稀释蒸汽去轻质炉二级急冷器调节阀 TV107。
- 关闭开车循环罐进口阀门 XV1016。
- 关闭开车循环罐罐顶出口阀门 XV1017。
- 关闭汽包 V-1150 锅炉给水进水阀门 XV1004。
- 关闭汽包 V-1180 锅炉给水进水阀门 XV1203。
- 关闭轻质炉汽包 V-1150 进水调节阀 FV103。
- 关闭放空阀门 XV1006。

- 关闭 E-1101 管程急冷水进口阀门 XV1005。
- 关闭 E-1103 管程急冷水进口阀门 XV1118。
- 关闭稀释蒸汽进循环炉阀门 XV1210。
- 停循环炉引风机 B-1180。
- 关闭 E-1108 壳程 LS 进气阀门 XV1201。
- 关闭 E-1109 管程急冷水进水阀门 XV1204。
- 关闭循环炉汽包 V-1180 出口阀门 XV1205。
- 关闭急冷油进二级急冷器 Z-1180 阀门 XV1212。
- 关闭循环炉去重燃料油汽提塔阀门 XV1206。
- 关闭循环炉去重燃料油汽提塔阀门 XV1211。

2）急冷工段停车

- 关闭 C-1230 汽提蒸汽进气阀门 XV2001。
- 关闭急冷油循环泵去 C-1230 阀门 XV2005。
- 将重燃料油汽提塔液位调节阀 LIC104 调手动，开度设为 0.1。
- 关闭 C-1230 塔顶阀门 XV2006。
- 当液位 LIC104＝0 时，关闭重燃料油产品泵 P-1230 出口阀门 XV2004。
- 停重燃料油产品泵 P-1230。
- 关闭重燃料油产品泵 P-1230 进口阀门 XV2003。
- 关闭 C-1230 塔釜阀门 XV2002。
- 关闭重燃料油汽提塔液位调节阀 LV104B。
- 关闭急冷油塔 C-1210 进料阀门 XV2009。
- 关闭稀释蒸汽进急冷油塔调节阀 FV201。
- 关闭稀释蒸汽进急冷油塔阀门 XV2008。
- 停裂解气压缩机 K-1300。
- 关闭裂解气压缩机一段吸入罐进口阀门 XV3005。
- 关闭急冷水塔 C-1220 塔顶阀门 XV2036。
- 关闭压缩机一段吸入阀门 XV3006。
- 关闭压缩机一段排出阀门 XV3007。
- 关闭二段吸入罐 V-1320 进口阀门 XV3009。
- 关闭压缩机二段吸入阀门 XV3015。
- 关闭压缩机二段排出阀门 XV3100。
- 关闭压缩机三段吸入罐 V-1330 进口阀门 XV3017。
- 关闭压缩机三段吸入阀门 XV3020。
- 关闭压缩机三段排出阀门 XV3021。
- 关闭三段排出罐 V-1335 进口阀门 XV3023。
- 关闭四段吸入阀门 XV3026。
- 关闭四段排出阀门 XV3027。
- 关闭四段排出罐 V-1340 进口阀门 XV3029。
- 关闭四段排出罐 V-1340 罐顶出口阀门 XV3031。

- 将四段排出罐 V-1340 液相出口调节阀 LV306 投手动，开度 100%。
- 将三段排出罐 V-1335 液相出口调节阀 LV305 投手动，开度 100%。
- 将三段吸入罐 V-1330 液相出口调节阀 LV304 投手动，开度 100%。
- 将二段吸入罐 V-1320 回一段吸入罐 V-1310 调节阀 LV303 投手动，开度 100%。
- 将二段吸入罐 V-1320 液位调节阀 LV302 投手动，开度 100%。
- 将一段吸入罐 V-1310 液位调节阀 LV301 投手动，开度 100%。
- 关闭轻燃料油汽提塔顶阀门 XV2022。
- 关闭急冷油塔回流泵 P-1221 进急冷油塔阀门 XV2013。
- 关闭急冷油塔子轻燃料油汽提塔阀门 XV2012。
- 关闭盘油回流调节阀 FV202。
- 关闭盘油冷却器 E-1211 壳程进口阀门 XV2020。
- 关闭急冷油塔 C-1210 盘油液位调节阀 LV201。
- 当盘油液位 LIC201=0 时，关闭盘油循环泵 P1211 出口阀门 XV2019。
- 停盘油循环泵 P-1211。
- 关闭盘油循环泵 P-1211 进口阀门 XV2018。
- 关闭盘油抽出阀门 XV2011。
- 关闭盘油冷却器 E-1211 急冷水进水阀门 XV2075。
- 关闭轻燃料油汽提塔自盘油循环泵调节阀 FV204。
- 关闭盘油循环泵去轻燃料油汽提塔阀门 XV2021。
- 关闭轻燃料油汽提塔自急冷油塔调节阀 FV203。
- 关闭急冷油塔 C-1220 进气阀门 XV2030。
- 关闭急冷油塔 C-1210 塔顶阀门 XV2014。
- 当急冷油塔塔釜液位 LI202=0 时，关闭急冷油循环泵去 E-1270 阀门 XV2017。
- 关闭急冷油循环泵 P-1210 出口阀门 XV2016。
- 停急冷油循环泵 P-1210。
- 关闭急冷油循环泵 P-1210 进口阀门 XV2015。
- 关闭急冷塔塔釜出口阀门 XV2010。
- 关闭轻燃料油汽提塔蒸汽进气阀门 XV2023。
- 关闭重燃料油至燃料油产品冷却器阀门 XV2027。
- 将轻燃料油汽提塔液位调节阀 FV205 投手动，开度 100%。
- 当轻燃料油汽提塔液位 LIC203=0 时，关闭燃料油产品至界外阀门 XV2029。
- 关闭轻燃料油汽提塔液位调节阀 FV205。
- 关闭轻燃料油产品泵 P-1240 出口阀门 XV2026。
- 停轻燃料油产品泵 P-1240。
- 关闭轻燃料油产品泵 P-1240 进口阀门 XV2025。
- 关闭轻燃料油汽提塔塔釜出口阀门 XV2024。
- 关闭燃料油产品冷却器 E-1231 管程 QW 进水阀门 XV2028。
- 关闭急冷水顶回流调节阀 FV208。
- 关闭急冷水中段回流调节阀 FV209。

- 关闭急冷水塔 C-1220 回流阀门 XV2045。
- 关闭蒸馏汽提塔回急冷水塔阀门 XV2038。
- 关闭急冷水塔自水汽提塔 C-1260 进料的阀门 XV2039。
- 关闭第二急冷水冷却器 E-1226 管程循环水阀门 XV2037。
- 关闭第一急冷水冷却器 E-1224 壳程循环水阀门 XV2046。
- 当四段排出罐 V-1340 液位 LIC306=0 时,关闭液位调节阀 LV306。
- 当三段排出罐 V-1335 液位 LIC305=0 时,关闭液位调节阀 LV305。
- 当三段吸入罐 V-1330 液位 LIC304=0 时,关闭液位调节阀 LV304。
- 当二段吸入罐 V-1320 回一段吸入罐 V-1310 液位 LIC303=0 时,关闭液位调节阀 LV303。
- 关闭蒸汽汽提塔进料泵 P-1320 出口阀门 XV3013。
- 停蒸汽汽提塔进料泵 P-1320。
- 关闭蒸汽汽提塔进料泵 P-1320 进口阀门 XV3012。
- 当一段吸入罐 V-1310 液位 LIC301=0 时,关闭液位调节阀 LV301。
- 关闭裂解气压缩机一段凝液泵 P-1310 出口阀门 XV3001。
- 停裂解气压缩机一段凝液泵 P-1310。
- 关闭裂解气压缩机一段凝液泵 P-1310 进口阀门 XV3002。
- 当裂解气压缩机一段吸入罐液位 LIC301=0 时,关闭急冷水塔自 P-1310 返回阀门 XV2040。
- 当二段吸入罐 V-1320 液位 LIC302=0 时,关闭液位调节阀 LV302。
- 关闭急冷水循环泵 P-1220 出口去水汽提塔 C-1260 阀门 XV2047。
- 关闭急冷水循环泵 P-1220 出口去 Z-1150 阀门 XV2044。
- 关闭急冷水循环泵 P-1220 出口阀门 XV2043。
- 停急冷水循环泵 P-1220。
- 关闭急冷水循环泵 P-1220 进口阀门 XV2042。
- 关闭急冷水塔塔釜阀门 XV2041。
- 关闭急冷油塔回流泵 P-1221 回急冷油塔调节阀 FV206。
- 关闭急冷油塔回流泵 P-1221 回急冷油塔阀门 XV2034。
- 将急冷油塔回流泵 P-1221 去蒸馏汽提塔调节阀 FV207 投手动,开度 100%。
- 当急冷水塔液位 LIC204=0 时,关闭急冷油塔回流泵 P-1221 去蒸馏汽提塔阀门 XV2035。
- 关闭急冷油塔回流泵 P-1221 去蒸馏汽提塔调节阀 FV207。
- 关闭急冷油塔回流泵 P-1221 出口阀门 XV2033。
- 停急冷油塔回流泵 P-1221。
- 关闭急冷油塔回流泵 P-1221 进口阀门 XV2032。
- 关闭急冷水塔回流急冷油塔阀门 XV2031。
- 关闭蒸馏汽提塔塔顶阀门 XV2076。
- 关闭蒸馏汽提塔进料阀门 XV2048。
- 关闭汽油汽提塔再沸器壳程循环阀门 XV2049。
- 关闭汽油汽提塔再沸器管程盘油进口阀门 XV2050。

➢ 关闭汽油汽提塔再沸器管程盘油出口调节阀 FV210。
➢ 将 P-1250 出口调节阀 FV211 投手动，开度 100%。
➢ 关闭汽油汽提塔底泵 P-1250 出口调节阀 FV211。
➢ 关闭汽油汽提塔底泵 P-1250 出口阀门 XV2053。
➢ 停汽油汽提塔底泵 P-1250。
➢ 关闭汽油汽提塔底泵 P-1250 进口阀门 XV2052。
➢ 关闭蒸馏汽提塔塔釜阀门 XV2051。
➢ 关闭水汽提塔 C-1260 进料阀门 XV2056。
➢ 关闭水汽提塔进料加热器 E-1258 壳程出口调节阀 FV212。
➢ 关闭水汽提塔进料加热器 E-1258 管程出口盘油调节阀 FV213。
➢ 关闭水汽提塔 C-1260 塔顶阀门 XV2057。
➢ 关闭稀释蒸汽进水汽提塔 C-1260 调节阀 FV216。
➢ 将 E-1273 管程进口调节阀 FV214 投手动，开度 100%。
➢ 当水汽提塔液位 LIC206=0 时，关闭 E-1273 管程进口调节阀 FV214。
➢ 关闭稀释蒸汽发生器进料泵 P-1260 出口阀门 XV2060。
➢ 停稀释蒸汽发生器进料泵 P-1260。
➢ 关闭泵 P-1260 进口阀门 XV2059。
➢ 关闭水汽提塔塔釜阀门 XV2058。
➢ 关闭 E-1271 去凝结水阀门 XV2068。
➢ 关闭稀释蒸汽发生器出口阀门 XV2063。
➢ 关闭 E-1270 管程进口阀门 XV2072。
➢ 关闭 E-1270 壳程进口阀门 XV2071。
➢ 关闭 E-1271 壳程进口阀门 XV2070。
➢ 关闭 E-1270 管程出口阀门 XV2073。
➢ 关闭 E-1270 壳程出口阀门 XV2074。
➢ 关闭 E-1271 壳程出口阀门 XV2069。
➢ 关闭 E-1275 管程进口阀门 XV2066。
➢ 关闭 E-1275 管程出口阀门 XV2067。
➢ 关闭稀释蒸汽发生器回流阀门 XV2064。
➢ 关闭稀释蒸汽发生器 V-1270 进水阀门 XV2062。
➢ 关闭 E-1273 壳程循环水进口阀门 XV2061。
➢ 关闭稀释蒸汽发生器 V-1270 罐顶出口阀门 XV2065。

3）压缩碱洗工段停车

➢ 关闭一段吸入罐 V-1310 液相出口阀门 XV3003。
➢ 关闭二段吸入罐 V-1320 回一段吸入罐 V-1310 阀门 XV3011。
➢ 关闭一段吸入罐 V-1310 自二段吸入罐 V-1320 进料阀门 XV3004。
➢ 关闭二段吸入罐 V-1320 水相出口阀门 XV3010。
➢ 关闭三段吸入罐 V-1330 液相出口阀门 XV3018。
➢ 关闭二段吸入罐 V-1320 自三段吸入罐 V-1330 进料阀门 XV3014。

- 关闭三段排出罐 V-1335 液相出口阀门 XV3024。
- 关闭三段吸入罐 V-1330 自三段排出罐 V-1335 的进料阀门 XV3019。
- 关闭四段排出罐 V-1340 液相出口阀门 XV3030。
- 关闭三段排出罐 V-1335 自四段排出罐 V-1340 的进料阀门 XV3025。
- 关闭压缩机一段后冷却器 E-1310 循环水进口阀门 XV3008。
- 关闭压缩机二段后冷却器 E-1320 循环水进口阀门 XV3016。
- 关闭压缩机三段后冷却器 E-1330 循环水进口阀门 XV3022。
- 关闭压缩机四段后冷却器 E-1310 循环水进口阀门 XV3028。
- 关闭碱洗塔进料加热器 E-1340 管程急冷调节阀 TV308。
- 关闭碱洗塔 C-1340 裂解气进口阀门 XV3101。
- 关闭新鲜碱液进口阀门 XV3113。
- 关闭碱洗塔 C-1340 塔顶阀门 XV3120。
- 关闭碱洗塔 C-1340 水洗段进水阀门 XV3119。
- 关闭水洗循环泵 P-1345 出口调节阀 FV301。
- 关闭水洗循环泵 P-1345 出口阀门 XV3117。
- 停水洗循环泵 P-1345。
- 关闭水洗循环泵 P-1345 进口阀门 XV3116。
- 关闭碱洗塔 C-1340 水洗段抽出阀门 XV3115。
- 关闭水洗段补充水冷却器循环水阀门 XV3118。
- 关闭强碱进碱洗塔 C-1340 阀门 XV3114。
- 关闭强碱循环泵 P-1344 出口阀门 XV3112。
- 停强碱循环泵 P-1344。
- 关闭强碱循环泵 P-1344 进口阀门 XV3111。
- 关闭碱洗塔 C-1340 强碱抽出阀门 XV3110。
- 关闭中碱回流阀门 XV3109。
- 关闭中碱循环泵 P-1343 出口阀门 XV3108。
- 停中碱循环泵 P-1343。
- 关闭中碱循环泵 P-1343 进口阀门 XV3107。
- 关闭碱洗塔 C-1340 中碱抽出阀门 XV3106。
- 关闭弱碱回流阀门 XV3162。
- 关闭弱碱循环泵 P-1342 出口阀门 XV3105。
- 停弱碱循环泵 P-1342。
- 关闭弱碱循环泵 P-1342 进口阀门 XV3104。
- 关闭碱洗塔弱碱段出口阀门 XV3103。
- 将废碱出口调节阀 LV307 投手动，开度 100%。
- 当碱洗塔液位 LIC307＝0 时，关闭废碱出口调节阀 LV307。
- 关闭废碱出口阀门 XV3102。
- 关闭裂解气进 E-1345 阀门 XV3121。
- 关闭 E-1345 管程出口阀门 XV3122。

- 关闭 E-1345 壳程进口阀门 XV3123。
- 关闭裂解气四段分离罐 V-1346 进气阀门 XV3124。
- 关闭裂解气四段分离罐 V-1346 气相出口阀门 XV3125。
- 关闭裂解气干燥器 D-1370 进口阀门 XV3133。
- 关闭裂解气干燥器 D-1370 出口阀门 XV3134。
- 关闭 E-1345 壳程出口调节阀 TV310。
- 将液体干燥器 D-1380 进 C-1365 调节阀 FV302 投手动，开度 100%。
- 当裂解气压缩机四段分离罐液位 LIC308=0 时，关闭液体干燥器进料泵 P-1380 出口阀门 XV3129。
- 停液体干燥器进料泵 P-1380。
- 关闭液体干燥器进料泵 P-1380 进口阀门 XV3128。
- 关闭裂解气压缩机四段分离罐烃类出口阀门 XV3126。
- 关闭裂解气四段分离罐 V-1346 水相出口阀门 XV3127。
- 关闭液体干燥器聚结器 A-1380 烃相出口阀门 XV3130。
- 关闭液体干燥器 D-1380 进口阀门 XV3132。
- 关闭液体干燥器 D-1380 出口阀门 XV3163。
- 关闭液体干燥器聚结器 A-1380 水相出口阀门 XV3131。
- 关闭液体干燥器 D-1380 进 C-1365 调节阀 FV302。
- 关闭液体干燥器 D-1380 进 C-1365 阀门 XV3135。
- 关闭气相裂解气进 C-1365 阀门 XV3136。
- 关闭高压脱丙烷塔再沸器 E-1358 盘油出口调节阀 FV303。
- 关闭高压脱丙烷塔再沸器 E-1358 管程出口阀门 XV3141。
- 关闭高压脱丙烷塔再沸器 E-1358 管程进口阀门 XV3140。
- 关闭高压脱丙烷塔回流阀门 XV3159。
- 关闭高压脱丙烷塔 C-1365 塔顶阀门 XV3142。
- 将低压脱丙烷塔进料冷却器 E-1368 出口调节阀 FV304 投手动，开度 100%。
- 当 C-1365 液位 LIC309=0 时，关闭低压脱丙烷塔进料冷却器 E-1368 出口调节阀 FV304。
- 关闭低压脱丙烷塔进料冷却器 E-1368 进口阀门 XV3138。
- 关闭高压脱丙烷塔釜出口阀门 XV3137。
- 关闭低压脱丙烷塔进料冷却器 E-1368 循环水进口阀门 XV3139。
- 关闭裂解气压缩机五段进口阀门 XV3143。
- 关闭裂解气压缩机五段出口阀门 XV3144。
- 关闭 C_2 加氢脱砷保护床 R-1365 进口阀门 XV3146。
- 关闭 C_2 加氢脱砷保护床 R-1365 出口阀门 XV3148。
- 关闭 C_2 加氢进料冷却器 E-1357 循环水进水阀门 XV3145。
- 打开高压脱丙烷塔回流罐 V-1365 去火炬阀门 XV3160。
- 关闭高压脱丙烷塔回流罐 V-1365 气相进 E-1401 阀门 XV3161。
- 关闭 C_2 加氢进料加热器 E-1363 出口调节阀 TV312A。

➢ 关闭液相丙烯进 C_2 加氢反应器 R-1360 阀门 XV3149。
➢ 关闭 C_2 加氢反应器 R-1360 进料阀门 XV3150。
➢ 关闭 C_2 加氢反应器 R-1360 出口阀门 XV3152。
➢ 关闭裂解气第二干燥器进口阀门 XV3154。
➢ 关闭裂解气第二干燥器出口阀门 XV3155。
➢ 关闭高压脱丙烷塔冷凝器 E-1364 管程进口阀门 XV3156。
➢ 关闭高压脱丙烷塔回流罐 V-1365 进口阀门 XV3157。
➢ 关闭 C_2 加氢后冷却器 E-1365 循环水阀门 XV3153。
➢ 将高压脱丙烷塔回流罐 V-1365 液相进 C-1410 调节阀 FV305 投手动，开度 100%。
➢ 当液位 LIC310＝0 时，关闭高压脱丙烷塔回流罐 V-1365 液相出口阀门 XV3158。
➢ 关闭高压脱丙烷塔回流罐 V-1365 液相进 C-1410 调节阀 FV305。
➢ 关闭高压脱丙烷塔回流罐 V-1365 去火炬阀门 XV3160。

4）冷分离工段停车

➢ 停乙烯压缩机 K-1650。
➢ 关闭液相进 E-1401 阀门 XV5001。
➢ 关闭液相出 E-1401 阀门 XV5002。
➢ 关闭 1＃进料分离罐 V-1411 进口阀门 XV5003。
➢ 关闭 1＃进料分离罐 V-1411 液相出口阀门 XV5004。
➢ 关闭 1＃进料分离罐 V-1411 气相出口阀门 XV5005。
➢ 关闭 1＃进料分离罐 V-1411 去 C-1410 阀门 XV5024。
➢ 关闭 E-1405 气相进口阀门 XV5006。
➢ 关闭 E-1405 气相出口阀门 XV5007。
➢ 关闭 2＃进料分离罐 V-1414 进口阀门 XV5014。
➢ 关闭 2＃进料分离罐 V-1414 液相出口阀门 XV5018。
➢ 关闭 2＃进料分离罐 V-1414 气相出口阀门 XV5015。
➢ 关闭 E-1406 气相进口阀门 XV5011。
➢ 关闭 E-1406 气相出口阀门 XV5013。
➢ 关闭 3＃进料分离罐 V-1415 进口阀门 XV5016。
➢ 关闭 3＃进料分离罐 V-1415 气相出口阀门 XV5017。
➢ 关闭 3＃进料分离罐 V-1415 液相出口阀门 XV5019。
➢ 关闭 E-1406 液相进口阀门 XV5012。
➢ 关闭 E-1406 液相出口阀门 XV5010。
➢ 关闭 E-1405 液相进口阀门 XV5009。
➢ 关闭 E-1405 液相出口阀门 XV5008。
➢ 关闭脱甲烷预分馏塔 C-1410 进口阀门 XV5023。
➢ 关闭气相进脱甲烷预分馏塔 C-1410 阀门 XV5025。
➢ 关闭预脱甲烷塔冷凝器 E-1415 进料阀门 XV5020。
➢ 关闭预脱甲烷塔冷凝器 E-1415 温度调节阀 TV501。
➢ 关闭脱甲烷塔再沸器 E-1410 进口调节阀 FV501。

- 关闭脱甲烷预分馏塔 C-1410 进再沸器阀门 XV5026。
- 关闭脱甲烷预分馏塔 C-1410 自再沸器返回阀门 XV5027。
- 关闭脱甲烷预分馏塔 C-1410 塔顶阀门 XV5021。
- 关闭热集成精馏塔 C-1413 进口阀门 XV5029。
- 关闭尾气精馏塔冷凝器 E-1413 进口阀门 XV5022。
- 将脱甲烷预分馏塔 C-1410 液位调节阀 LV502 投手动，开度 100%。
- 当脱甲烷预分馏塔 C-1410 液位 LIC502=0 时，关闭调节阀 LV502。
- 关闭脱甲烷预分馏塔釜阀门 XV5028。
- 将 C-1413 进脱甲烷进料接触塔 C-1415 调节阀 LV503 投手动，开度 100%。
- 当 C-1413 进脱甲烷进料接触塔液位 LIC503=0 时，关闭 C-1415 进料阀门 XV5032。
- 关闭 C-1413 进脱甲烷进料接触塔 C-1415 调节阀 LV503。
- 关闭 C-1413 进脱甲烷进料接触塔 C-1415 阀门 XV5030。
- 关闭 C-1413 进脱甲烷进料接触塔 C-1415 进料阀门 XV5034。
- 关闭脱甲烷进料接触塔 C-1415 气相出口阀门 XV5033。
- 关闭 E-1418 热物料进口阀门 XV5039。
- 关闭 E-1418 热物料出口阀门 XV5038。
- 关闭脱甲烷塔 C-1420 自 E-1418 阀门 XV5037。
- 将脱甲烷进料接触塔 C-1415 液相调节阀 LV504 投手动，开度 100%。
- 当 C-1415 液位 LIC504=0 时，关闭脱甲烷进料接触塔 C-1415 液相调节阀 LV504。
- 关闭脱甲烷塔 C-1420 自 C-1415 进料阀门 XV5036。
- 关闭脱甲烷进料接触塔 C-1415 液相出口阀门 XV5035。
- 关闭脱甲烷塔冷凝器 E-1425 液位调节阀 LV505。
- 关闭脱甲烷塔再沸器 E-1420 冷源调节阀 FV502。
- 关闭脱甲烷塔再沸器返回脱甲烷塔阀门 XV5056。
- 关闭脱甲烷塔再沸器返回脱甲烷塔阀门 XV5055。
- 关闭脱甲烷塔 C-1420 进再沸器阀门 XV5054。
- 关闭脱甲烷塔冷凝器 E-1425 液出口阀门 XV5042。
- 关闭 E-1418 冷物料进口阀门 XV5041。
- 关闭 E-1418 冷物料出口阀门 XV5040。
- 关闭尾气精馏塔回流罐 V-1413 气相出口阀门 XV5031。
- 关闭脱甲烷塔冷凝器 E-1425 进料阀门 XV5043。
- 当脱甲烷塔液位 LIC506=0 时，关闭脱甲烷塔 C-1420 塔釜出口阀门 XV5044。
- 关闭脱甲烷塔 C-1420 进 E-1404 阀门 XV5045。
- 关闭 E-1404 回流进 E-1415 阀门 XV5046。
- 关闭脱甲烷塔釜闪蒸罐 V-1482 进料阀门 XV5047。
- 关闭脱甲烷塔釜闪蒸罐 V-1482 进料调节阀 FV503。
- 当脱甲烷塔釜闪蒸罐 V-1482 液位 LIC507=0 时，关闭罐底阀门 XV5048。
- 关闭脱甲烷塔釜闪蒸罐 V-1482 进蒸发器阀门 XV5049。
- 关闭蒸发器回脱甲烷塔釜闪蒸罐 V-4182 阀门 XV5051。

- 关闭蒸发器回脱甲烷塔釜闪蒸罐 V-4182 阀门 XV5050。
- 关闭脱甲烷塔釜闪蒸罐 V-1482 罐顶阀门 XV5053。
- 关闭脱乙烷塔 C-1430 进料阀门 XV5101。
- 关闭脱乙烷塔 C-1430 回流阀门 XV5112。
- 关闭脱乙烷塔回流泵 P-1435 出口阀门 XV5111。
- 停脱乙烷塔回流泵 P-1435。
- 关闭脱乙烷塔回流泵 P-1435 进口阀门 XV5110。
- 关闭脱乙烷塔再沸器 E-1430 急冷水调节阀 FV505。
- 关闭脱乙烷塔 C-1430 进再沸器阀门 XV5116。
- 关闭再沸器返回脱乙烷塔阀门 XV5117。
- 将脱乙烷塔 C-1430 液位调节阀 FV504 投手动,开度 100%。
- 当液位 LIC508=0 时,关闭脱乙烷塔 C-1430 液位调节阀出口阀门 XV5106。
- 关闭脱乙烷塔 C-1430 液位调节阀 FV504。
- 关闭脱乙烷塔底冷却器 E-1432 壳程出口阀门 XV5105。
- 关闭脱乙烷塔底冷却器 E-1432 壳程进口阀门 XV5103。
- 关闭脱乙烷塔 C-1430 塔釜出口阀门 XV5102。
- 关闭脱乙烷塔底冷却器 E-1432 循环水进口阀门 XV5104。
- 关闭脱乙烷塔顶阀门 XV5107。
- 关闭脱乙烷塔冷凝器 E-1435 壳程冷源阀门 XV5108。
- 将脱乙烷塔回流罐 V-1435 压力调节阀 PV501 投手动,开度 100%。
- 将脱乙烷塔回流罐 V-1435 液位调节阀 FV506 投手动,开度 100%。
- 待关闭脱乙烷塔回流罐 V-1435 压力 PIC501<0.3 MPa 后,关闭调节阀 PV501。
- 关闭脱乙烷塔回流罐 V-1435 液相出口阀门 XV5109。
- 关闭脱乙烷塔回流罐进 E-1431 进口阀门 XV5113。
- 关闭 E-1431 进乙烯塔阀门 XV5115。
- 关闭脱乙烷塔回流罐液位调节阀 FV506。
- 关闭脱乙烷塔顶过冷器 E-1431 壳程冷源进料 XV5114。
- 关闭脱甲烷塔釜闪蒸罐 V-1482 进乙烯塔阀门 XV5118。
- 关闭中间再沸器中段回流阀门 XV5135。
- 关闭乙烯塔 C-1440 进中间再沸器阀门 XV5136。
- 关闭中间再沸器中段回流阀门 XV5138。
- 关闭乙烯塔 C-1440 进中间再沸器阀门 XV5140。
- 将乙烷塔 C-1440 液位调节阀 LV509 投手动,开度 100%。
- 当乙烯塔 C-1440 液位 LIC509=0 时,关闭乙烷塔 C-1440 液位调节阀 LV509。
- 关闭乙烷循环泵 P-1445 出口阀门 XV5148。
- 停乙烷循环泵 P-1445。
- 关闭乙烷循环泵 P-1445 进口阀门 XV5147。
- 关闭乙烯塔 C-1440 塔釜出口阀门 XV5146。
- 关闭乙烯塔 C-1440 进再沸器 E-1440 阀门 XV5145。

- 关闭乙烯塔 C-1440 进再沸器 E-1440 阀门 XV5144。
- 关闭再沸器返回乙烯塔 C-1440 阀门 XV5142。
- 关闭再沸器返回乙烯塔 C-1440 阀门 XV5143。
- 关闭乙烯塔再沸器 E-1440 冷源阀门 XV5141。
- 关闭再沸器返回脱乙烷塔釜温度调节阀 FV507。
- 关闭乙烯塔 C-1440 塔顶回流阀门 XV5121。
- 关闭 E-1445 回流阀门 XV5120。
- 关闭中间再沸器进 E-1445 阀门 XV5123。
- 关闭中间再沸器进 E-1445 阀门 XV5137。
- 关闭乙烯压缩机二段进中间再沸器阀门 XV5139。
- 关闭乙烯压缩机二段出口阀门 XV5126。
- 关闭乙烯压缩机一段进口阀门 XV5125。
- 关闭乙烯塔回流过冷器 E-1445 出口阀门 XV5124。
- 关闭乙烯塔回流过冷器 E-1445 进口阀门 XV5122。
- 关闭乙烯塔顶阀门 XV5119。
- 将气相乙烯出装置调节阀 PV504 开度调至 100％。
- 将乙烯冷剂缓冲罐 V-1690 气相出口调节阀 PV503 开度调至 100％。
- 待乙烯压缩机 K-1650 四段出口压力 PIC504＜0.3 MPa 后，关闭气相乙烯出装置阀门 XV5129。
- 待乙烯冷剂缓冲罐 V-1690 压力 PIC503＜0.3 MPa 后，关闭阀门 XV5128。
- 关闭气相乙烯出装置调节阀 PV504。
- 关闭乙烯冷剂缓冲罐 V-1690 气相出口调节阀 PV503。
- 关闭乙烯压缩机四段出口阀门 XV5127。
- 关闭乙烯冷剂缓冲罐 V-1690 气相出口阀门 XV5134。
- 关闭乙烯压缩机 K-1650 三段出口压力调节阀 PV502。
- 将乙烯冷剂缓冲罐 V-1690 液位调节阀 FV508 投手动，开度 100％。
- 当乙烯冷剂缓冲罐液位 LIC510＝0 时，关闭液相乙烯出装置阀门 XV5130。
- 关闭乙烯冷剂缓冲罐 V-1690 液位调节阀 FV508。
- 关闭乙烯产品泵 P-1690A 出口阀门 XV5131。
- 停乙烯产品泵 P-1690A。
- 关闭乙烯产品泵 P-1690A 进口阀门 XV5132。
- 关闭乙烯冷剂缓冲罐 V-1690 液相出口阀门 XV5133。
- 停丙烯压缩机 K-1600。
- 关闭丙烯压缩机 K-1600 一段进口阀门 XV5210。
- 关闭丙烯压缩机 K-1600 二段进口阀门 XV5211。
- 关闭丙烯压缩机 K-1600 三段进口阀门 XV5212。
- 关闭丙烯压缩机 K-1600 四段进口阀门 XV5213。
- 关闭丙烯压缩机 K-1600 一段出口阀门 XV5214。
- 关闭丙烯压缩机 K-1600 二段出口阀门 XV5215。

➢ 关闭丙烯压缩机 K-1600 三段出口阀门 XV5216。
➢ 关闭丙烯压缩机 K-1600 四段出口阀门 XV5217。

5）热分离工段停车

➢ 关闭低压脱丙烷塔 C-1360 进料阀门 XV4005。
➢ 关闭低压脱丙烷塔再沸器 E-1360 盘油出口调节阀 FV306。
➢ 关闭低压脱丙烷塔再沸器 E 1360 盘油进口阀门 XV4003。
➢ 关闭低压脱丙烷塔再沸器 E-1360 管程进口阀门 XV4002。
➢ 关闭低压脱丙烷塔再沸器 E-1360 管程出口阀门 XV4004。
➢ 关闭低压脱丙烷塔 C-1360 回流阀门 XV4006。
➢ 关闭低压脱丙烷塔 C-1360 塔顶阀门 XV4007。
➢ 将低压脱丙烷塔 C-1360 液位调节阀 FV307 投手动，开度 100%。
➢ 当低压脱丙烷塔 C 1360 液位 LIC311＝0 时，关闭塔釜阀门 XV4001。
➢ 将 C_3 加氢脱砷反应器 R-1510 进口调节阀 FV308 投手动，开度 100%。
➢ 将低压脱丙烷塔回流罐 V-1366 气相出口调节阀 PV310 投手动，开度 100%。
➢ 关闭低压脱丙烷塔 C-1360 液位调节阀 FV307。
➢ 待低压脱丙烷塔回流罐 V-1366 压力 PIC310＜0.3 MPa 后，关闭调节阀 PV310。
➢ 关闭低压脱丙烷塔顶冷凝器 E-1359 壳程进口阀门 XV4008。
➢ 关闭低压脱丙烷塔回流罐 V-1366 进口阀门 XV4009。
➢ 当液位 LIC312＝0 时，关闭 C_3 加氢脱砷反应器 R-1510 进口调节阀 FV308。
➢ 关闭低压脱丙烷塔回流泵 P-1360 出口阀门 XV4012。
➢ 停低压脱丙烷塔回流泵 P-1360。
➢ 关闭低压脱丙烷塔回流泵 P-1360 进口阀门 XV4011。
➢ 关闭低压脱丙烷塔回流罐 V-1366 液相出口阀门 XV4010。
➢ 关闭 C_3 加氢脱砷反应器 R-1510 进口阀门 XV4013。
➢ 关闭 C_3 加氢脱砷反应器 R-1510 出口阀门 XV4014。
➢ 关闭 C_3 加氢反应器进口阀门 XV4015。
➢ 关闭 C_3 加氢循环泵 P-1520 出口循环阀门 XV4016。
➢ 关闭 C_3 加氢循环泵 P-1520 出口循环调节阀 FV401。
➢ 关闭氢气进 C_3 加氢反应器 R-1520 调节阀 FV402。
➢ 关闭氢气进 C_3 加氢反应器 R-1520 出口阀门 XV4017。
➢ 关闭 C_3 加氢后冷器 E-1526 循环水阀门 XV4201。
➢ 关闭 C_3 加氢循环罐 V-1520 气相出口阀门 XV4018。
➢ 将 C_3 加氢循环罐 V-1520 液位调节阀 FV403 投手动，开度 100%。
➢ 当液位 LIC401＝0 时，关闭 C_3 加氢循环罐 V-1520 液位调节阀 FV403。
➢ 关闭 C_3 加氢循环泵 P-1520 出口阀门 XV4021。
➢ 停 C_3 加氢循环泵 P-1520。
➢ 关闭 C_3 加氢循环泵 P-1520 进口阀门 XV4020。
➢ 关闭 C_3 加氢循环罐 V-1520 液相出口阀门 XV4019。
➢ 关闭丙烯精馏塔 C-1530A 进料阀门 XV4022。

- 关闭丙烯精馏塔 C-1530B 进料阀门 XV4208。
- 关闭丙烯塔再沸器 E-1530A 壳程急冷水进口调节阀 FV405A。
- 关闭丙烯塔再沸器 E-1530B 壳程急冷水进口调节阀 FV405B。
- 关闭丙烯塔再沸器 E-1530A 管程进口阀门 XV4024。
- 关闭丙烯塔再沸器 E-1530B 管程进口阀门 XV4206。
- 关闭丙烯精馏塔 C-1530A 塔顶阀门 XV4025。
- 关闭 C-1530B 塔顶阀门 XV4202。
- 将聚合级丙烯产品出口调节阀 FV406 投手动，开度 100%。
- 将丙烯回流罐 V-1555 压力调节阀 FV407 投手动，开度 100%。
- 当丙烯回流罐 V-1555 液位 LIC403＝0 时，关闭阀门 XV4034。
- 当丙烯回流罐 V-1555 液位 LIC403＝0 时，关闭阀门 XV4203。
- 关闭丙烯分离罐 V-1530 气相回 C-1530A 阀门 XV4035。
- 关闭丙烯分离罐 V-1530 气相回 C-1530B 阀门 XV4204。
- 关闭丙烯分离罐 V-1530 气相出口阀门 XV4036。
- 关闭丙烯塔顶冷凝器 E-1535 管程循环水进口阀门 XV4026。
- 关闭丙烯精馏塔回流泵 P-1555 出口阀门 XV4033。
- 停丙烯精馏塔回流泵 P-1555。
- 关闭丙烯精馏塔回流泵 P-1555 进口阀门 XV4032。
- 关闭丙烯塔回流罐 V-1555 液相出口阀门 XV4031。
- 关闭丙烯塔回流罐 V-1555 气相出口阀门 XV4027。
- 关闭丙烯塔放空冷却器 E-1551 气相出口阀门 XV4030。
- 关闭丙烯塔放空冷却器 E-1551 气相出口调节阀 FV407。
- 关闭丙烯塔放空冷却器 E-1551 管程循环水进口阀门 XV4028。
- 关闭聚合级丙烯产品出口调节阀 FV406。
- 关闭丙烯产品泵 P-1552 出口阀门 XV4039。
- 停丙烯产品泵 P-1552。
- 关闭丙烯产品泵 P-1552 进口阀门 XV4038。
- 关闭丙烯分离罐 V-1530 液相出口阀门 XV4037。
- 关闭丙烯产品冷却器 E-1541 管程循环水进水阀门 XV4040。
- 关闭丙烯精馏塔 C-1530A 塔釜出口阀门 XV4023。
- 关闭丙烯精馏塔 C-1530B 塔釜出口阀门 XV4205。
- 关闭丙烯精馏塔 C-1530A 液位调节阀 FV404A。
- 关闭丙烯精馏塔 C-1530B 液位调节阀 FV404B。
- 关闭脱丁烷塔 C-1560 进料阀门 XV4101。
- 关闭脱丁烷塔 C-1560 回流阀门 XV4117。
- 关闭脱丁烷塔再沸器 C-1560LS 进汽调节阀 FV410。
- 关闭脱丁烷塔 C-1560 进再沸器阀门 XV4105。
- 关闭脱丁烷塔再沸器 C-1560 管程进料阀门 XV4104。
- 关闭脱丁烷塔再沸器 C-1560 管程出料阀门 XV4103。

- ➢ 关闭脱丁烷塔 C-1560 自再沸器返回阀门 XV4102。
- ➢ 关闭脱丁烷塔 C-1560 塔顶阀门 XV4108。
- ➢ 关闭脱丁烷塔回流罐 V-1565 气相出口阀门 XV4112。
- ➢ 将混合 C_4 出装置调节阀 FV409 投手动，开度 100%。
- ➢ 关闭脱丁烷塔回流罐 V-1565 进口阀门 XV4111。
- ➢ 关闭脱丁烷塔回流泵 P 1565 出口调节阀 FV408。
- ➢ 关闭脱丁烷塔回流泵 P-1565 出口阀门 XV4116。
- ➢ 停脱丁烷塔回流泵 P-1565。
- ➢ 关闭脱丁烷塔回流泵 P-1565 进口阀门 XV4114。
- ➢ 关闭脱丁烷塔冷凝器 E-1565 管程循环水进口阀门 XV4110。
- ➢ 当脱丁烷塔回流罐 V-1565 液位 LIC405＝0 时，关闭混合 C_4 出装置调节阀 FV409。
- ➢ 关闭混合 C_4 出装置阀门 XV4115。
- ➢ 关闭脱丁烷塔回流罐 V-1565 液相出口阀门 XV4113。
- ➢ 将脱丁烷塔 C-1560 液位调节阀 FV411 投手动，开度 100%。
- ➢ 当液位 LIC404＝0 时，关闭裂解汽油产品冷却器 E-1566 壳程出口阀门 XV2055。
- ➢ 关闭裂解汽油产品冷却器 E-1566 管程循环水阀门 XV2100。
- ➢ 关闭裂解汽油去 E-1566 阀门 XV2054。
- ➢ 关闭脱丁烷塔 C-1560 塔釜裂解汽油出装置阀门 XV4107。
- ➢ 关闭脱丁烷塔 C-1560 液位调节阀 FV411。
- ➢ 关闭脱丁烷塔 C-1560 塔釜出口阀门 XV4106。

第三节 事故处理预案

一、事故处理原则

(1) 各岗位及班组人员要及时发现初期事故，并尽快将事故消灭在萌芽阶段，及时汇报车间及厂生产运行处调度中心，如有必要可进行降温、降量处理。

(2) 如果事故扩大，班组控制不住，应请求消防队调来消防车掩护，同时事故设备能停止进料的应停止进料。

(3) 当油烟较大时，要佩戴空气呼吸器进入现场进行救火，防止发生人员中毒。

(4) 如遇到危险源泄漏并出现大面积的火灾时，在不影响事故处理或已经基本处理完的情况下，可切断装置全部电源，防止引起电路着火，引起其他事故。

(5) 按照紧急疏散通道疏散无关人员。

(6) 在装置失控的情况下，按照人员的撤退路线及时撤到安全地带，防止人员伤亡。

(7) 装置发生下列情况按紧急停工方案处理：

(a) 本装置发生重大事故，经努力处理，仍不能消除，并继续扩大或其他有关装置发生火灾、爆炸事故，严重威胁本装置安全运行，应紧急停工。

(b) 加热炉炉管烧穿，分馏塔严重漏油着火或其他冷换、机泵设备发生爆炸或火灾事故，应紧急停工。

（c）主要机泵、原油泵、塔底泵发生故障，无法修复，备用泵又不能启动，可紧急停工。

（d）长时间停原料、停电、停汽、停水不能恢复，可紧急停工处理。

二、紧急停工方法

（1）加热炉立即熄火，并向炉膛内大量吹汽，三顶瓦斯改放空。

（2）按顺序停掉原油泵、塔底泵、侧线泵、中段回流泵，最后停掉塔顶回流泵。

（3）关闭各塔吹汽，过热蒸汽改放空。

（4）减压恢复常压，注意在塔内温度高于200℃时，真空度不大于40 kPa，保证V-2104水封正常。

（5）打开自产汽的并汽阀门（蒸汽压力1.0 MPa）。

（6）在紧急停工过程中，必须保证机泵冷却水系统正常运转。

（7）通知厂调度和车间生产值班人员，向其说明停工原因和具体时间。

（8）紧急停工注意事项：紧急停工时，以安全为主，先停运关键设备，切断重点部位、进料及热源，岗位间要做好联系工作，不能因操作程序错误造成物料跑、冒、窜、泄漏、超温、超压等危险状况。

三、乙烯装置常见生产事故处理

1. 装置晃电

1）事故现象

（1）DCS画面停泵报警（由绿色变为红色）。

（2）脱乙烷塔回流泵P-1435停，丙烯产品泵P-1552停，水洗循环泵P-1345停，稀释蒸汽发生器进料泵P-1260停；汽油汽提塔底泵P-1250停；急冷油循环泵P-1210停。

2）事故确认

[P]—现场确认有上述(1)中所述事故现象，通知内操。

[I]—DCS界面确认有上述(2)中所述事故现象。

[I]—在HSE事故确认界面，选择“装置晃电”按钮进行事故汇报。

3）事故处理

[I]—在HSE界面确认事故名称。

[P]—关脱乙烷塔回流泵P-1435出口阀门XV5111。

[P]—开脱乙烷塔回流泵P-1435。

[P]—开脱乙烷塔回流泵P-1435出口阀门XV5111。

[P]—汇报主操“脱乙烷塔回流泵P-1435已开启，运行正常”。

[P]—关丙烯产品泵P-1552出口阀XV4039。

[P]—开丙烯产品泵P-1552。

[P]—开丙烯产品泵P-1552出口阀XV4039。

[P]—汇报主操“丙烯产品泵 P-1552 已开启，运行正常”。
[P]—关水洗循环泵 P-1345 出口阀门 XV3117。
[P]—开水洗循环泵 P-1345。
[P]—开水洗循环泵 P-1345 出口阀门 XV3117。
[P]—汇报主操“水洗循环泵 P-1345 已开启，运行正常”。
[P]—关稀释蒸汽发生器进料泵 P-1260 出口阀门 XV2060。
[P]—开稀释蒸汽发生器进料泵 P-1260。
[P]—开稀释蒸汽发生器进料泵 P-1260 出口阀门 XV2060。
[P]—汇报主操“稀释蒸汽发生器进料泵 P-1260 已开启，运行正常”。
[P]—关汽油汽提塔底泵 P-1250 出口阀门 XV2053。
[P]—开汽油汽提塔底泵 P-1250。
[P]—开汽油汽提塔底泵 P-1250 出口阀门 XV2053。
[P]—汇报主操“汽油汽提塔底泵 P-1250 已开启，运行正常”。
[P]—关急冷油循环泵 P-1210 出口阀门 XV2016。
[P]—开急冷油循环泵 P-1210。
[P]—开急冷油循环泵 P-1210 出口阀门 XV2016。

2. 轻质原料裂解炉炉管破裂

1）事故现象

(1) 轻质原料裂解炉防爆门打开、炉膛内可见火苗，炉膛内有异常响声，轻质原料裂解炉顶部有浓烟冒出。

(2) 轻质原料裂解炉出口温度 TIC102 高温报警(事故值 700℃，正常值 540℃)。

(3) 可燃气体报警器报警。

2）事故确认

[P]—现场确认有上述(1)、(3)中所述事故现象，通知内操。
[I]—DCS 界面确认有上述(2)、(3)中的报警信号。
[I]—在 HSE 事故确认界面，选择“轻质原料裂解炉炉管破裂”按钮进行事故汇报。

3）事故处理

[I]—在 HSE 界面确认事故名称。
[P]—关闭轻质原料裂解炉燃料气进气阀门 XV1010。
[P]—汇报班长“轻质原料裂解炉燃料气进气阀门 XV1010 已关闭”。
[I]—关闭轻质原料裂解炉燃料气进气调节阀 FV106、FV107。
[I]—汇报班长“轻质原料裂解炉燃料气进气调节阀 FV106、FV107 已关闭”。
[I]—汇报班长“轻质原料裂解炉燃料气进气已隔离”。
[P]—关闭轻质原料裂解炉原料进料阀门 XV1001。
[P]—汇报班长“轻质原料裂解炉原料进料阀门 XV1001 已关闭”。
[I]—关轻质原料裂解炉进料调节阀 FV101。
[I]—关轻质原料裂解炉进料调节阀 FV102。
[I]—汇报班长“轻质原料裂解炉进料调节阀 FV101、FV102 已关闭”。

[I]—汇报班长“轻质原料裂解炉进料线已隔离”。

[I]—将稀释蒸汽进气调节阀 FV109、FV110 和 FV104、FV108 开度调到最大。

[I]—汇报班长“稀释蒸汽进料线调节阀已开到最大”。

[P]—开启加热炉炉膛吹扫蒸汽阀门 XV1011。

[P]—汇报调度室“轻质原料裂解炉已被隔离，请组织紧急停工，保证其他各部门安全生产”。

3. 系统仪表风停

1) 事故现象

(1) 碱洗塔塔液位 LIC307 低位报警(事故值 25%，正常值 50%)。

(2) 脱丁烷塔塔釜流量为零，塔釜液位高位报警 LIC404(事故值 75%，正常值 50%)。

(3) 脱丁烷塔回流罐液位高位报警 LIC405(事故值 75%，正常值 50%)。

(4) 丙烯塔回流罐液位高位报警 LIC403(事故值 75%，正常值 50%)。

(5) 各气动阀处于风开风关状态。

2) 事故确认

[P]—现场有上述(1)、(2)、(3)、(4)、(5)中所述的事故现象。

[I]—DCS 界面确认有上述(1)、(2)、(3)、(4)、(5)中所述的报警信号。

[I]—在 HSE 事故确认界面，选择“热分离工段系统仪表风停”按钮进行事故汇报。

3) 事故处理

[I]—在 HSE 界面确认事故名称。

[P]—关闭 C_3 加氢脱砷保护床进料阀门 XV4013。

[P]—关闭脱乙烷塔底冷却器至 C_3 加氢反应器阀门 XV4015。

[P]—关闭 C_3 加氢反应器出口阀门 XV4017，对反应器进行降温泄压处理。

[I]—通知裂解、急冷、压缩碱洗工段降量控制。

[P]—关闭低压脱丙烷塔回流泵 P-1360 出口阀门 XV4012。

[P]—停低压脱丙烷塔回流泵 P-1360。

[P]—关闭低压脱丙烷塔回流泵 P-1360 进口阀门 XV4011。

[P]—汇报班长“低压脱丙烷塔回流泵 P-1360 已停止”。

[I]—汇报班长“裂解、急冷、压缩碱洗工段已降量控制”。

[P]—关 C_3 加氢循环泵 P-1520 出口阀门 XV4021。

[P]—关 C_3 加氢循环泵 P-1520。

[P]—关 C_3 加氢循环泵 P-1520 进口阀门 XV4020。

[P]—汇报主操“C_3 加氢循环泵 P-1520 已停止”。

[P]—关丙烯产品泵 P-1552 出口阀门 XV4039。

[P]—关丙烯产品泵 P-1552。

[P]—关丙烯产品泵 P-1552 进口阀门 XV4038。

[P]—汇报主操“丙烯产品泵 P-1552 已停止”。

[P]—关丙烯精馏塔回流泵 P-1555 出口阀门 XV4033。

[P]—关丙烯精馏塔回流泵 P-1555。

[P]—关丙烯精馏塔回流泵 P-1555 进口阀门 XV4032。

[P]—汇报主操“丙烯精馏塔回流泵 P-1555 已停止”。

[P]—关脱丁烷塔回流泵 P-1565 出口阀门 XV4116。

[P]—关脱丁烷塔回流泵 P-1565。

[P]—关脱丁烷塔回流泵 P-1565 出口阀门 XV4114。

[P]—汇报主操“脱丁烷塔回流泵 P-1565 已停止”。

[P]—汇报主操“热分离工段系统仪表风停已得到控制,请仪表工进入现场进行紧急维护”。

4. 重燃料油产品泵 P-1230 泄漏着火

1) 事故现象

(1) 重燃料油产品泵 P-1230 处有火焰升起,现场伴随有浓烟,同时有火焰声音(没点)。

(2) 可燃气体报警器报警。

2) 事故确认

[P]—现场确认有上述(1)的事故现象,通知内操。

[I]—DCS 界面确认有上述(2)的报警信号。

[I]—在 HSE 事故确认界面,选择“重燃料油产品泵 P-1230 泄漏着火”按钮进行事故汇报。

3) 事故处理

[I]—在 HSE 界面确认事故名称。

[P]—停重燃料油产品泵 P-1230。

[P]—关闭重燃料油产品泵 P-1230 前后阀门 XV2003、XV2004。

[P]—汇报主操“重燃料油产品泵 P-1230 已停止”。

[I]—关闭重燃料油汽提塔塔釜出口调节阀 LV104B。

[I]—汇报班长“重燃料油汽提塔塔釜出口调节阀 LV104B 已关闭”。

[P]—关闭塔釜去燃料油产品冷却器 E-1231 的阀门 XV2027。

[P]—打开消防炮进行灭火操作。

[P]—汇报主操“重燃料油汽提塔塔釜出料已关闭”。

[I]—通知循环原料裂解炉进行降量处理。

5. DCS 主电源故障

1) 事故现象

(1) DCS 界面黑屏。

(2) 各气动调节阀处于风开风关状态。

2) 事故确认

[P]—现场确认有上述(2)中的事故现象,通知内操。

[I]—确认 DCS 界面黑屏。

[I]—在 HSE 事故确认界面,选择“DCS 主电源故障”按钮进行事故汇报。

3）事故处理

[I]—在 HSE 界面确认事故名称。

[P]—开轻质原料裂解炉炉膛吹扫蒸汽阀门 XV1011。

[P]—汇报主操“裂解炉炉膛吹扫蒸汽已开启”。

[I]—通知急冷工段降量处理。

[P]—关闭轻质炉轻烃进料阀门 XV1001。

[P]—关闭重质炉轻烃进料阀门 XV1101。

[P]—关闭循环炉轻烃进料阀门 XV1202。

[P]—汇报主操“裂解炉进料已关闭，请启用备用电源”。

6. 燃料气中断

1）事故现象

(1) 轻质原料裂解炉炉膛温度 TIC103 低温报警(报警值 700℃，正常值 840℃)。

(2) 轻质原料裂解炉炉膛温度 TIC104 低温报警(报警值 700℃，正常值 840℃)。

(3) 轻质原料裂解炉炉膛火焰熄灭。

(4) 重质原料裂解炉炉膛火焰熄灭。

(5) 循环原料裂解炉炉膛火焰熄灭。

2）事故确认

[P]—现场确认有上述(3)、(4)、(5)中所述的事故现象，通知内操。

[I]—DCS 界面确认有上述(1)、(2)、(3)、(4)、(5)中所述的报警信号。

[I]—在 HSE 事故确认界面，选择“燃料气中断”按钮进行事故汇报。

3）事故处理

[I]—在 HSE 界面确认事故名称。

[P]—关轻质原料裂解炉 F-1150 燃料气进气阀门 XV1010。

[I]—关闭轻质原料裂解炉燃料气进气调节阀 FV106。

[I]—关闭轻质原料裂解炉燃料气进气调节阀 FV107。

[I]—汇报班长“轻质原料裂解炉燃料气进气调节阀 FV106、FV107 已关闭”。

[P]—开轻质原料裂解炉炉膛吹扫蒸汽阀门 XV1011。

[P]—汇报主操“裂解炉炉膛吹扫蒸汽已开启”。

[I]—通知急冷工段降量处理。

[P]—打开高压蒸汽系统进原料线阀门 XV1007。

[I]—全开轻质原料裂解炉进料调节阀 FV101。

[I]—全开轻质原料裂解炉进料调节阀 FV102。

[I]—汇报班长“高压蒸汽系统已开启”。

[P]—打开开车循环罐进口阀门 XV1016。

[P]—打开开车循环罐顶去火炬阀门 XV1017。

[P]—汇报主操“开车循环罐去火炬管线已开启”。

7. 急冷工段循环水中断

1）事故现象

(1) 急冷油分馏塔塔盘温度 TIC201 高温报警(事故值 244℃，正常值 184℃)。

(2) 急冷水塔塔顶温度 TIC205 高温报警(事故值 71℃，正常值 41℃)。

2）事故确认

[P]—现场确认有上述(1)、(2)中所述的事故现象，通知内操。

[I]—DCS 界面确认有上述(1)、(2)中所述的报警信号。

[I]—在 HSE 事故确认界面，选择“急冷水工段循环水中断”按钮进行事故汇报。

3）事故处理

[I]—在 HSE 界面确认事故名称。

[I]—通知低压脱丙烷塔降量控制。

[I]—调节低压脱丙烷塔回流泵 P-1360 出口调节阀 FV308 开度至 100%，维持低压脱丙烷塔回流罐液位 LIC308 为 50%。

[I]—调节低压脱丙烷塔回流罐顶压力调节阀 PV310，调节压力 PIC310 至正常状态。

8. 急冷油分馏塔塔釜人孔法兰泄露

1）事故现象

(1) 急冷油分馏塔 C-1210 塔釜人孔法兰处有气体喷出，有气体泄漏声音。

(2) DCS 界面可燃气体和硫化氢报警器报警。

2）事故确认

[P]—现场确认有上述(1)中所述的事故现象，通知内操。

[I]—DCS 界面确认有上述(2)中所述的报警信号。

[I]—在 HSE 事故确认界面，选择“急冷油分馏塔塔釜人孔法兰泄露”按钮进行事故汇报。

3）事故处理

[I]—在 HSE 界面确认事故名称。

[I]—主操用广播对现场进行通知，说明泄露点，并要求现场人员迅速往上风向进行撤离。

[I]—通知生产调度，降到装置生产量。

[P]—佩戴好空气呼吸器、可燃气体便携式报警器去事故现场。

[P]—在装置区拉警戒线将装置区隔离。

[I]—关闭急冷油分馏塔进料调节阀 FV201。

[P]—关急冷油分馏塔进料阀门 XV2009。

[P]—汇报主操“急冷油分馏塔进料已关闭”。

[P]—关轻质燃料油汽提塔回急冷油塔阀门 XV2012。

[P]—关急冷油塔塔顶急冷水回流阀门 XV2013。

[P]—关急冷油分馏塔塔顶阀门 XV2014。

[P]—关盘油循环泵 P-1211 出口阀门 XV2109。

[P]—停盘油循环泵 P-1211。
[P]—关盘油循环泵进口阀门 XV2018。
[P]—关盘油抽出阀门 XV2011。
[P]—待急冷油塔液位降到 0 后，关闭 P-1210 出口阀门 XV2016。
[P]—停急冷油循环泵 P-1210。
[P]—关急冷油循环泵 P-1210 进口阀门 XV2015。
[P]—关急冷油塔塔釜出口阀门 XV2010。

9. 气动调节阀 FV505 故障

1）事故现象
(1) 脱乙烷塔再沸器出口气动调节阀 FV505 关闭。
(2) 脱乙烷塔塔釜温度 TIC504 高温报警(故障值 100℃，正常值 63℃)。
2）事故确认
[P]—现场确认有上述(1)中所述的事故现象，通知内操。
[I]—DCS 界面确认上述(1)、(2)中所述的事故现象。
[I]—在 HSE 事故确认界面，选择“气动调节阀 FV505 故障”按钮进行事故汇报。
3）事故处理
[I]—在 HSE 界面确认事故名称。
[P]—调节 FV505 旁路阀门 FV505VB，将流量恢复到正常数值。
[P]—汇报主操“流量已经恢复正常，请联系仪表维修班对调节阀进行维修”。

10. 轻质原料裂解炉原料中断

1）事故现象
(1) 轻质原料裂解炉出口温度 TIC102 高温报警(事故值 1000℃，正常值 540℃)；
(2) 轻质原料裂解炉出口温度 TIC105 高温报警(事故值 1000℃，正常值 540℃)；
(3) 轻质原料裂解炉炉膛温度 TIC103 高温报警(事故值 1100℃，正常值 840℃)；
(4) 轻质原料裂解炉炉膛温度 TIC104 高温报警(事故值 1100℃，正常值 840℃)。
2）事故确认
[I]—DCS 界面确认有上述(1)、(2)、(3)、(4)中所述的报警信号。
[I]—在 HSE 事故确认界面，选择“轻质原料裂解炉原料中断”按钮进行事故汇报。
3）事故处理
[I]—在 HSE 界面确认事故名称。
[I]—通知急冷工段降量控制。
[P]—关轻质原料裂解炉 F-1150 燃料气进气阀门 XV1010。
[I]—关闭轻质原料裂解炉燃料气进气调节阀 FV106、FV107。
[I]—汇报班长“轻质原料裂解炉燃料气进气调节阀 FV106、FV107 已关闭”。
[P]—汇报班长“轻质原料裂解炉燃料气进气系统已隔离，炉膛火焰熄灭”。
[P]—开轻质原料裂解炉炉膛吹扫蒸汽阀门 XV1011。
[P]—汇报主操“轻质原料裂解炉炉膛吹扫蒸汽已开启”。

[P]—关闭轻质原料裂解炉进料阀门 XV1001。

[P]—汇报主操“轻质原料裂解炉进料线已隔离”。

[P]—打开高压蒸汽进原料线阀门 XV1007。

[I]—全开轻质原料裂解炉进料调节阀 FV101。

[I]—全开轻质原料裂解炉进料调节阀 FV102。

[I]—汇报班长“轻质原料裂解炉进料调节阀 FV101、FV102 已全开”。

[I]—全开稀释蒸汽进料调节阀 FV109。

[I]—全开稀释蒸汽进料调节阀 FV110。

[P]—打开开车循环罐进口阀门 XV1016。

[P]—打开开车循环罐去火炬阀门 XV1017。

[P]—汇报主操“轻质原料裂解炉已处理完毕，请尽快查明原料中断原因”。

11. 轻燃料油产品泵 P-1240 出口管道破裂

1) 事故现象

(1) 轻燃料油产品泵出口管道破裂 P-1240 出口管线有油气喷出，有气体泄漏声音。

(2) 轻燃料油产品泵出口管道破裂 P-1240 出口压力 PG202 低压降低(事故值 0.3 MPa，正常值 0.77 MPa)。

(3) DCS 界面可燃气报警器报警。

2) 事故确认

[P]—现场确认有上述(1)中所述的事故现象，通知内操。

[I]—DCS 界面确认有上述(2)、(3)中所述的报警信号。

[P]—在 HSE 事故确认界面，选择“轻燃料油产品泵出口管道破裂”按钮进行事故汇报。

3) 事故处理

[I]—在 HSE 界面确认事故名称。

[I]—关闭轻燃料油产品泵 P-1240 出口调节阀 FV205。

[P]—关闭轻燃料油产品泵 P-1240 出口阀门 XV2026。

[P]—关闭轻燃料油产品泵 P-1240。

[P]—关闭轻燃料油产品泵 P-1240 进口阀门 XV2025。

[P]—汇报主操“轻燃料油产品泵 P-1240 已停止，泄露处已被隔离”。

[I]—通知设备维修部分对轻燃料油产品泵出口管道破裂处进行维修。

12. 裂解气压缩机高压蒸汽中断

1) 事故现场

(1) 裂解气压缩机四段出口压力 PIC312 低压报警(报警值 0.8 MPa，正常值 1.682 MPa)。

(2) 乙烯压缩机三段出口压力 PIC510 低压报警(报警值 0.8 MPa，正常值 1.5 MPa)。

(3) 乙烯压缩机四段出口压力 PIC511 低压报警(报警值 1 MPa，正常值 2 MPa)。

(4) 乙烯压缩机四段出口压力 PIC512 低压报警(报警值 1.8 MPa，正常值 3.610 MPa)。

2）事故确认

[P]—现场确认有上述(1)中所述的事故现象，通知内操。

[I]—DCS 界面确认有上述(1)、(2)、(3)、(4)中所述的报警信号。

[I]—在 HSE 事故确认界面，选择“裂解气压缩机高压蒸汽中断”按钮进行事故汇报。

3）事故处理

[I]—在 HSE 界面确认事故名称。

[I]—将事故的情况报告值班干部及调度中心，了解事故原因和恢复时间。

[P]—将裂解气压缩机 K-1300 进行紧急停车。

[P]—关闭急冷水塔顶阀门 XV2036，将压缩机一段压力控制在 30～55 kPa。

[P]—关裂解气压缩机一段凝液泵 P-1310 出口阀门 XV3001。

[P]—停裂解气压缩机一段凝液泵 P-1310。

[P]—关裂解气压缩机一段凝液泵 P-1310 进口阀门 XV3002。

[I]—关闭裂解气压缩机一段吸入罐 V-1310 液面调节阀 LV301。

[P]—关蒸馏汽提塔进料泵 P-1320 出口阀门 XV3013。

[P]—停蒸馏汽提塔进料泵 P-1320。

[P]—关蒸馏汽提塔进料泵 P-1320 进口阀门 XV3012。

[I]—关闭吸入罐 V-1320 液面调节阀 LV302。

[I]—关闭 V-1330 液面调节阀 LV304。

[I]—关闭 V-1335 液面调节阀 LV305。

[I]—确认四段排出罐 V-1340 液位低于 10%。

[I]—关闭 V-1340 液面调节阀 LV306。

[P]—关干燥器进料泵 P-1380 出口阀门 XV3129。

[P]—停干燥器进料泵 P-1380。

[P]—关干燥器进料泵 P-1380 进口阀门 XV3128。

[I]—打开 V-1365 罐顶放火炬阀 XV3160，控制压力在 3.6 MPa。

13. 脱乙烷塔回流罐安全阀起跳

1）事故现场

(1) 脱乙烷塔回流罐安全阀起跳，有放空声音。

(2) 脱乙烷塔回流罐顶部压力 PIC501 高压报警(报警值 3.0 MPa，正常值 2.45 MPa)。

(3) 可燃气体报警器报警。

2）事故确认

[P]—现在确认有上述(1)中所述的事故现象，通知内操。

[I]—DCS 界面确认有上述(2)、(3)所述的报警信号。

[I]—在 HSE 事故确认界面，选择“脱乙烷塔回流罐安全阀起跳”按钮进行事故汇报。

3）事故处理

[I]—在 HSE 界面确认事故名称。

[I]—通知碱洗部分降量控制。

[P]—关闭脱丁烷塔 C-1560 进回流罐阀门 XV4111。

[I]—全开脱丁烷塔开回流罐 V-1565 压力调节阀 PV407。

[I]—控制脱丁烷塔开回流罐 V-1565 液位缓慢降低到 30%。

[P]—关闭脱丁烷塔开回流罐 V-1565 出口阀门 XV4113。

[P]—汇报主操“脱丁烷塔回流罐 V-1565 已隔离”。

[I]—待脱丁烷塔回流罐罐顶压力降至正常值时，通知外操关安全阀底阀，并通知机修更换。

14. 锅炉给水中断

1）事故现场

(1) 汽包 V-1150 液位 LIC101 低位报警(报警值 35%，正常值 50%)。

(2) 锅炉给水调节阀 FV103 开度最大。

(3) 裂解炉出口反应温度 TIC106、TIC107 高温报警(报警值 300℃，正常值 220℃)。

2）事故确认

[P]—现场确认有上述(1)、(2)中的所述事故现象，通知内操。

[I]—DCS 界面确认有上述(1)、(2)、(3)中所述的事故现象。

[I]—在 HSE 事故确认界面，选择“锅炉给水中断”按钮进行事故汇报。

3）事故处理

[I]—在 HSE 界面确认事故名称。

[I]—通知急冷工段降量控制。

[P]—通知将事故的情况报告值班干部及调度中心，了解停水原因和恢复时间。

[P]—关轻质原料裂解炉 F-1150 燃料气进气阀门 XV1010。

[I]—关闭轻质原料裂解炉燃料气进气调节阀 FV106、FV107。

[I]—汇报班长“轻质原料裂解炉燃料气进气调节阀 FV106、FV107 已关闭”。

[P]—汇报班长“轻质原料裂解炉燃料气进气系统已隔离，炉膛火焰熄灭”。

[P]—开轻质炉炉膛吹扫蒸汽阀门 XV1011。

[P]—汇报主操“轻质原料裂解炉炉膛吹扫蒸汽已开启”。

[I]—关轻质原料裂解炉进料调节阀 FV101。

[I]—关轻质原料裂解炉进料调节阀 FV102。

[I]—汇报班长“轻质原料裂解炉进料调节阀 FV101、FV102 已关闭”。

[P]—汇报主操“轻质原料裂解炉进料线已隔离”。

[P]—汇报主操“轻质原料裂解炉已被停止”。

15. DCS 主电源和备用电源同时故障

1）事故现象

(1) DCS 界面黑屏。

(2) 各气动调节阀处于风开风关状态。

(3) 切换备用电源后，DCS 依旧处于黑屏状态。

2）事故确认

[P]—现场确认有上述(2)中所述的事故现象，通知内操。

[I]—确认 DCS 界面黑屏。

[I]—在 HSE 事故确认界面，选择“DCS 主电源和备用电源同时故障”按钮进行事故汇报。

3）事故处理

[I]—在 HSE 界面确认事故名称。

[I]—汇报调度室“DCS 主电源和备用电源同时故障，请应急小组组织紧急停工”。

[P]—关闭轻质原料裂解炉燃料气进气阀门 XV1010。

[I]—汇报班长“轻质原料裂解炉燃料气进气阀门 XV1010 已关闭”。

[P]—汇报主操“轻质原料裂解炉燃料气进气已隔离”。

[P]—关重质原料裂解炉燃料气进口阀门 XV1107、XV1108。

[P]—汇报主操“重质原料裂解炉燃料气线已隔离”。

[P]—关循环原料裂解炉燃料气进口阀门 XV1209。

[P]—汇报主操“循环原料裂解炉燃料气线已关闭”。

[P]—汇报调度室“轻质原料裂解炉紧急停工完成，请其他部门迅速进行紧急停工”。

16. DCS 系统故障

1）事故现场

(1) DCS 界面所有数据无法正常显示。

(2) 装置现场所有的流量计没有示数显示。

(3) 装置现场所有的调节阀无法调节，示数没有变化。

2）事故确认

[P]—现场确认有上述(2)、(3)中所述的事故现象，通知内操。

[I]—DCS 界面确认有上述(1)中所述的事故现象。

[I]—在 HSE 事故确认界面，选择“DCS 系统故障”按钮进行事故汇报。

3）事故处理

[I]—在 HSE 界面确认事故名称。

[I]—汇报调度室“DCS 系统故障，请立即联系仪表微机班对事故进行处理”。

[I]—调度室反馈“DCS 系统故障短时间不能排除，组织各岗位进行紧急停车操作”。

[P]—关闭轻质原料裂解炉燃料气进气手阀门 XV1010。

[P]—关重质原料裂解炉 F-1110 燃料气进气阀门 XV1107、XV1108。

[P]—关循环原料裂解炉 F-1180 燃料气进气阀门 XV1209。

[P]—汇报班长“裂解炉燃料气进气系统已隔离”。

[P]—开轻质原料裂解炉炉膛吹扫蒸汽阀门 XV1011。

[P]—汇报主操“裂解炉炉膛吹扫蒸汽已开启”。

[P]—关闭重质原料裂解炉进料阀门 XV1101。

[P]—关闭循环原料裂解炉进料阀门 XV1202。

[P]—关闭轻质原料裂解炉进料阀门 XV1001。

[P]—汇报主操“裂解炉进料线已关闭”。

[P]—汇报主操“进料线已停止，我将按照紧急停车操作继续停车，请立即联系仪表微

机班对事故进行处理”。

17. C_3 加氢反应器超温超压

1）事故现场

(1) C_3 加氢反应器 R-1520 反应压力 LIC401 低位报警(报警值 25%，正常值 50%)。

(2) C_3 加氢反应器 R-1520 回流温度 TIC401 高温报警(事故值 70℃，正常值 33℃)。

2）事故确认

[P]—现场确认有上述(1)中所述的事故现象，通知内操。

[I]—DCS 界面确认有上述(1)、(2)中所述的报警信号。

[I]—在 HSE 事故确认界面，选择“C_3 加氢反应器超温超压”按钮进行事故汇报。

3）事故处理

[I]—在 HSE 界面确认事故名称。

[P]—关闭 C_3 加氢脱砷保护床出口阀门 XV4014。

[P]—关闭 E-1432 进 C_3 加氢反应器阀门 XV4015。

[I]—关闭 C_3 加氢循环泵 P-1520 去丙烯精馏塔调节阀 FV403。

[I]—全开 C_3 加氢循环泵 P-1520 回流调节阀 FV401。

[I]—全开自甲烷系统的氢气进口调节阀 FV402。

18. 燃料气带液

1）事故现场

(1) 轻质原料裂解炉出口温度 TIC102 高温报警(事故值 1000℃，正常值 540℃)。

(2) 轻质原料裂解炉炉膛内可见火苗，炉膛内有异常响声。

(3) 可燃气体报警器报警。

2）事故确认

[P]—现场确认有上述(2)、(3)所述的事故现象，通知内操。

[I]—DCS 界面确认有上述(1)所述的报警信号。

[I]—在 HSE 事故确认界面，选择“燃料气带液”按钮进行事故汇报。

3）事故处理

[I]—在 HSE 界面确认事故名称。

[I]—关闭轻质原料裂解炉燃料气进气调节阀 FV106。

[I]—汇报班长“轻质原料裂解炉燃料气进气调节阀 FV106 关闭”。

[I]—关轻质原料裂解炉进料调节阀 FV101。

[I]—关轻质原料裂解炉进料调节阀 FV102。

[I]—汇报班长“轻质原料裂解炉进料调节阀 FV101、FV102 已关闭”。

[P]—汇报主操“轻质原料裂解炉进料线已隔离”。

[P]—关轻质原料裂解炉出口阀门 XV1008、XV1009。

[P]—汇报主操“轻质原料裂解炉出口线已隔离”。

[I]—关稀释蒸汽进料调节阀 FV109。

[I]—关稀释蒸汽进料调节阀 FV110。

[P]—开启加热炉炉膛吹扫蒸汽阀门 XV1011。

[P]—汇报调度室“轻质原料裂解炉已被停炉，请组织瓦斯罐紧急脱液”。

19. C_2 加氢反应器超温

1)事故现场

(1) C_2 加氢反应器 R-1360 进口温度 TIC319 高温报警(报警值 100℃，正常值 70℃)。

(2) C_3 加氢反应器 R-1520 出口温度 TIC401 高温报警(事故值 50℃，正常值 33℃)。

2) 事故确认

[I]—DCS 界面确认有上述(1)、(2)中所述的报警信号。

[I]—在 HSE 事故确认界面，选择“C_2 加氢反应器超温”按钮进行事故汇报。

3) 事故处理

[I]—在 HSE 界面确认事故名称。

[P]—通知各岗位降量处理。

[P]—打开 C_2 加氢反应器旁路阀门 XV3151。

[P]—汇报班长“C_2 加氢反应器旁路阀门 XV3151 已打开”。

[P]—关闭 C_2 加氢反应器入口阀门 XV3150。

[P]—打开 V-1365 罐顶放火炬阀门 XV3160。

[I]—汇报班长“将 C_2 加氢反应器床层温度降至 50℃以下”。

20. 乙烯产品泵 P-1690 故障

1) 事故现场

(1) 乙烯产品泵 P-1690 停(现场泵运行声音停)。

(2) 产品泵出口流量计 FIC508 流量指示为 0。

(3) DCS 界面乙烯产品泵 P-1690A 停泵报警。

2) 事故确认

[I]—DCS 界面确认有上述(2)、(3)中所述的报警信号。

[I]—在 HSE 事故确认界面，选择“乙烯产品泵 P-1690 故障”按钮进行事故汇报。

3) 事故处理

[I]—在 HSE 界面确认事故名称。

[P]—关乙烯产品油泵 P-1690A 出口阀门 XV5131。

[P]—关乙烯产品油泵 P-1690A。

[P]—关乙烯产品油泵 P-1690A 进口阀门 XV5132。

[P]—开乙烯产品油泵 P-1690B 进口阀门 XV5201。

[P]—开乙烯产品油泵 P-1690B。

[P]—开乙烯产品油泵 P-1690B 出口阀门 XV5203。

[P]—汇报主操“乙烯产品泵 P-1690B 已开启，产品泵切换完成，请通知维修部门对产品泵 A 进行维修”。

21. 裂解气压缩机异常响动

1）事故现场

（1）裂解气压缩机 K-1300 异常响动。

（2）裂解气压缩机 K-1300 裂解气压缩机一段吸入罐 V-1310 液位 LIC301 高位报警（报警值 50%，正常值 30%）。

（3）裂解气压缩机 K-1300 一段进口压力为 0。

（4）XV3006 关闭。

2）事故确认

[P]—现场确认有上述(1)、(2)中所述的事故现象，通知内操。

[I]—DCS 界面确认有上述(2)、(3)中所述的报警信号。

[I]—在 HSE 事故确认界面，选择“裂解气压缩机异常响动”按钮进行事故汇报。

3）事故处理

[I]—在 HSE 界面确认事故名称。

[P]—增大裂解气压缩机一段吸入罐 V-1310 出口液位调节阀 LV301。

[P]—保持吸入罐液位 LIC301 平稳在 30%。

[P]—打开吸入罐罐顶至压缩机一段阀门 XV3006。

[P]—汇报主操“发现异常响动原因已重新开启，请内操将参数恢复至正常状态”。

22. 丙烯产品泵 P-1552 泄露着火

1）事故现象

（1）丙烯产品泵 P-1552 处有火焰升起，现场伴随有浓烟，同时有火焰声音。

（2）可燃气体报警器报警。

2）事故确认

[P]—现场确认有上述(1)中所述的事故现象，通知内操。

[I]—DCS 界面确认有上述(2)中所述的报警信号。

[I]—在 HSE 事故确认界面，选择“丙烯产品泵 P-1552 泄漏着火”按钮进行事故汇报。

3）事故处理

[I]—在 HSE 界面确认事故名称。

[P]—停丙烯产品泵 P-1552。

[P]—汇报主操“丙烯产品泵 P-1522 已停止”。

[P]—关闭丙烯产品泵 P-1552 出口阀门 XV4039。

[P]—关闭丙烯产品泵 P-1552 进口阀门 XV4038。

[I]—关闭丙烯分离罐 V-1530 罐底出口阀门 XV4037。

[P]—汇报主操“丙烯分离罐 V-1530 罐底出料线已关闭”。

[I]—通知丙烯精馏塔进行降量处理。

[P]—打开消防炮进行灭火。

[P]—汇报主操“丙烯产品泵 P-1552 明火已被扑灭，请组织岗位人员对后续工作进行处理”。

23. 碱洗塔 C-1340 塔顶法兰泄露

1）事故现象

(1) 碱洗塔 C-1340 塔顶法兰处有气体喷出，有气体泄漏声音。

(2) DCS 界面可燃气体和硫化氢报警器报警。

2）事故确认

[P]—现场确认有上述(1)中所述的事故现象，通知内操。

[I]—DCS 界面确认有上述(2)中所述的报警信号。

[I]—在 HSE 事故确认界面，选择"碱洗塔 C-1340 塔顶法兰泄露"按钮进行事故汇报。

3）事故处理

[I]—在 HSE 界面确认事故名称。

[I]—主操用广播对现场进行通知，说明泄露点，并要求现场人员迅速往上风向进行撤离。

[I]—通知生产调度，降到装置生产量。

[P]—佩戴好空气呼吸器、可燃气体便携式报警器去事故现场。

[P]—在装置区拉警戒线将装置区隔离。

[P]—关闭碱洗塔 C-1340 进料阀门 XV3101。

[I]—将碱洗塔 C-1340 塔釜液位调节阀 LV307 开到最大，将碱洗塔内液体排尽。

[P]—关闭新鲜碱液进口阀门 XV3113。

[P]—关闭强碱循环泵 P-1344 出口阀门 XV3112。

[P]—停强碱循环泵 P-1344。

[P]—关闭中碱循环泵 P-1343 出口阀门 XV3108。

[P]—停中碱循环泵 P-1343。

[P]—关闭弱碱循环泵 P-1342 出口阀门 XV3105。

[P]—停弱碱循环泵 P-1342。

[P]—关闭水洗循环泵 P-1345 出口阀门 XV3117。

[P]—停水洗循环泵 P-1345。

[P]—关闭碱洗塔塔顶出口阀门 XV3120。

[P]—汇报主操"碱洗塔已隔离，请求维修人员到场对泄露法兰进行处理"。

24. 急冷油塔盘油循环泵故障

1）事故现象

(1) 盘油循环泵 P-1211 出口压力 PG203 示数为 0。

(2) 水汽提塔进口温度 TIC206 高温报警(事故值 130℃，正常值 113℃)。

(3) 急冷水塔塔顶温度 TIC202 高温报警(事故值 71℃，正常值 45℃)。

2）事故确认

[P]—现场确认有上述(1)中所述的事故现象，通知内操。

[I]—DCS 界面确认有上述(1)、(2)、(3)中所述的报警信号。

[I]—在 HSE 事故确认界面，选择"急冷油塔盘油循环泵故障"按钮进行事故汇报。

3）事故处理

[I]—在 HSE 界面确认事故名称。

[P]—关闭盘油循环泵 P-1211 出口阀门 XV2019。

[P]—停盘油循环泵 P-1211。

[P]—关闭盘油循环泵 P-1211 进口阀门 XV2018。

[P]—汇报主操“盘油循环泵 P-1211 已停止”。

[I]—通知急冷工段降量控制。

[I]—汇报班长“已通知急冷工段降量控制，请通知维修工段对盘油循环泵进行紧急维修”。

25. 碱洗塔顶过冷却器内漏

1）事故现象

(1) 碱洗塔顶过冷却器出口温度 TIC310 高温报警(事故值 65℃，正常值 12℃)。

(2) 碱洗塔顶过冷却器壳程出口压力 PIC307 低压报警(事故值 0.1 MPa，正常值 0.3 MPa)。

2）事故确认

[I]—DCS 界面确认有上述(1)、(2)中所述的报警信号。

[I]—在 HSE 事故确认界面，选择“碱洗塔顶过冷却器内漏”按钮进行事故汇报。

3）事故处理

[I]—在 HSE 界面确认事故名称。

[I]—通知裂解压缩车间进行紧急停车方案。

[P]—关闭碱洗塔顶过冷却器 E-1345 壳程进口阀门 XV3123。

[P]—汇报主操“碱洗塔顶过冷却器 E-1345 壳程进口阀门 XV3123 已关闭”。

[I]—关闭碱洗塔顶过冷却器 E-1345 壳程出口调节阀 TV310。

[P]—汇报主操“碱洗塔顶过冷却器 E-1345 壳程已隔离”。

[P]—关闭碱洗塔顶过冷却器 E-1345 管程进口阀门 XV3121。

[P]—汇报主操“碱洗塔顶过冷却器 E-1345 管程进口阀门 XV3121 已关闭”。

[I]—关闭碱洗塔顶过冷却器 E-1345 管程出口阀门 XV3122。

[P]—汇报主操“碱洗塔顶过冷却器 E-1345 已隔离，请通知通知各部分进行停车预案”。

26. 装置长时间停电

1）事故现象

(1) DCS 画面停泵报警(由绿色变为红色)。

(2) 各离心泵停，裂解气压缩机停，乙烯压缩机停，丙烯压缩机停。

2）事故确认

[P]—现场确认有上述(2)中所述的事故现象，通知内操。

[I]—DCS 界面确认有上述(1)中所述的事故现象。

[I]—在 HSE 事故确认界面，选择“装置长时间停电”按钮进行事故汇报。

3）事故处理

[I]—在 HSE 界面确认事故名称。

[I]—通知裂解压缩车间进行紧急停车方案。

[P]—关闭轻质原料裂解炉进料阀门 XV1001。

[P]—关闭重质原料裂解炉进料阀门 XV1101。

[P]—关闭循环原料裂解炉进料阀门 XV1202。

[P]—关闭轻质原料裂解炉燃料气进气阀门 XV1010。

[P]—关闭重质原料裂解炉燃料气进气阀门 XV1107、XV1108。

[P]—关闭循环原料裂解炉进气阀门 XV1209。

[P]—汇报主操“裂解炉已紧急停车，请通知各车间进行停车预案”。

27. 轻质原料裂解炉对流段超温

1）事故现象

(1) 轻质原料裂解炉烟筒顶部有浓烟冒出。

(2) 轻质原料裂解炉出口温度 TIC102 高温报警(事故值 1000℃，正常值 540℃)。

(3) 可燃气体报警器报警。

2）事故确认

[P]—现场确认有上述(1)中所述的事故现象，通知内操。

[I]—DCS 界面确认有上述(2)、(3)中所述的报警信号。

[I]—在 HSE 事故确认界面，选择“轻质原料裂解炉对流段超温”按钮进行事故汇报。

3）事故处理

[I]—在 HSE 界面确认事故名称。

[I]—调节轻质原料裂解炉燃料气进气调节阀 FV106 开度为 30%。

[I]—汇报班长“轻质原料裂解炉燃料气进气调节阀 FV106 已调节”。

[I]—调节轻质原料裂解炉燃料气进气调节阀 FV107 开度为 30%。

[I]—汇报班长“轻质原料裂解炉燃料气进气调节阀 FV107 已调节”。

[I]—调节轻质原料裂解炉进料调节阀 FV101 开度为 30%。

[I]—调节轻质原料裂解炉进料调节阀 FV102 开度为 30%。

[I]—调节稀释蒸汽进料调节阀 FV109 开度为 70%。

[I]—调节稀释蒸汽进料调节阀 FV110 开度为 70%。

[P]—汇报主操“轻质原料裂解炉稀释蒸汽进料调节阀 FV109、FV110 已调节”。

28. 低压脱丙烷塔回流罐超压

1）事故现象

(1) 低压脱丙烷塔回流罐压力 PIC310 高压报警(报警值 1.3 MPa，正常值 0.7 MPa)。

2）事故确认

[P]—现场有上述(1)中所述的事故现象。

[I]—DCS 界面确认有上述(1)中所述的报警信号。

[I]—在 HSE 事故确认界面，选择“低压脱丙烷塔回流罐超压”按钮进行事故汇报。

3）事故处理

[I]—在 HSE 界面确认事故名称。

[I]—通知低压脱丙烷塔降量控制。

[I]—调节低压脱丙烷塔回流泵 P-1360 出口调节阀 FV308 开度至 100%，维持低压脱丙烷塔回流罐液位 LIC308 为 50%。

[I]—调节低压脱丙烷塔回流罐顶压力调节阀 PV310，调节压力 PIC310 至正常状态。

29. 乙烯压缩机 K-1650 出口管道破裂

1）事故现象

(1) 乙烯压缩机 K-1650 出口管道有油气喷出，有气体泄漏声音。

(2) 乙烯压缩机 K-1650 出口压力 PG202 低压降低(事故值 0.3 MPa，正常值 0.77 MPa)。

(3) DCS 界面可燃气报警器报警。

2）事故确认

[P]—现场确认有上述(1)、(2)中所述的事故现象，通知内操。

[I]—DCS 界面确认有上述(2)、(3)中所述的报警信号。

[P]—在 HSE 事故确认界面，选择"乙烯压缩机 K-1650 出口管道破裂"按钮进行事故汇报。

3）事故处理

[I]—在 HSE 界面确认事故名称。

[I]—关闭乙烯压缩机 K-1650 五段出口调节阀 PV504。

[I]—关闭乙烯压缩机 K-1650 出口调节阀 PV502。

[P]—关闭乙烯压缩机 K-1650 三段出口阀门 XV5126。

[P]—关闭乙烯压缩机一段进口阀门 XV5125。

[P]—关闭乙烯产品泵 P-1690A 出口阀门 XV5131。

[P]—关闭乙烯产品泵 P-1690A。

[P]—关闭乙烯产品泵 P-1690A 进口阀门 XV5132。

[P]—汇报主操"乙烯产品泵 P-1690 已停止"。

[P]—关闭乙烯塔塔顶出口阀门 XV5119。

[I]—通知设备维修部分对乙烯压缩机出口管道破裂处进行维修。

30. 稀释蒸汽中断

1）事故现象

(1) 轻质原料裂解炉出口温度 TIC102 高温报警(事故值 1000℃，正常值 540℃)。

(2) 轻质原料裂解炉出口温度 TIC105 高温报警(事故值 1000℃，正常值 540℃)。

(3) 轻质原料裂解炉炉膛温度 TIC103 高温报警(事故值 1100℃，正常值 840℃)。

(4) 轻质原料裂解炉炉膛温度 TIC104 高温报警(事故值 1100℃，正常值 840℃)。

(5) 轻质原料裂解炉稀释蒸汽进口流量 FIC109 示数为 0。

(6) 轻质原料裂解炉稀释蒸汽进口流量 FIC110 示数为 0。

2）事故确认

[I]—DCS 界面确认有上述(1)、(2)、(3)、(4)、(5)、(6)中所述的报警信号。

[I]—在 HSE 事故确认界面，选择“稀释蒸汽中断”按钮进行事故汇报。

3）事故处理

[I]—在 HSE 界面确认事故名称。

[I]—通知急冷工段降量控制，联系调度室查看稀释蒸汽中断原因。

[P]—打开高压蒸汽进原料线阀门 XV1007。

[I]—关闭轻质原料裂解炉燃料气进气调节阀 FV106、FV107。

[I]—汇报班长“轻质原料裂解炉燃料气进气调节阀 FV106、FV107 已关闭”。

[P]—关闭轻质原料裂解炉 F-1150 燃料气进气手阀门 XV1010。

[P]—汇报班长“轻质原料裂解炉燃料气进气系统已隔离，炉膛火焰熄灭”。

[P]—打开轻质原料裂解炉炉膛吹扫蒸汽阀门 XV1011。

[P]—汇报主操“轻质原料裂解炉炉膛吹扫蒸汽已开启”。

[I]—关闭轻质原料裂解炉进料阀门 XV1001。

[P]—汇报主操“轻质原料裂解炉原料进料已停止”。

[P]—打开氮气进料线阀门 XV1312、XV1311。

[P]—打开氮气进燃料气管线阀门 XV1009。

[P]—关闭稀释蒸汽进轻质炉阀门 XV1019。

[I]—关闭轻质原料裂解炉进料调节阀 FV109。

[I]—关闭轻质原料裂解炉进料调节阀 FV110。

[I]—汇报班长“轻质原料裂解炉进料调节阀 FV109、FV110 已关闭”。

扫描二维码获取本章习题及附表。

第五章

乙烯装置涉及的主要设备

乙烯装置的主要设备包括流体输送设备、换热设备、加热设备、反应设备、分离设备、储存设备等。本章将从流体输送设备、换热设备、塔、裂解炉等几个方面进行介绍。

第一节　流体输送设备

在石油化工过程中，常常需要把流体输送到较远的另一处，或从低能位处输送到高能位处。为此，必须对流体提供机械能，以克服流体流动阻力和提高流体的能位。为流体提供能量的机械称为流体输送机械。

流体输送机械主要有泵、风机、压缩机等，本章主要介绍泵这种典型的流体输送设备。

泵按其工作原理分主要有离心泵、往复泵、屏蔽泵等。

一、离心泵

炼油装置大多数泵皆为离心泵(图 5-1)。

离心泵的作用原理：离心泵依靠旋转叶轮对液体的作用，将电动机的机械能传递给液体，对液体做功。当泵内灌满液体时，由于叶轮高速旋转，液体在叶轮作用下产生离心力，驱使液体从叶轮进口流向叶轮出口的过程中，其速度能和压力能都得到增加。被叶轮排出的液体经过压出室大部分速度能转换成压力能，然后沿排出管路输送出去。

1. 性能

(1) 流量大而均匀，且随扬程变化。

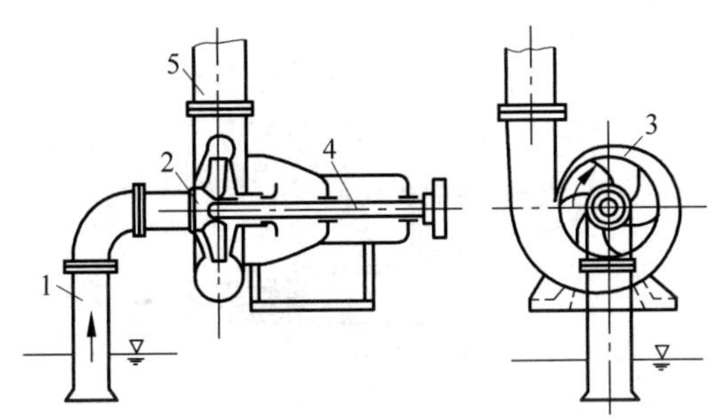

图 5-1　离心泵的结构简图

1—进水管；2—叶轮；3—泵体；4—泵轴；5—出水管

（2）扬程大小决定于叶轮外径和转速。

（3）扬程和轴功率与流量存在对应关系，扬程随流量增加而降低，轴功率随流量增加而增加。

（4）吸入高度较小，易产生汽蚀现象。

（5）在低流量下效率较低，但在设计点效率较高，大型泵效率比小型泵效率高。

（6）转速高。离心泵的额定转速一般是 2950 r/min。

2. 操作与调节

启动前必须灌泵，关闭出口阀，用出口阀或改变转速调节流量，但不宜在低流量下工作。

3. 结构特点

结构简单、紧凑，易于安装和检修，占地面积小，基础小，可与电机直接相连。

4. 适用范围

适用于流量大、扬程低、液体黏度小的环境，并适于输送悬浮液和不干净液体。

二、往复泵

石油化工装置中需要的缓蚀剂、氨剂、破乳剂等都是使用往复泵添加，各炼厂中也有选用计量泵注入的情况。计量泵是在往复泵的基础上配有注入量调节装置（图 5-2）。

作用原理：活（柱）塞做往复运动，使泵缸内的工作容积发生多次间歇变化，泵阀控制液体单向吸入和排出，形成工作循环，使液体能量增加，压力升高，排出泵体外。

1. 性能

（1）流量小而不均匀（脉动），几乎不随扬程变化。

（2）扬程大，且决定于泵本身动力、强度和密封。

（3）扬程和流量几乎无关，只是流量随扬程增加而漏损使流量降低，轴功率随扬程和流量而变化。

（4）吸入高度大，不易产生抽空现象，有自吸能力。

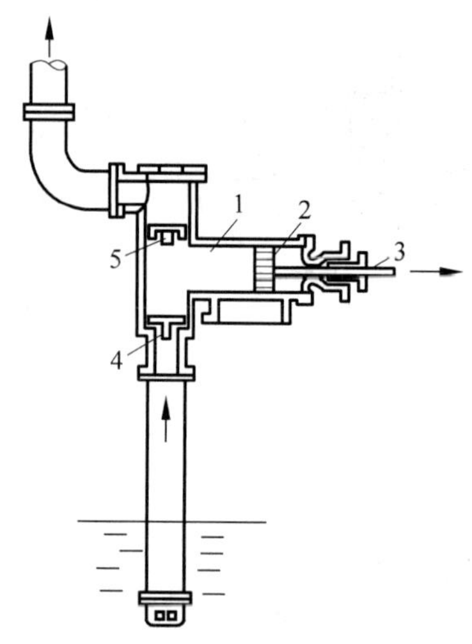

图 5-2 往复泵装置简图

1—泵缸；2—活塞；3—活塞杆；4—吸入阀；5—排出阀

(5) 效率较高，在不同扬程和流量下工作效率仍能保持较高值。

(6) 转速低。

2. 操作与调节

启动必须打开出口阀门，不用出口阀门调节流量，采用旁路阀调节，或改变转速、活(柱)塞行程调节。

3. 结构特点

结构复杂，易损件多，易出故障，维修麻烦，占地面积大，基础大。

4. 适用范围

适用于流量小、扬程高、液体黏度大的环境，不宜用于输送不干净液体。

三、屏蔽泵

随着化学工业的发展以及人们对环境、安全意识的提高，对化工用泵的要求也越来越高，在一些场合对某些泵提出了绝对无泄漏要求，这种需求促进了屏蔽泵技术的发展。屏蔽泵由于没有转轴密封，可以做到绝对无泄漏，因而在化工装置中的使用已越来越普遍。

1. 屏蔽泵的原理和结构特点

普通离心泵的驱动是通过联轴器将泵的叶轮轴与电动轴相连接，使叶轮与电动机一起旋转而工作，而屏蔽泵是一种无密封泵，泵和驱动电机都被密封在一个被泵送介质充满的压力容器内，此压力容器只有静密封，并由一个电线组来提供旋转磁场并驱动转子。这种结构取消了传统离心泵具有的旋转轴密封装置，故能做到完全无泄漏。

屏蔽泵把泵和电机连在一起，电动机的转子和泵的叶轮固定在同一根轴上，利用屏蔽套将电机的转子和定子隔开，转子在被输送的介质中运转，其动力通过定子磁场传给转子。

此外，屏蔽泵的制造并不复杂，其液力端可以按照离心泵通常采用的结构型式和有关的标准规范来设计、制造(图 5-3)。

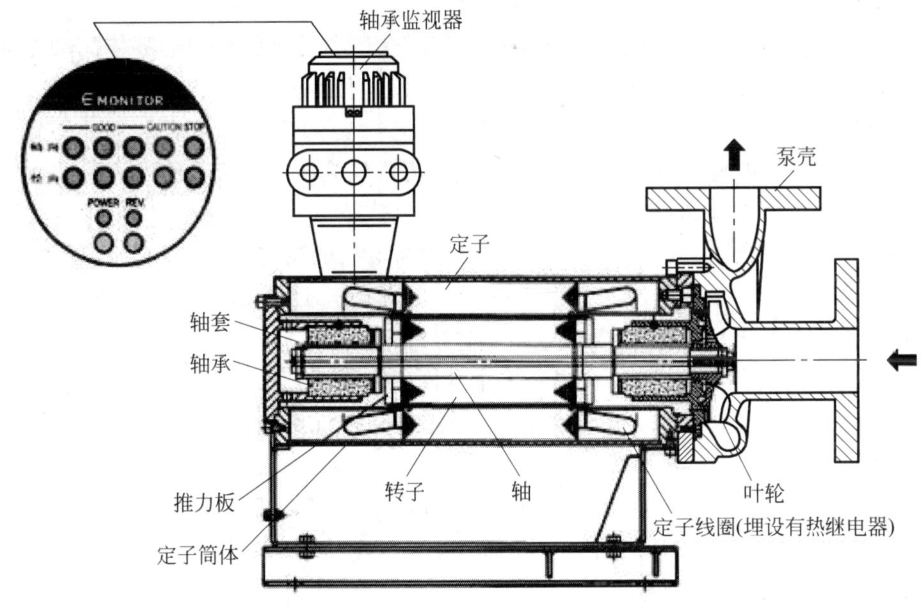

图 5-3　普通屏蔽泵示意图

2. 屏蔽泵的优缺点

1）屏蔽泵的优点

(1) 全封闭。结构上没有动密封，只有在泵的外壳处有静密封，因此可以做到完全无泄漏，特别适合输送易燃、易爆、贵重液体和有毒、腐蚀性及放射性液体。

(2) 安全性高。转子和定子各有一个屏蔽套使电机转子和定子不与物料接触，即使屏蔽套破裂，也不会产生向外泄漏的危险。

(3) 结构紧凑占地少。泵与电机是一个整体，拆装不需找正中心。对底座和基础要求低，且日常维修工作量少，维修费用低。

(4) 运转平稳，噪声低，不需加润滑油。由于无滚动轴承和电动机风扇，故不需加润滑油，且噪声低。

(5) 使用范围广。对高温、高压、低温、高熔点等各种工况均能满足要求。

2）屏蔽泵的缺点

(1) 由于屏蔽泵采用滑动轴承，且用被输送的介质来润滑，故润滑性差的介质不宜采用屏蔽泵输送。一般地适合于屏蔽泵介质的黏度为 0.1～20 mPa・s。

(2) 屏蔽泵的效率通常低于单端面机械密封离心泵，而与双端面机械密封离心泵大致相当。

(3) 长时间在小流量情况下运转，屏蔽泵效率较低，会导致发热，使液体蒸发，而造成泵干转，从而损坏滑动轴承。

3. 屏蔽泵的型式及适用范围

根据输送液体的温度、压力、黏度和有无颗粒等情况，屏蔽泵可分为以下几种：

(1) 基本型。输送介质温度不超过 120℃，扬程不超过 150 m。其他各种类型的屏蔽泵都可以在基本型的基础上，经过变形和改进而得到。

(2) 逆循环型。在此型屏蔽泵中，对轴承润滑、冷却和对电机冷却的液体流动方向与基本型正好相反。其主要特点是不易产生汽蚀，特别适用于易汽化液体的输送，如液化石油气、一氯甲烷等。

(3) 高温型。一般输送介质温度最高 350℃，流量最高 300 m^3/h，扬程最高 115 m，适用于热介质油和热水等高温液体。

(4) 高熔点型。泵和电机带夹套，可大幅度提高电机的耐热性。适用于高熔点物料，温度最高可达 250℃。夹套中可通入蒸汽或一定温度的液体，防止物料产生结晶。

(5) 高压型。高压型屏蔽泵的外壳是一个高压容器，使泵能承受很高的系统压力。为了支承处于内部高压下的屏蔽套，可以将定子线圈用来承受压力。

(6) 自吸型。吸入管内未充满液体时，泵通过自动抽气作用排液，适应于从地下容器中抽提液体。

(7) 多级型。装有复数叶轮，适用于高扬程流体输送，最高扬程可达 400 m。

4. 屏蔽泵选型时的注意事项

一般的屏蔽泵采用输送的部分液体来冷却电机，且环隙很小，故输送液体必须洁净。对输送多种液体混合物，若它们产生沉淀、焦化或胶状物，则此时选用屏蔽泵(非泥浆型)可能堵塞屏蔽间隙，影响泵的冷却与润滑，导致烧坏石墨轴承和电机。

屏蔽泵一般均有循环冷却管，当环境温度低于泵送液体的冰点时，则宜采用伴管等防冻措施，以保证泵启动方便。另外屏蔽泵在启动时应严格遵守出口阀和入口阀的开启顺序，停泵时先将出口阀关小，当泵运转停止后，先关闭入口阀再关闭出口阀。

总之，采用屏蔽泵，完全无泄漏，有效地避免了环境污染和物料损失，只要选型正确，操作条件没有异常变化，在正常运行情况下，几乎没有维修工作量。屏蔽泵是输送易燃、易爆、腐蚀、贵重液体的理想用泵。

四、石油化工装置用泵的特点

在石油化工装置中，轻油挥发性强，重油温度高，有的油品还有腐蚀性，所有油品都是易燃易爆介质，因此对油泵有特殊的要求：

(1) 能长期连续运转，泵工作可靠，尤其是对密封要求较严格，严防油品漏到泵外。因此有时会采用双端面机械密封，在输送管路上装有单向止回阀，动力装置采用防爆或隔爆电机。

(2) 必须适应输送油品的性质和特点。有的油品挥发性较强，而且泵的排量比较大，因此要求泵的抗气蚀性能要好。

(3) 输送高温油品的机泵的过流部件必须采用耐高温材料，对于某些有腐蚀性油品，还应采用耐腐蚀材料。泵的转子和泵壳应采用热膨胀系数相近的材料。

按输送油品温度的不同，离心式油泵分为输送油品温度低于 200℃ 的冷油泵和温度高于 200℃ 的热油泵两类。

五、泵的运行和维护（以离心泵为例）

由于炼油装置所用泵绝大多数都为离心油泵，故这里只介绍离心油泵的相关知识。

1. 离心泵启动前的准备工作

（1）清扫现场，擦洗泵体及附件，卫生标准化。

（2）检查泵体、端面、大盖、泵出口、入口管线、法兰、压力表接头等处有无漏油，油箱部件是否齐全，地脚螺栓有无松动，电机接地线是否良好，防护罩是否把紧，压力表是否完好，联系电气检查变频调整器完好情况，所有问题处理完好并确认。

（3）检查冷却水、排水地沟是否畅通。

（4）轴承部位按三级过滤要求加入 32＃或 46＃润滑油，油位控制在油标的 1/2～2/3。

（5）盘车几圈，转动联轴器应轻松且轻重均匀，注意对轮是否有异常现象，泵内有无摩擦声或异常响声，按要求安装好联轴器安全罩。

（6）冷油泵或水泵等打开泵入口阀门，使液体充满泵，并打开排空阀门排出泵内存水和空气。

（7）打开压力表阀，多级泵如有平衡管，则应打开平衡管阀门。

（8）打开泵体、泵座、油箱、端面的冷却水阀门，给上封油，调节冷却水流量和封油压力适当，注意封油不要给得过大以免抽空，封油要提前脱净水分。

（9）热油泵在启动前要缓慢打开入口阀门，稍开出口阀门，或打开预热阀进行预热，预热速度为 50℃/h，控制泵体与介质的温差在 30℃以下，预热时每 10 min 盘车一圈。当温度高于 150℃以后，应每隔 5 min 盘转一次以防泵轴产生变形。

（10）预热时开阀要缓慢，防止预热泵倒转，或者运转泵抽空。

（11）高扬程的多级泵稍微打开出口阀门，保证启动流量不低于泵所允许的最小流量，最小流量一般为泵额定流量的 30%。

（12）带变频调速的泵，应将泵的出口阀门全开，操作室仪表盘流量控制仪表给定信号退至最小位置，“电机”与“仪表阀”控制选择开关置于“电机”位置。

（13）联系操作工改好流程。

（14）联系电工检查电机并送上电。

（15）对于检修电机的机泵，点试电机，检查电机旋转方向是否与泵旋转方向一致。

（16）切记关闭出口阀门，目的在于减小电机负荷，不使电机过载。

2. 启动离心泵

（1）改好流程后关闭出口阀门，热油泵还要关闭出口预热线阀门，全面检查一次，严禁带负荷启动。

（2）按动电钮接通电源启动电机，检查电流大小，声音和振动是否正常，泵有无严重泄漏,如果出现上述情况则应立即停泵,检查外泄。

(3) 当泵出口压力达到操作压力后,打开泵出口阀门。在出口阀门关闭的情况下,泵运转一般不超过 2 min,否则液体在泵体内不断被搅拌和摩擦,产生大量热量,导致泵体超温、过热使零件损坏,严重时会造成设备事故。

(4) 变频调整泵手动调节流量调节器的给定信号,调整流量至所要求的值。

(5) 密切注意电机电流和泵出口压力、流量的变化情况,防止泵过负荷或抽空,注意密封的泄漏情况。

(6) 当泵运行正常后,适当调节泵的各部冷却水和封油量,保证冷却水的排出温度为40℃左右,封油压力比泵的密封腔高 0.05~0.08 MPa。

3. 正常停泵

(1) 接到机泵停运通知以后,逐渐关闭出口阀门,变频调速泵将流量调节器的给定值调至最小。

(2) 泵出口阀门全关后,按停车按钮停泵。

(3) 如泵需检修时,可按以下步骤继续操作:

(a) 关闭泵的入口阀门。

(b) 关闭封油阀门。

(c) 热油泵停运后,每隔 20~30 min 盘车一圈,进行扫线;冷油泵压油放空;液态烃泵泄压时,应与调度联系;水泵和其他形式的泵放空。

(d) 联系电工停电。

(e) 当泵体温度降至室温时,关闭冷却水。

(f) 经检查符合检修安全规定后,联系检修单位检修。

(4) 如泵需正常备用时,停运后按以下步骤操作:

(a) 热油泵或其他需要预热的泵适当打开泵的出口阀门或预热阀门保持泵体温度在正常运转温度。

(b) 封油视停用时密封腔内的压力适当关小。

(c) 冷油泵夏天关闭所有冷却水;冬天保持冷却水低流量,注意防冻;热油泵冷却水根据各部温度适当关小。

(d) 热态工作的备用泵,尤其是多级泵,每班要盘车一次,每次至少 2~3 圈,盘车红点前后位置相差 180°,以免泵轴因自重而产生变形。

(e) 备用泵满足备用的条件:润滑良好,冷却水畅通,无泄漏,盘车良好,安全附件齐全好用,热油泵处于预热状态,离心泵入口阀门开、出口阀门关,泵内充满介质。

4. 紧急停泵

(1) 具备下列情况之一,必须紧急停泵:

(a) 泵或电机发生很大的振动或轴向窜动,联轴器损坏。

(b) 电机冒烟、有臭味或着火。

(c) 电机转速慢并发出不正常声音。

(d) 轴承或电机发热到安全允许极限值。

(e) 热油泵或输送易汽化的介质(如液态烃)的泵端面裂开，严重泄漏。

(f) 有危及人身安全的情况(如电机电气系统漏电)。

(g) 其他危急安全生产的情况。

(2) 马上按停机按钮紧急停机。

(3) 迅速关严泵的出口阀门、入口阀门。

(4) 若热油泵泄漏着火，要及时灭火，切断封油阀。

(5) 停运泵后再按需要做停泵步骤操作。

5. 机泵切换

(1) 将泵出口流量控制由自动改为手动。

(2) 按正常启动程序启动备用泵。

(3) 当备用泵运行正常后，逐渐打开备用泵的出口阀门，同时关闭原运行泵的出口阀门。直至备用泵出口阀门全开，原运行泵出口阀门全关(高扬程多级泵关至最小流量限制值偏上)。

(4) 在开、关出口阀门的过程中要密切注意两泵的电机电流、压力、流量的变化，防止大幅波动、抢量、抽空。出现异常情况要及时处理完后才可按以上步骤继续切换泵。

(5) 按停车按钮，按正常步骤停运原运行泵(注意：原运行泵不可长时间关出口阀门运行)。

(6) 高扬程多级泵关闭泵的出口阀门。

(7) 停泵后做好停运泵的善后工作。

(8) 确认运行正常后，将出口流量改为“自动控制”。

6. 离心泵的正常维护

(1) 经常检查泵出入口压力、流量及电机电流的变化情况，维持其正常的操作指标，严禁泵长时间抽空和在允许最低流量情况以下运转，发现异常及时处理，必要时停泵检查。出口流量不能用入口阀门调节，避免产生气蚀、抽空、振动。

(2) 经常检查泵和电机的运转情况和各部位的振动、噪音。

(3) 经常检查各部温度变化情况，泵轴承温度不超过 65℃，电机轴承温度不超过 70℃。

(4) 检查轴封的泄漏情况，有封油的要经常检查封油系统，控制好封油压力使之处于要求值。轴封采用填料密封允许有滴状泄漏，不能将填料压得太紧，以致增加摩擦功耗和轴过早地磨损。检查机械密封时，眼睛不要对准密封面的切线方向，防止介质甩入眼内。

(5) 对于热油泵的端面泄漏，调节封油操作要缓慢，防止泵抽空。

第二节 换热设备

传热就是热量传递的过程。石油化工过程都是在一定温度、压力的条件下进行，因此，无论是原料、中间产品、产品都要根据生产工艺要求进行加热和冷却。如原油在 365℃左右进行常压蒸馏，重油在 405℃左右进行减压蒸馏(真空度在 720 mmHg 左右，约为 96kPa)，经过蒸馏所得到的汽油、煤油、柴油等产品又要冷却到 25～40℃。

换热器是石油化工生产中重要的设备形式，它可用作加热器、冷却器、冷凝器、蒸发器等，应用十分广泛。

一、换热设备应满足的基本要求

根据工艺过程或热量回收用途的不同，冷换设备应满足以下各项基本要求。

1. 能够合理地实现所规定的工艺条件

传热量、流体的热力学参数（温度、压力、流量等）与物理化学性质（密度、黏度、腐蚀性等）是工艺过程所规定的条件。传热设备应该在上述条件的约束下，具有尽可能小的传热面积，在单位时间内传递尽可能多的热量。

2. 安全可靠

大多数的冷换设备也是压力容器，其强度、刚度、温差应力以及疲劳寿命，应该满足相关的规定及标准，这对保证设备的安全可靠起着决定性的作用。材料的选择也是一个重要的环节，不仅它的机械性能和物理性能要满足安全要求，其在特殊环境中的耐腐蚀性能也是关键指标。

3. 便于安装、操作与维修

设备与部件应便于运输与装拆，在移动时不会受到楼梯、梁、柱等的妨碍。根据需要可添置气、液排放口和检查孔，敷设保温层。场地应留有足够的空间以便冷换设备在检修时可以将其内件抽出在现场进行处理。

4. 经济合理

评定冷换设备最终的指标是：在一定时间内（通常为 1 年）固定费用（设备的购买费、安装费等）与操作费（动力费、清洗费、维修费等）的总和为最小。通常采用“窄点设计法”来确定具体的换热流程。

二、换热设备的分类

换热设备可以从用途、传热方式和结构等不同角度进行分类。按用途分类可分为：加热器、冷却器、冷凝器、重沸器、蒸汽发生器等；按传热方式分类可分为：间壁式换热器、混合式换热器、蓄热式换热器等；按结构分类可分为：管壳式换热器、板式换热器、板翅式换热器、管翅式换热器、热管式换热器等。

1. 管壳式换热器

管壳式换热器是目前在炼油化工生产中应用最广泛的传热设备。与其他换热器相比，其具有结构简单、操作弹性大、适应性强，以及耐高温、高压和高温差、高压差的优点。管壳式换热器属于间壁式换热器，利用固体壁面将进行热交换的 2 种流体隔开，使它们通过共同的壁面（换热管）进行热交换。管壳式换热器只能满足流体介质间的热交换。加热介质和被加热介质分别流经管内和管间，并在流动过程中通过间壁进行热交换，被加热介质温度升高，加热介质温度降低。流过管间的介质一般要通过折流板几经折流后流出换热器，这主要是为提高管间介质的传热系数。

为防止壳程入口液体直接冲刷管束，避免冲蚀管束和造成震动，在入口处常常设置防冲板。缓冲壳程入口液流，其开孔数量与安装位置可按设计规定执行。其入口面积在任何情况下都不应小于接管的流通面积。

管壳式换热器包括固定管板式换热器、"U"形管式换热器、浮头式换热器。

1）固定管板式换热器

固定管板式换热器结构如图 5-4 所示，换热器的管端以焊接或胀接的方法固定在两块管板上，而管板则以焊接的方法与壳体相连。

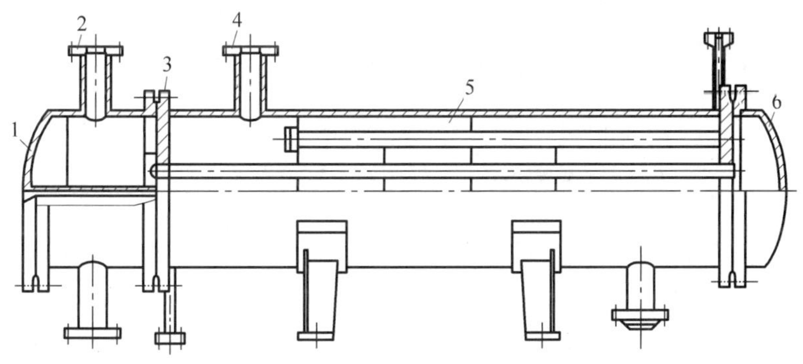

图 5-4　固定管板式换热器

1—封头管箱；2—管程管嘴；3—管板；4—壳程管嘴；5—管束；6—后端封头管箱

这种换热器的优点是结构简单、质量轻、造价低，在相同的壳程情况下，可较其他形式的管壳式换热器多排些管子。由于不存在弯管，管内不易积聚污垢，即使产生污垢也便于清洗。如果管子发生泄漏或损坏，便于进行补管。缺点是无法清洗管子的外表面，且难以检查，不适宜处理脏的或有腐蚀性的介质。最主要的缺点是冷热两种流体之间的温差不能太大，因温差太大时，会产生较大的热应力，使管子与管板结合处松脱而产生泄漏。

为了减少温差应力，可在壳体上设置膨胀节，利用膨胀节在外力作用下产生较大变形的能力来降低管束与壳体中的温差应力。膨胀节的形式较多，常见的有"U"形、平板形与"Ω"形（图 5-5）。其中"U"形膨胀节用得最为普遍，挠性与强度都比较好。卧式设备的膨胀节，最低点要有排液孔。

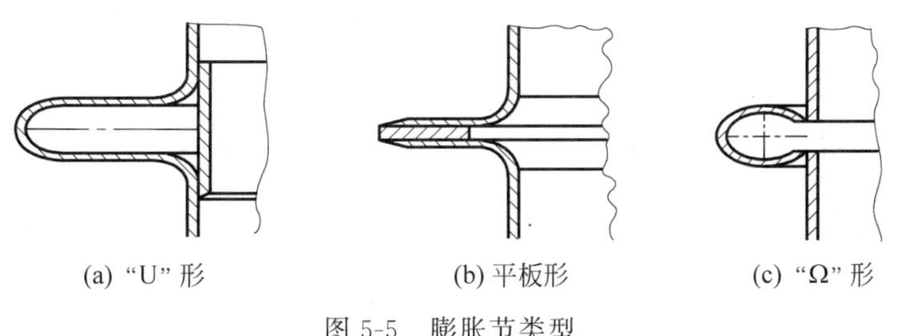

(a) "U" 形　　(b) 平板形　　(c) "Ω" 形

图 5-5　膨胀节类型

2）"U"形管式换热器

"U"形管式换热器结构如图 5-6 所示，其壳体内的管束是弯成"U"形的，类似发夹，所以又称为发夹式换热器。"U"形管式换热器管束两端均固定在同一个管板上，而"U"形端不加固定，每根"U"形管均可自由伸缩而不受其他管子及壳体的约束。

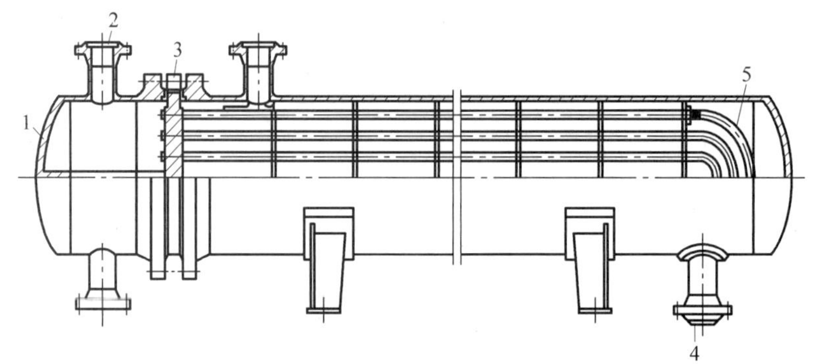

图 5-6 "U"形管式换热器

1—管箱；2—管程管嘴；3—管板；4—壳程管嘴；5—"U"形管束

"U"形管式换热器结构简单、紧凑，只需要一个管板，单位传热面积的金属耗量少。具有弹性大、热补偿性能好、管程流速高、传热性能好、承压能力强、不易泄漏等优点，而且管束可以从壳体中抽出，管外清洗方便。但也存在制作较困难，管内清洗困难，以及因最内层管子弯曲半径不能太小造成管板利用率偏低的缺点。常减压装置往往在常顶或常顶循环使用"U"形管式换热器，以避免泄漏，影响产品质量。

3）浮头式换热器

浮头式换热器结构如图 5-7 所示，在常减压装置中最为常用。换热器中一侧管板与壳体固定，另一侧管板可相对壳体滑动，能承受较大的管壳间温差热应力。浮头部分由浮头管板、钩圈与浮头端盖组成，优点是可拆连接，管束可以从壳体中取出，便于检修、清洗。其缺点是结构相对复杂，制造成本高，若浮头的垫片密封不严，会造成管内外流体互相混合，泄漏量不大时不易察觉。

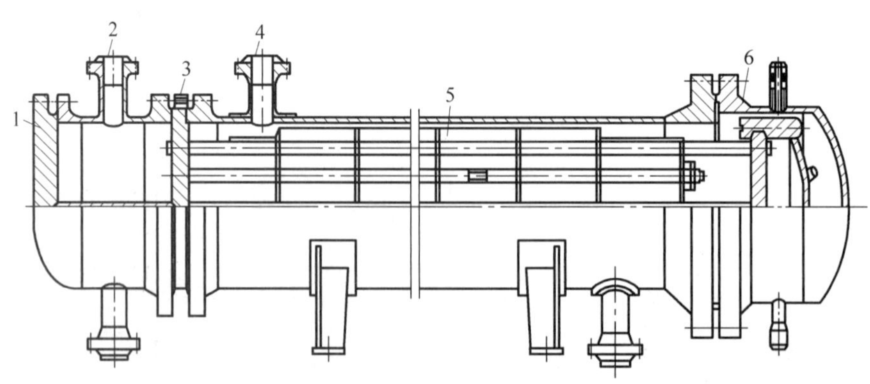

图 5-7 浮头式换热器

1—管箱；2—管程管嘴；3—管板；4—壳程管嘴；5—管束；6—浮头

2. 空气冷却器

空气冷却器是一种以空气代替冷却水作为冷却介质的换热器，环境空气流过翅片管，使管内高温介质得到冷却或冷凝的设备，其结构如图 5-8 所示，基本部件包括管束、轴流风机、管道泵、构架、附件等。

空气冷却器通常按以下几种形式进行分类：

(1) 按管束布置方式分为：水平式、立式、斜顶式等。

(2) 按通风方式分为：鼓风式、引风式和自然通风式。

(3) 按冷却方式分为：干式空冷、湿式空冷和干湿联合空冷。

(4) 按风量控制方式分为：百叶窗调节式、可变角调节式和电机调速式。

(5) 按防寒防冻方式分为：热风内循环式、热风外循环式、蒸汽拌热式及不同温位热流体的联合等形式。

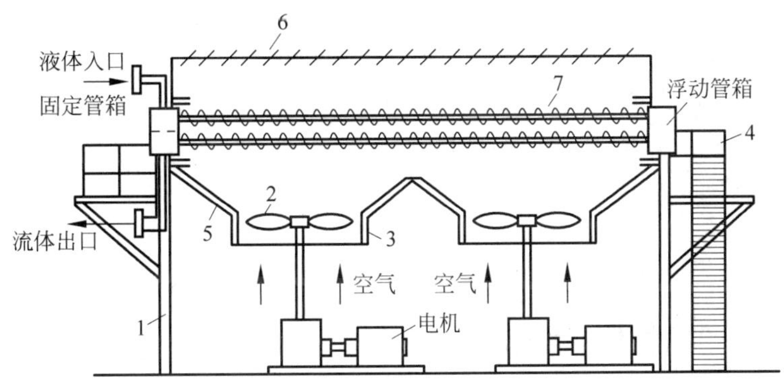

图 5-8　空气冷却器的基本结构

1—构架；2—风机；3—风筒；4—平台；5—风箱；6—百叶窗；7—管束

采用空气冷却器代替水冷却器，不仅可以节约用水，还可以减少水污染。空气冷却器相对于水冷却器，操作周期长，投资便宜，操作费用低，设备潜力大。此外还具有维护费用低、运转安全可靠、使用寿命长等优点。为了提高冷却效果，管束外采用铝翅片加大管外面积提高翅化比(翅化比指单位长度翅片管的总外表面积与基管外表面积之比)。湿式空冷既利用冷水在管外表面汽化蒸发取走介质热量，又靠水分把空气增湿，提高空气湿度，因为水的相变热远远大于温差传热，故冷却效果得到进一步提高。

第三节　塔

在石油、化工、轻工等生产部门中，塔设备主要应用于气液两相或液液两相相间的传质过程，如精馏、吸收解吸、萃取等工艺。这些工艺过程是在一定的温度、压力、流量等条件下在塔内进行的。要完成上述过程必须使塔的结构能保证气-液两相或液-液两相的充分接触和必要的传质、传热面积以及两相的分离空间。

因此，根据传质过程的种类不同及工艺条件的差异，要求塔设备的结构类型会有很大区别，塔设备除应满足工艺的特殊要求外，一般还需满足下列条件：

(1) 对于一定大小结构的塔,生产能力越大,分离或吸收效率越高越好。因此,在塔的结构上要保证两相充分的接触时间和接触面积以及两相的通量。

(2) 要尽可能减小塔在操作过程中的动力和热量消耗。为此必须尽力减少塔内流体的阻力损失和热量损失,从而达到节能的目的。

(3) 要使塔有较大的操作弹性,以便于操作。为此在塔的结构上要考虑尽力减少雾沫夹带量和泄漏量以及液泛的可能性。

(4) 塔的结构要简单,节省材料,易于制造和安装检修,使用周期长,才能降低产品成本,获得较高的经济利益。

一个塔设备能够同时满足上述各方面的要求是很难的。因此,要根据传质种类和操作条件的不同,正确分析上述各项要求,来确定合理的塔设备类型和内部结构。

在传质过程中常用的塔设备大致可分为两大类:板式塔和填料塔。选择什么类型塔,涉及的因素也很多,应从满足生产工艺条件的要求出发,对塔型的优缺点进行综合评价。

一般情况下,板式塔与填料塔的选择,应权衡下述几方面的内容:

(1) 塔板与填料的性能对比。

(2) 塔板与填料的投资、操作费用对比。

(3) 系统的物性特点。

(4) 操作条件。

一、板式塔的种类和结构

在石油化工行业,目前板式塔所占比例比填料塔大,用于精馏过程比用于吸收过程的多。塔设备一般都较高,特别是在石油和有机化工生产中,用于双组分和多组分分离的精馏塔,因各组分的相对挥发度较小,采用的塔盘结构各不相同,所需塔板数也较多,塔高一般在几十米甚至百米以上。同时由于石油化工企业向大型化发展,所需塔径也逐渐增大。

1. 板式塔的种类

板式塔的样式很多,分类方法也各不相同。按气液在塔板上的流向可分为:气-液呈错流的塔板、气-液呈逆流的塔板、气-液呈并流的塔板。按有无溢流装置可分为:无溢流装置板式塔、有溢流装置板式塔。按塔盘结构可分为:泡罩塔、浮阀塔、筛板塔等。

2. 塔盘

塔盘的种类多种多样,有筛板、泡罩、浮阀、舌形、网孔、多降液管塔盘(MD)、穿流筛板、栅纹穿流板(无降液管塔板)等。每一类下面有很多小类。比如浮阀又分 V-1 形浮阀、V-4 形浮阀(圆形浮阀)、HTV 船形浮阀、"T"形浮阀、"B"形浮阀(条形阀板)等。下面介绍几种最常用的塔盘。

1) 泡罩

泡罩塔板是工业生产上最早出现的塔板(1813 年),至今已有 200 多年的历史,广泛应用在精馏、吸收、解吸等传质过程中(图 5-9、图 5-10)。

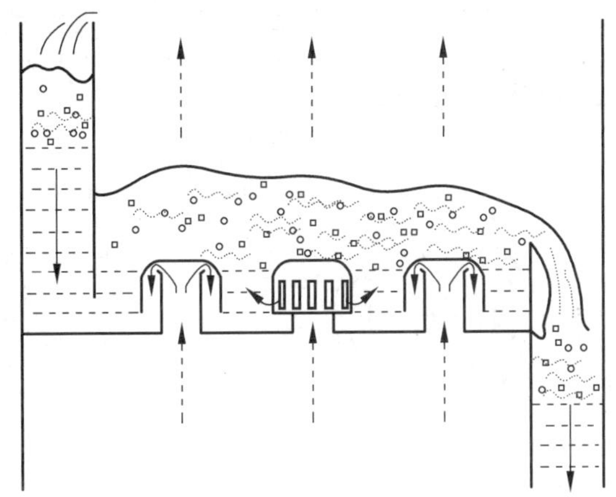

图 5-9　泡罩塔板工作原理示意图

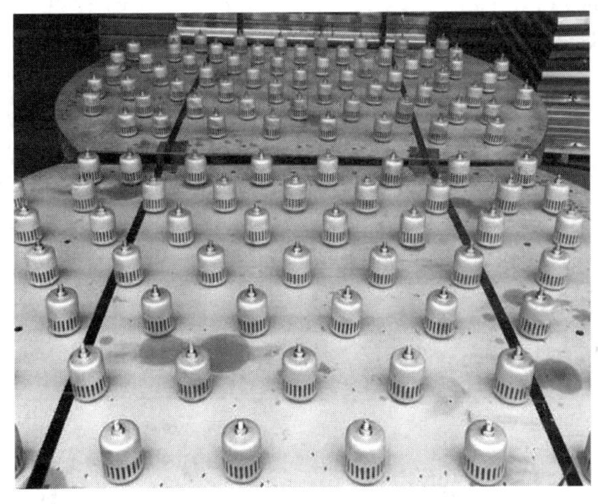

图 5-10　不锈钢泡罩塔盘

随着石油化工生产的发展和技术的进步,不断出现了种类繁多的新型高效板式塔,使泡罩塔的使用范围逐渐缩小,但至今石化生产中仍然还有使用的,因为它具有以下优点:

(1) 气液两相接触比较充分,传质面积较大,因此塔板效率较高。

(2) 操作弹性较大,便于操作。

(3) 具有较高的生产能力,适用于大型生产。

它被逐渐淘汰的原因是结构复杂、造价较高、塔板压降较大等。

2) 浮阀

浮阀是 20 世纪 50 年代初发展起来的一种新型塔盘结构,目前在实际工业中应用最广泛。浮阀塔盘的结构特点是在塔板上开有若干阀孔(图 5-11),每个阀孔装有一个可上下浮动的阀片,阀片本身连有几个阀腿。阀腿的作用是限制浮阀升起的高度和避免浮阀被气流冲走。阀片周围冲出几个略向下弯的定距片,当气速较低时,由于定距片的作用,阀片和塔板以点接触形式坐落在塔板上,可防止阀片粘贴在塔板上。

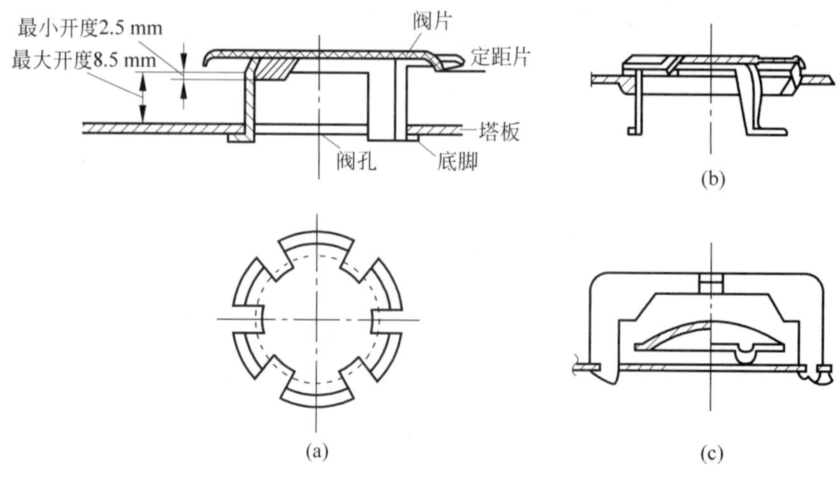

图 5-11 浮阀结构示意图

浮阀塔具有以下优点：

(1) 生产能力较大，比泡罩塔高 20%～40%，和筛板塔接近。

(2) 操作弹性大，由于浮阀可以根据气速大小自由升降、关闭或开启，当气速变化时，开度大小可以自动调节，适用于炼量波动和变化的情况。

(3) 塔板效率较高，上升气体以水平方向吹入液层，气液两相接触充分，因此一般比泡罩塔高 15%左右。

(4) 塔板压降小。

(5) 造价低，结构较简单，制造容易，检修方便。

浮阀塔对材料的抗腐蚀要求较高，一般都采用不锈钢制造，以免在操作中被腐蚀而卡住，不能上下活动。

3) 筛板

筛板全称是筛孔塔板，它的结构和浮阀相类似，不同之处是塔板上不是开设装置浮阀的阀孔，而只是在塔板上开设许多直径 3～5 mm 的筛孔，因此结构非常简单(图 5-12)。

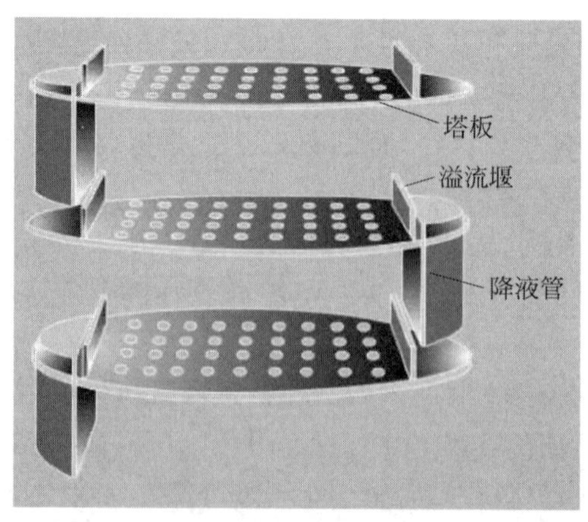

图 5-12 筛孔塔板示意图

筛板塔的主要优点就是：结构简单，造价仅为泡罩塔的 60%，塔板上液面落差低，塔板压降小，生产能力大，塔板效率高。主要缺点就是：操作弹性小，筛孔易堵塞，不适合处理高黏度、易结焦的物料。

4）舌形塔板

舌形塔板的结构特点是：在塔板上开出许多舌孔，方向和液体流动方向一致，舌片和塔板平面成一定的角度。舌孔按正三角形排列，塔板的流出侧没有溢流堰，只保留降液管，如图 5-13 所示。

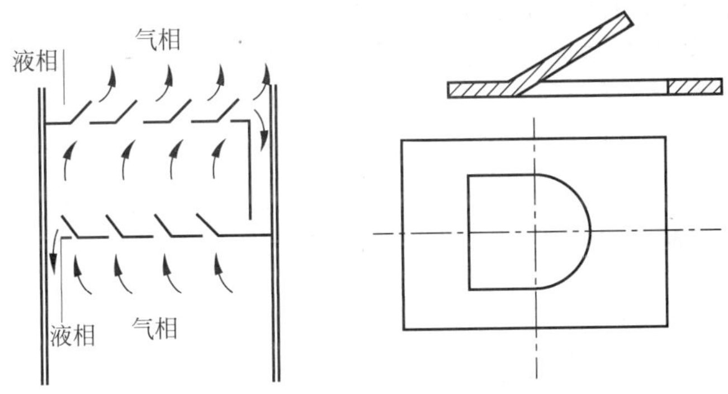

图 5-13　舌形塔板示意图

舌形塔板的优点是：①结构简单，造价低；②塔板上液面落差低，塔板压降小；③生产能力大；④塔板效率高。

舌形塔板的缺点主要是操作弹性小。

虽然塔板的种类繁多，但各种塔板的作用是相同的，就是提供较大的气液相接触的表面积，以利于在两相之间进行传质和传热的过程。

3. 板式塔结构

板式塔是逐级接触式的气液传质设备，最普通的板式塔是由壳体、塔板、溢流堰、降液管、受液盘等部件组成。普通蒸馏塔结构见图 5-14。

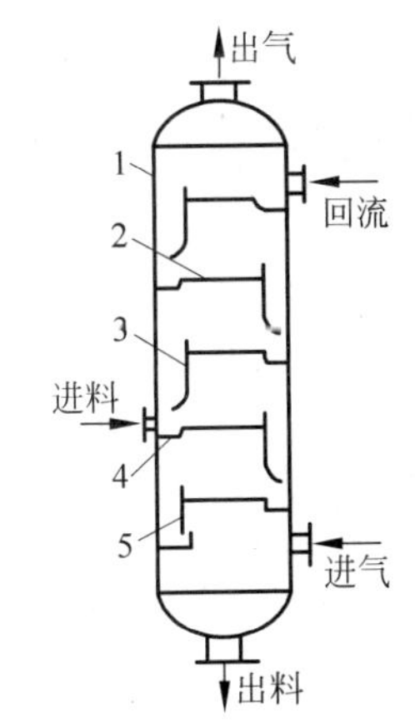

图 5-14　普通蒸馏塔结构

1—壳体；2—塔板；3—溢流堰；4—受液盘；5—降液管

1）壳体

蒸馏塔的壳体外形均为圆柱形。以前的蒸馏塔的材质多选用普通碳钢，随着原油硫含量的不断升高，壳体也随之升级。现在的蒸馏塔基本上都是使用复合钢板制造的，即外层钢板使用普通碳钢，内层塔板使用不锈钢或者防腐能力更高的 316L 等高等级钢材。

2）塔顶部分

在蒸馏塔内的顶端一般是气体出口的管口。在顶端到第一层塔板这一段是气液分离的空间。此空间较大，以降低气体上升速度，便于液滴从气相中分离出来。有些塔的塔顶为了除掉气相中的液滴或泡沫，还装有惯性分离或离心分离装置。

3）塔底部分

塔底部分的空间也非常大。它的作用一是储存大量的液体以稳定下一单元的进料，二是在此进行气液分离，使塔底重组分中所携带的轻组分回到塔上部。为达到此目的，在塔底一般设有汽提蒸汽盘管或汽提蒸汽分布管，也有相当多的塔使用重沸器来加热塔底油以驱赶出其中的轻组分。

在塔底封头的最底部是塔底油的抽出口，在抽出口上装有防涡板，以避免液体在抽出口处形成旋涡，将塔内气体抽走，造成泵抽空。对于一些含杂质的液体，比如催化裂化装置的分馏塔，除了防涡板外还设有防焦网，以避免油浆将催化剂焦块携带入管线内，堵塞管线、换热器管束或磨穿管线、阀门。

4）进料段

进料段的主要作用是将已部分汽化的油品迅速、彻底地分成气相、液相两部分。为此，开发出许多种进料装置，如单切线进料、双切线进料等。进料段也需要一定大的空间，以增加气液相分离时间。

5）塔盘结构

塔盘安装时采用分块安装或整体安装两种方式，选择的依据是根据塔径的大小和安装检修的方便来确定的。

塔盘间的距离和塔径大小要根据工艺计算出来的雾沫夹带量、气相负荷、液相负荷等参数来确定。塔盘间距太大会使整个塔的高度增加，塔盘间距过小则易产生雾沫夹带和液泛，因此塔盘间距选择要合适，一般采用 400 mm、600 mm、800 mm 3 种距离。对于开有人孔、返塔口、抽出口等层，塔盘间距要大些，以便于安装检修。

二、填料塔的种类和结构

填料塔是在圆柱形筒体内设置填料，使气液两相通过填料层时达到充分接触，完成气液两相的传质过程。填料塔具有结构简单，填料可用耐腐蚀材料制作的特点，同时填料塔的压力降也比板式塔小，所以是石油化工生产中广泛应用的传质设备。

1. 填料塔的总体种类

填料塔的结构较板式塔简单。这类塔由塔体、喷淋装置、填料、分布器等组成。气体进入塔内后，经填料上升，液体则由喷淋装置喷出后，沿填料表面下流，气液两相便得到充分接触，从而达到传质的目的。

2. 填料的特性和种类

1）填料的特性

填料的特性常用下面几个参数说明：

（1）填料的尺寸，常以填料的外径、高度和厚度数值的乘式来表示。例如 10 mm×10 mm×1.5 mm 的拉西环，则表示拉西环外径为 10 mm，高度为 10 mm，厚度为 1.5 mm。

（2）单位体积中填料的个数 n，即每立方米体积内装多少个填料。

(3) 比表面 σ，指单位体积内填料所具有的表面积(m^2/m^3)。

(4) 空隙率(也叫自由体积)ε，指塔内每立方米干填料净空间(空隙体积)所占的百分数(m^3/m^3)。填料上喷淋液体后，由于填料表面挂液，则空隙率减小。

(5) 堆积密度 ρ，指单位体积内填料的质量(kg/m^3)。

2) 填料的种类

填料塔所采用的填料根据装填方式主要分两大类：乱堆填料和规整填料。其中乱堆填料是指将一个个具有一定几何形状和尺寸的颗粒体，一般以随机的方式堆积在塔内，又称为散装填料或颗粒填料。乱堆填料根据结构特点不同，又可分为环形填料、鞍形填料、环鞍形填料及球形填料等。现介绍几种较为典型的乱堆填料。

a) 乱堆填料

(1) 拉西环填料于 1914 年由拉西(F. Rashching)发明，为外径与高度相等的圆环，如图 5-15 所示。拉西环填料的气液分布较差，传质效率低，阻力大，通量小，目前工业上已较少应用。

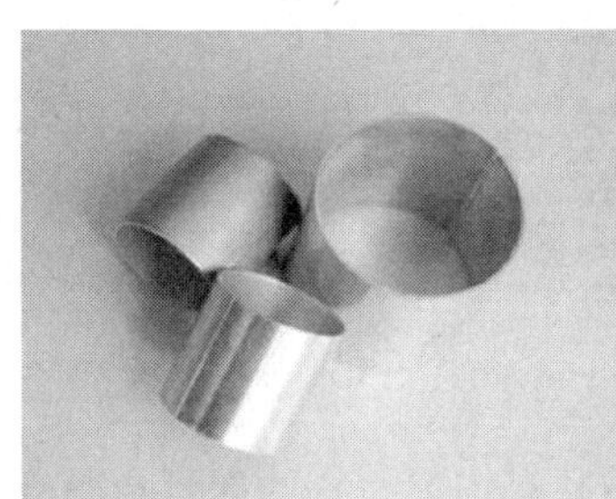

图 5-15　金属和陶瓷材质的拉西环

(2) 鲍尔环填料如图 5-16 所示。鲍尔环是对拉西环的改进，在拉西环的侧壁上开出两排长方形的窗孔，被切开的环壁的一侧仍与壁面相连，另一侧向环内弯曲，形成内伸的舌叶，各舌叶的侧边在环中心相搭。鲍尔环由于环壁开孔，大大提高了环内空间及环内表面的利用率，气流阻力小，液体分布均匀。与拉西环相比，鲍尔环的气体通量可增加 50%以上，传质效率提高 30%左右。鲍尔环填料是一种应用较广的填料。

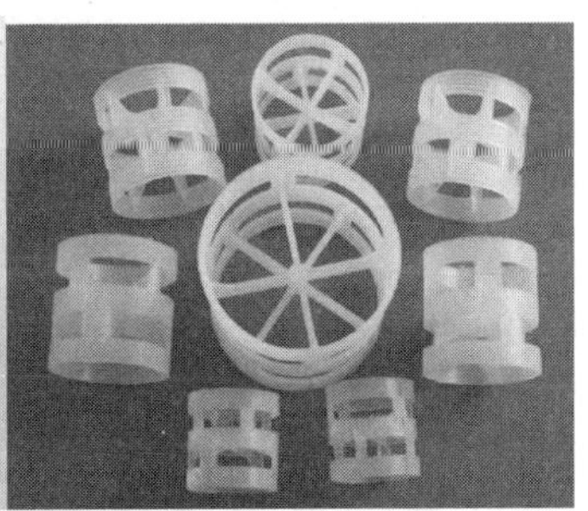

图 5-16　不锈钢和塑料材质的鲍尔环填料

(3) 阶梯环填料如图 5-17 所示。阶梯环是对鲍尔环的改进，与鲍尔环相比，阶梯环高度减少了一半并在一端增加了一个锥形翻边。由于高径比减小，使得气体绕填料外壁的平均路径大为缩短，减小了气体通过填料层的阻力。锥形翻边不仅增加了填料的机械强度，而且使填料之间由线接触为主变成以点接触为主，这样不但增加了填料间的空隙，同时成为液体沿填料表面流动的汇集分散点，可以促进液膜的表面更新，有利于传质效率的提高。阶梯环填料综合性能优于鲍尔环填料，成为目前所使用的环形填料中最为优良的一种。

(4) 金属环矩鞍填料如图 5-18 所示。环矩鞍填料是兼顾环形和鞍形结构特点而设计出的一种新型填料，该填料一般以金属材质制成，故又称为金属环矩鞍填料。环矩鞍填料将环形填料和鞍形填料两者的优点集于一体，其综合性能优于鲍尔环填料和阶梯环填料，在散装填料中应用较多。

图 5-17　不锈钢阶梯环填料

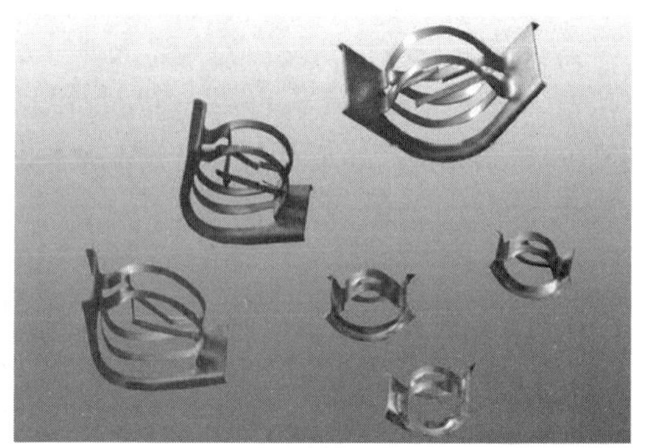

图 5-18　金属环矩鞍填料

除上述几种较典型的乱堆填料外，近年来不断有构形独特的新型填料开发出来，如共轭环填料、海尔环填料、纳特环填料等。工业上常用的乱堆填料的特性数据可查看有关手册。

b) 规整填料

规整填料是按一定的几何构形排列，整齐堆砌的填料。规整填料种类很多，根据其几何结构可分为格栅填料、波纹填料、脉冲填料等。

(1) 格栅填料：格栅填料是以条状单元体经一定规则组合而成的，具有多种结构形式。工业上应用最早的格栅填料为木格栅填料。之前应用较为普遍的有格里奇格栅填料、网孔格栅填料、蜂窝格栅填料等，其中以格里奇格栅填料最具代表性。

格栅填料的比表面积较低，主要用于要求压降小、负荷大及防堵等场合(图 5-19)。

图 5-19　塑料格栅填料

(2) 波纹填料：它是由许多波纹薄板组成的圆盘状填料，波纹与塔轴的倾角有 30°和 45°两种，组装时相邻两波纹板反向靠叠。各盘填料垂直装于塔内，相邻的两盘填料间交错 90°排列。波纹填料按结构可分为网波纹填料和板波纹填料两大类，其材质又有金属、塑料和陶瓷等之分(图 5-20)。波纹填料的优点是结构紧凑，阻力小，传质效率高，处理能力大，比表面积大(常用的有 125、150、250、350、500、700 m^2/m^3 等几种)。

波纹填料的缺点是不适于处理黏度大、易聚合或有悬浮物的物料，且装卸、清理困难，造价高。

图 5-20　不锈钢丝网波纹填料

(3) 脉冲填料：它是由带缩颈的中空棱柱形个体，按一定方式拼装而成的一种规整填料(图 5-21)。脉冲填料组装后，会形成带缩颈的多孔棱形通道，其纵面流道交替收缩和扩大，气液两相通过时产生强烈的湍动。在缩颈段，气速最高，湍动剧烈，从而强化传质。在扩大段，气速减到最小，实现两相的分离。流道收缩、扩大的交替重复，实现了"脉冲"传质过程。

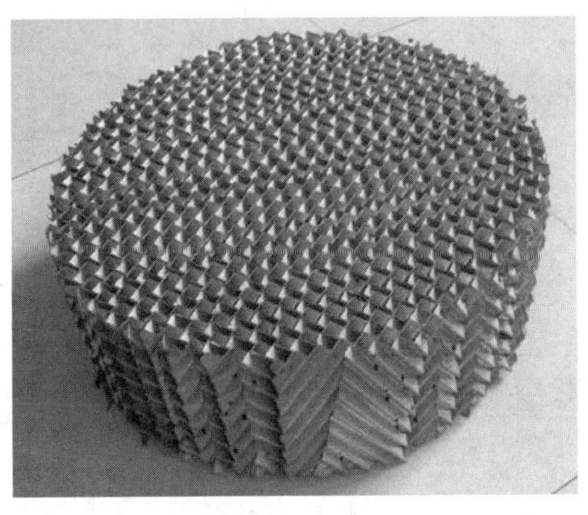

图 5-21　脉冲填料

脉冲填料的特点是处理量大，压降小，是真空精馏的理想填料。因其优良的液体分布性能使放大效应减少，故特别适用于大塔径的场合。

4. 填料塔与板式塔的比较

对于许多气液逆流接触过程，填料塔和板式塔都是可以适用的，设计者必须根据具体情况进行选用。填料塔和板式塔有许多不同点，了解这些不同点对于合理选用塔设备是有帮助的。

(1) 填料塔操作范围较小，特别是对于液体负荷变化更为敏感。当液体负荷较小时，填料表面不能很好地润湿，传质效果急剧下降；当液体负荷过大时，则容易产生液泛。设计良好的板式塔，则具有大得多的操作范围。

(2) 填料塔不宜于处理易聚合或含有固体悬浮物的物料，而某些类型的板式塔(如大孔径筛板、泡罩塔等)则可以有效地处理这种物质。另外，板式塔的清洗也比填料塔方便。

(3) 当气液接触过程中需要冷却以移除反应热或溶解热时，填料塔因涉及液体均布问题而使结构复杂化。板式塔可方便地在塔板上安装冷却盘管。同理，当有侧线出料时，填料塔也不如板式塔方便。

(4) 以前乱堆填料塔直径很少大于 0.5 m，后来又认为不宜超过 1.5 m，根据填料塔的发展状况，板式塔直径一般不小于 0.6 m。

(5) 关于板式塔的设计资料更容易得到而且更为可靠，因此板式塔的设计比较准确，安全系数可取得更小。

(6) 当塔径不很大时，填料塔因结构简单而造价便宜。

(7) 对于易起泡物系，填料塔更适合，因填料对泡沫有限制和破碎的作用。

(8) 对于腐蚀性物系，填料塔更适合，因可采用瓷质填料。

(9) 对热敏性物系宜采用填料塔，因为填料塔内的滞液量比板式塔少，物料在塔内的停留时间短。

(10) 填料塔的压降比板式塔小，因而对真空操作更为适宜。

第四节　管式反应器

管式反应器是由多根细管串联或并联而构成的一种反应器(图 5-22)。通常管式反应器的长度和直径之比大于 50～100。管式反应器在实际应用中，多数采用连续操作，少数采用半连续操作，使用间歇操作的则极为罕见。

图 5-22　工业应用管式反应器

一、管式反应器特点

(1) 由于反应物的分子在反应器内停留时间相等，所以在反应器内任何一点上的反应物浓度和化学反应速度都不随时间而变化，只随管长变化。

(2) 管式反应器的单位反应器体积具有较大的换热面，特别适用于热效应较大的反应。

(3) 由于反应物在管式反应器中反应速度快，流速快，所以生产率高。

(4) 管式反应器适用于大型化和连续化的化工生产。

(5) 和釜式反应器相比较，其返混较小，在流速较低的情况下，其管内流体流型接近于理想置换流。

二、管式反应器的结构

它包括直管、弯管、密封环、法兰及紧固件、温度补偿器、传热夹套及联络管和机架等几部分，具体结构如图 5-23 所示。

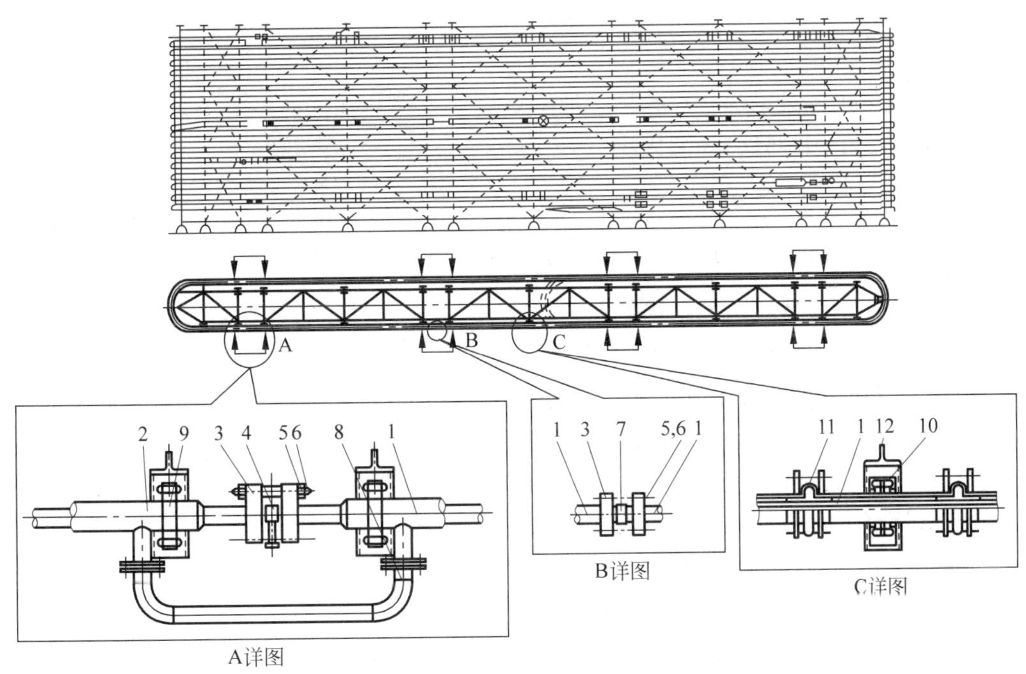

5-23　管式反应器结构图

1— 直管；2—弯管；3—法兰；4—带接管的 T 形透镜环；5—螺母；6—弹性螺柱；7—圆柱形透镜环；8—联络管；9—支座(抱箍)；10—支座；11—补偿器；12—机架

1. 直管

直管的结构如图所示。根据反应段的不同，内管内径通常也不同，夹套管用焊接形式与内管固定。夹套管上对称地安装一对不锈钢“Ω”形补偿器，以消除开停车时内外管线膨胀系数不同而附加在焊缝上的拉应力。

反应器预热段夹套管内通蒸汽加热进行反应，反应段和冷却段通热水移去反应热或冷却。所以在夹套管两端开了孔，并装有连接法兰，以便和相邻夹套管相连通。为安装方便，在整管中间部位装有支座。

2. 弯管

弯管结构与直管基本相同。弯头半径 $R \geqslant 5D(1 \pm 4\%)$。弯管在机架上的安装方法允许其有足够的伸缩量，故不再另加补偿器。

3. 密封环

套管式反应器的密封环为透镜环。透镜环有 2 种形状：一种是圆柱形；另一种是带接管的“T”形透镜环，圆柱形透镜环用反应器内管同一材质制成。带接管的“T”形透镜环是安装测温、测压元件用的。

4. 管件

反应器的连接必须按规定的紧固力矩进行，所以对法兰、螺柱和螺母都有一定要求。

5. 机架

反应器机架用桥梁钢焊接成整体。地脚螺栓安放在基础桩的柱头上，安装管子支架部位装有托架。管子用抱箍与托架固定。

三、管式反应器的分类及工业应用

通常按管式反应器管道的连接方式不同，把管式反应器分为多管串联管式反应器和多管并联管式反应器。多管串联结构的管式反应器，一般用于气相反应和气液相反应。例如，烃类裂解反应和乙烯液相氧化制乙醛反应。多管并联结构的管式反应器，一般用于气固相反应。例如，气相氯化氢和乙炔在多管并联装有固相催化剂中反应制氯乙烯，气相氮和氢混合物在多管并联装有固相铁催化剂中合成氨。

管式反应器是应用较多的一种连续操作反应器，常用的管式反应器有以下几种类型。

1. 水平管式反应器

图 5-24 给出的是进行气相或均液相反应常用的一种管式反应器，由无缝钢管与“U”形管连接而成。这种结构易于加工制造和检修。高压反应管道的连接采用标准槽对焊钢法兰，可承受 1600～10 000 kPa 压力；如用透镜面钢法兰，承受压力可达 10 000～20 000 kPa。

2. 立管式反应器

图 5-25 给出几种立管式反应器。图 5-25(a)为单程式立管式反应器，图 5-25(b)为带中心插入管的立管式反应器。有时也将一束立管安装在一个加热套筒内，以节省安装面积，如图 5-25(c)所示。立管式反应器被应用于液相氨化反应、液相加氢反应、液相氧化反应等工艺中。

图 5-24 水平管式反应器

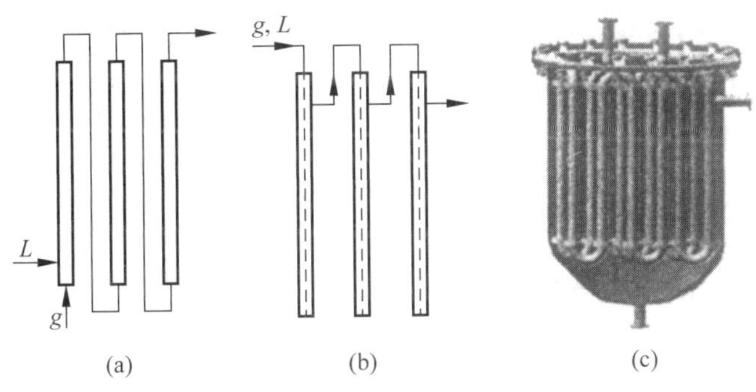

图 5-25 3 种立管式反应器

3. 盘管式反应器

将管式反应器做成盘管的形式，设备紧凑，节省空间，但检修和清刷管道比较困难。图 5-26 所示的反应器由许多盘管上下重叠串联组成。每一个盘管是由许多半径相同的管子相连接成螺旋形式，螺旋中央留出一定的空间，便于安装和检修。

图 5-26 盘管式反应器

4. "U"形管式反应器

"U"形管式反应器的管内设有多孔挡板或搅拌装置，以强化传热与传质过程。"U"形管的直径大，物料停留时间增长，可应用于反应速率较慢的反应。例如，带多孔挡板的"U"形管式反应器，被应用于己内酰胺的聚合反应；带搅拌装置的"U"形管式反应器适用于非均液相物料或液固相悬浮物料，如甲苯的连续硝化、蒽醌的连续磺化等反应。图 5-27 是一种内部设有搅拌和电阻加热装置的"U"形管式反应器。

5. 多管并联式反应器

多管并联结构的管式反应器(图 5-28)一般用于气固相反应，例如气相氯化氢和乙炔在多管并联装有固相催化剂的反应器中反应制氯乙烯，气相氮和氢混合物在多管并联装有固相铁催化剂的反应器中合成氨。

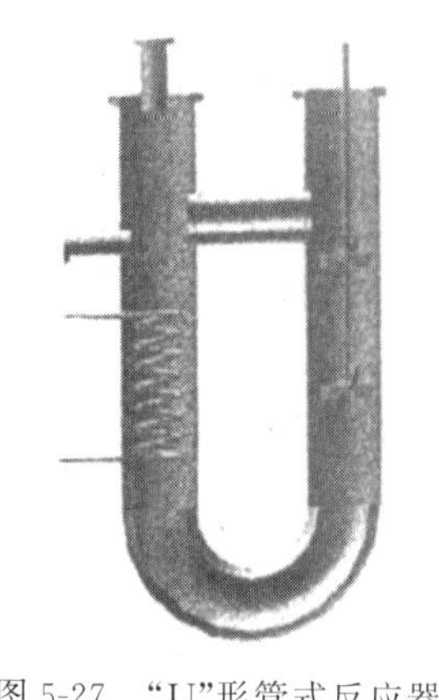

图 5-27 "U"形管式反应器

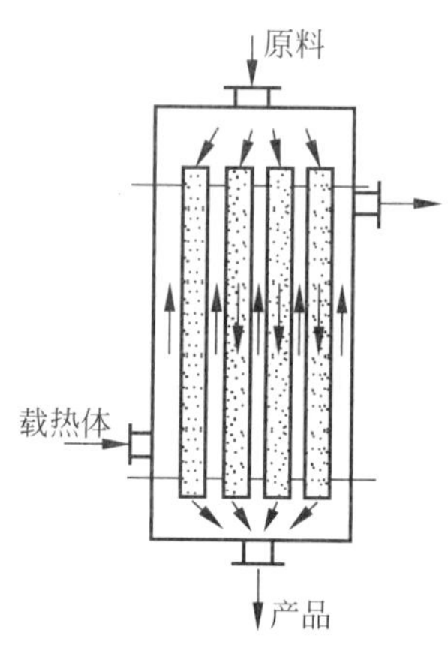

图 5-28 多管并联式反应器

第五节 管式加热炉——乙烯裂解炉

一、常见裂解炉介绍

1. 鲁姆斯公司的 SRT 型裂解炉

鲁姆斯公司的 SRT 型裂解炉(短停留时间裂解炉)为单排双辐射立管式裂解炉，已从早期的 SRT-Ⅰ型发展为近期的 SRT-Ⅵ型。

SRT 型裂解炉的对流段设置在辐射室上部的一侧，对流段顶部设置烟道和引风机。对流段内设置进料、稀释蒸汽和锅炉给水的预热。早期 SRT 型裂解炉多采用侧壁无焰烧嘴烧燃料气，为适应裂解炉烧油的需要，目前多采用侧壁烧嘴和底部烧嘴联合的布置方案。底部烧嘴最大供热量可占总热负荷的 70%。SRT-Ⅲ型炉的热效率达 93.5%。图 5-29 为鲁姆斯 SRT 型裂解炉结构示意图。

2. 斯通-伟伯斯特公司的 USC 型裂解炉

目前，中国石油抚顺石化公司 80 万 t/a 乙烯装置、大连恒力石化 120 万 t/a 乙烯装置都

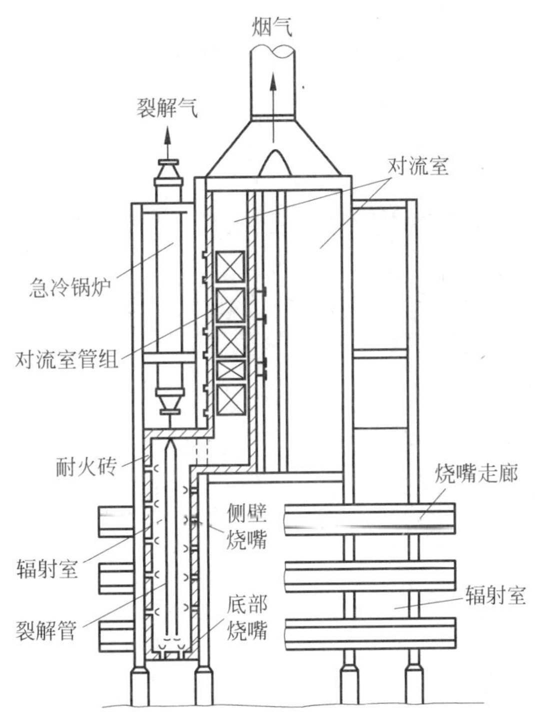

图 5-29　鲁姆斯 SRT 型裂解炉结构示意图

是采用 S&W 公司的裂解炉技术。S&W 公司的 USC 型裂解炉(超选择性裂解炉)为单排双辐射立管式裂解炉,辐射盘管为“W”形或“U”形盘管。采用的炉管管径较小,因而单台裂解炉盘管组数较多(16～48 组)。每 2 组或 4 组辐射盘管配一台 USX 型(套管式)一级废热锅炉,多台 USX 废热锅炉出口裂解气再汇总送入一台二级废热锅炉。近期开始采用双程套管式废热锅炉(SLE),将两级废热锅炉合并为一级。

USC 型裂解炉对流段设置在辐射室上部一侧,对流段顶部设置烟道和引风机。对流段内设有原料和稀释蒸汽预热、锅炉给水预热及高压蒸汽过热等热量回收段。大多数 USC 型裂解炉为一个对流段对应一个辐射室,很少有 2 个辐射室共用一个对流段的情况。

当装置燃料全部为气体燃料时,USC 型裂解炉多采用侧壁无焰烧嘴,如装置需要使用部分液体燃料时,则采用侧壁烧嘴和底部烧嘴联合布置的方案。底部烧嘴可烧气也可烧油,其供热量可占总热负荷的 60%～70%。

由于 USC 型裂解炉辐射盘管为小管径短管长炉管,单管处理能力低,每台裂解炉盘管数较多。为保证对流段进料能均匀地分配到每根辐射盘管,在辐射盘管入口设置了文丘里喷管。

3. 凯洛格公司的毫秒裂解炉

凯洛格(Kellogg)公司的毫秒裂解炉为立管式裂解炉,其辐射盘管为单程直管。对流段在辐射室上侧,原料和稀释蒸汽在对流段预热至横跨温度后,通过横跨管和猪尾管由裂解炉底部送入辐射管,物料由下向上流动,由辐射室顶部出辐射管而进入第一废热锅炉。裂解轻烃时,常设三级废热锅炉;裂解馏分油时,只设两级废热锅炉。对流段还预热锅炉给水并产生过热高压蒸汽,热效率为 93%。

毫秒炉采用底部大烧嘴,可烧气也可烧油。由于毫秒炉管径小,单台炉炉管数量大,为保证辐射管流量均匀,在辐射管入口设置猪尾管控制流量分配。图 5-30 为毫秒裂解炉结构示意图。

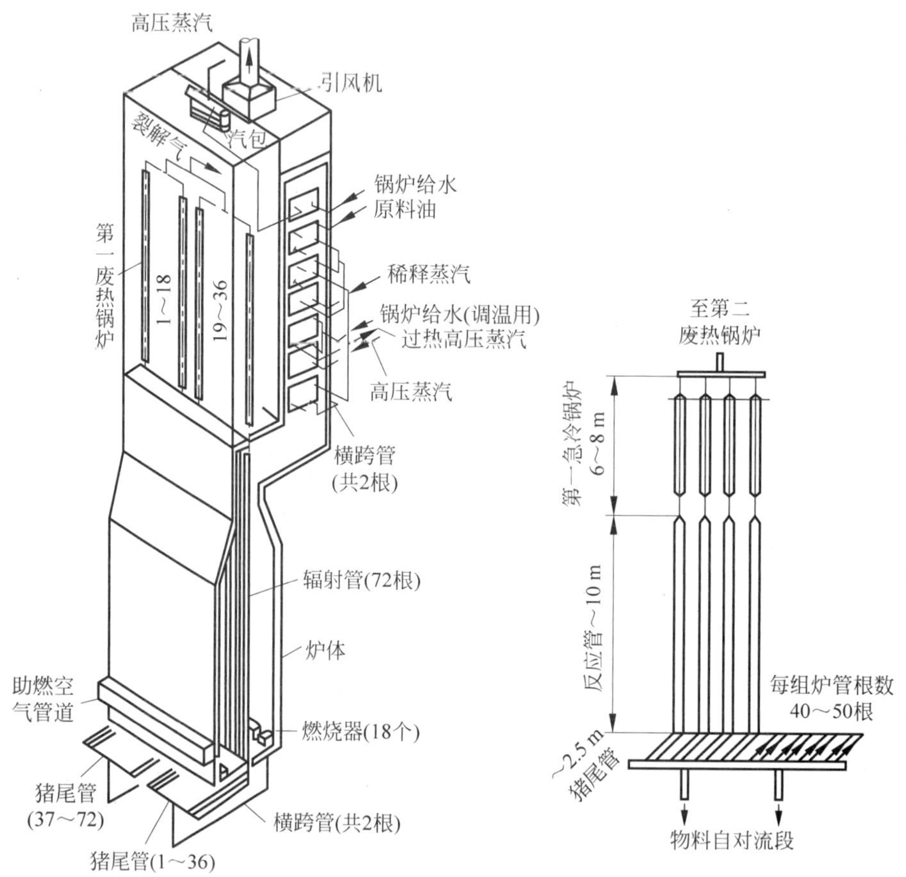

图 5-30　毫秒裂解炉结构示意图

4. KTI 公司的 GK 型裂解炉

早期的 GK-Ⅰ型裂解炉为双排立管式裂解炉,20 世纪 70 年代开发的 GK-Ⅱ型裂解炉为混排(入口段为双排,出口段为单排)分支变径管。在此基础上,相继开发了 GK-Ⅲ型、GK-Ⅳ型和 GK-Ⅴ型裂解炉。GK-Ⅴ型裂解炉为双程分支变径管,由于管程减少,管长缩短,停留时间可控制在 0.2 s 以内。GK 型裂解炉一般采用一级废热锅炉。

对流段设置在辐射室上侧。对流段除预热原料、稀释蒸汽、锅炉给水外,还进行高压蒸汽的过热。

GK 型裂解炉采用侧壁烧嘴和底部烧嘴联合布置的方案。底部烧嘴可烧油也可烧气,其最大供热量可占总热负荷的 70%。侧壁烧嘴为烧气的无焰烧嘴。

5. CBL 型裂解炉

由我国自行设计、开发的 CBL 型裂解炉,即北方炉已从Ⅰ型发展到Ⅳ型,单炉生产能力从 2 万 t/a 发展到 10 万 t/a。

CBL 裂解炉的对流段设置在辐射室上部的一侧，对流段顶部设置烟道和引风机。对流段内设置原料、稀释蒸汽、锅炉给水预热、原料过热、稀释蒸汽过热、高压蒸汽过热段。稀释蒸汽的注入：二次注汽的为Ⅰ、Ⅱ型，一次注汽的为Ⅲ型。

主要特点是将对流段中稀释蒸汽与烃类传统方式的一次混合改为二次混合新工艺。一次蒸汽与二次蒸汽比例应控制在适当范围内。采用二次混合新工艺后，物料进入辐射段的温度可提高 50℃以上。这样，当裂解深度不变时，裂解温度可降低 5～6℃，辐射段烟气温度可相应降低 20～25℃，最高管壁温度下降 14～20℃，全炉供热量可降低约 10%。

供热采用侧壁烧嘴与底部烧嘴联合布置方案，侧壁烧嘴为无焰烧嘴，底部烧嘴为油气联合烧嘴。

一、管式加热炉的结构及技术指标

1. 管式加热炉的结构

管式加热炉一般由辐射室、对流室、余热回收系统、燃烧器和通风系统等五部分组成，如图 5-31 所示。其结构通常包括：钢结构、炉管、炉墙(内衬)、燃烧器、孔类配件等。

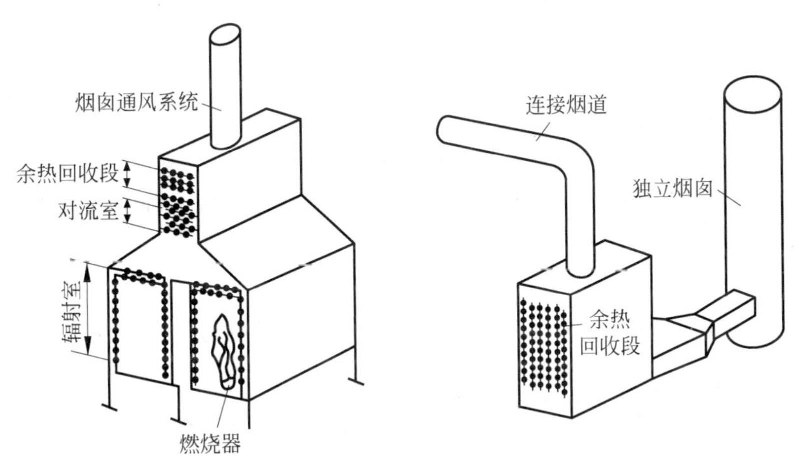

图 5-31　管式加热炉的一般结构

1）基本结构、炉膛与部件

a）炉膛与炉墙(炉衬)

炉膛是由炉墙、炉顶和炉底围成的空间，是对物质进行加热的地方。炉墙、炉顶和炉底通称为炉衬，炉衬是加热炉的关键技术条件之一。在加热炉的运行过程中，不仅要求炉衬能够在高温和荷载条件下保持足够的强度和稳定性，要求炉衬能够耐受烟气的冲刷和侵蚀和足够的绝热保温和气密性能。

为此，炉衬通常由耐火层、保温层、防护层和钢结构几部分组成。其中耐火层直接承受炉膛内的高温气流冲刷和侵蚀，通常采用各种耐火材料经砌筑、捣打或浇注形成；保温层通常采用各种多孔的保温材料经砌筑、敷设、充填或粘贴形成，其功能在于最大限度地减少炉衬的散热损失，改善现场操作条件；防护层通常采用建筑砖或钢板，其功能在于保持炉衬的气密性，保护多孔保温材料形成的保温层免于损坏；钢结构是位于炉衬最外层的由各种钢材拼焊、装配成的承载框架，其功能在于承担炉衬、燃烧设施、检测仪器、炉门、炉前管道以及检修、操作人员所形成的载荷，提供有关设施的安装框架。

管式炉的炉墙结构主要有耐火砖结构、耐火混凝土结构和耐火纤维结构。其中耐火砖结构又分为砌砖炉墙、挂砖炉墙和拉砖炉墙。拉砖炉墙是目前应用比广泛的炉墙，尤其是温度较高的管式加热炉，如裂解炉和转化炉。

b）炉管

管式炉炉管是物料摄取热量的媒介。按受热方式不同可分为辐射炉管和对流炉管，前者设置于辐射室内，后者设置于对流室内。为强化传热，对流管往往采用翅片管或钉头管，其安装方式多采用水平安装。

c）钢结构

钢结构是管式炉的承载骨架。管式炉的其他构件依附于钢结构，其基本元件是各种型钢，通过焊接或螺栓连接构成管式炉的骨架。老式管式炉，如方箱炉、斜顶炉等，其钢结构占整个管式炉投资的比重较小，近代管式炉其钢结构的投资比例越来越大。

d）其他部件

管式炉配件较多，主要有看火孔、点火孔、测试孔、炉用人孔、防爆门、吹灰器、烟囱挡板等。

2）辐射室

辐射室是加热炉进行热交换的主要场所，其热负荷占全炉的70%～80%。烃类蒸汽转化炉、乙烯裂解炉的反应和裂解过程全部由辐射室来完成。辐射室内的炉管，通过火焰或高温烟气进行传热，以辐射热为主，故称为辐射管。它直接受火焰辐射冲刷，温度高，其材料要具有足够的高温强度和高温化学稳定性。

3）对流室

对流室是靠辐射室排出的高温烟气进行对流传热来加热物料。烟气以较高的速度冲刷炉管管壁，进行有效的对流传热，其热负荷占全炉的20%～30%。对流室一般布置在辐射室之上，有的单独放在地面。为了提高传热效果，炉管多采用钉头管或翅片管。

4）余热回收系统

余热回收系统用以回收加热炉的排烟余热。回收方法有两类：一类是靠预热燃烧空气来回收，使回收的热量再次返回炉中；另一类是采用另外的回收系统回收热量。前者称为空气预热方式，后者通常用水回收称为废热锅炉方式。空气预热方式有直接安装在对流室上面的固定管式空气预热器，还有单独放在地面上的管式空气预热器等型式。

目前，炉子的余热回收系统多采用空气预热方式，只有高温管式炉（烃类蒸汽转化炉、乙烯裂解炉）和纯辐射炉才使用余热锅炉，这类高温管式炉的排烟温度较高，安装余热回收系统后，炉子的总效率可达到88%～90%。

5）燃烧器

燃烧器的作用是完成燃料的燃烧，为热交换提供热量。燃烧器由燃料喷嘴、配风器、燃烧道3部分组成。燃烧器按所用燃料的不同可分为燃油燃烧器、燃气燃烧器和油-气联合燃烧器。燃烧器性能的好坏，直接影响燃烧质量及炉子的热效率。操作时，特别应注意火焰要保持刚直有力，调整火嘴尽可能使炉膛受热均匀，避免火焰舔炉管，并实现低氧燃烧。要保证燃烧质量和热效率，还必须有可靠的燃料供应系统和良好的空气预热系统。

6）通风系统

通风系统的作用是把燃烧用空气导入燃烧器，将废烟气引出炉子。它分为自然通风和强制通风两种方式。前者依靠烟囱本身的抽力，后者使用风机。

过去，绝大多数炉子都采用自然通风方式，烟囱通常安装在炉顶。近年来，随着炉子结构的复杂化，炉内烟气侧阻力增大，加之提高炉子热效率的需要，采用强制通风方式日趋普遍。

2. 管式加热炉主要技术指标

1）热负荷

每台管式加热炉单位时间内管内介质吸收的热量称为有效热负荷，简称热负荷。管内介质所吸收的热量用于升温、汽化或化学反应。热负荷的理论值，可根据介质在管内的工艺过程（加热、化学反应）进行计算。加热炉的设计热负荷（Q）通常取计算热负荷（Q）的 1.15～1.2 倍。热负荷的大小表示炉子生产能力的大小。

2）炉膛体积热强度

炉膛单位体积在单位时间内燃料燃烧的放热量，称为炉膛体积热强度。即

$$g_V = \frac{BQ_1}{3600V} \tag{5-1}$$

式中：g_V——炉膛体积热强度，kW/m^3；

B——燃料用量，kg/h；

Q_1——燃料低热值，kJ/kg(燃料)；

V——炉膛（辐射室）体积，m^3。

g_V 值越大炉膛温度越高，不利于长周期安全运行，因此炉膛体积热强度不允许过大，一般控制在 1.16×10^2 kW/m^3 以下。

3）辐射表面热强度

辐射炉管单位表面积（一般按炉管外径计算表面积）、单位时间内所传递的热量称为炉管的辐射表面热强度 g_R，也称为辐射热通量或热流率。

g_R 表示辐射室炉管传热强度的大小。应注意 g_R 一般指辐射室所有炉管的平均值。由于辐射室内各部位受热不一致，不同的炉管以及同一根炉管的不同部位，实际局部热强度相差很大。g_R 值越大，完成一定加热任务所需的辐射炉管就越少，辐射室体积越紧凑，投资也可降低，所以要尽可能提高炉管表面热强度。各种炉子的辐射表面热强度推荐值见表 5-1。

4）对流表面热强度

对流炉管单位面积在单位时间内所传递的热量称为对流表面热强度。目前，加热炉对流室多以钉头管或翅片管代替过去的光管，以强化传热。钉头管或翅片管的热强度一般为光管的两倍以上。也就是说，一根钉头管或翅片管相当于两根以上光管的传热能力。

表 5-1 辐射炉管表面热强度的经验数据

序号	加热炉名称	辐射管平均表面热强度/(kW/m^2)	
		圆筒炉或立管立式炉	卧管立式炉
1	常压蒸馏炉	25.582～37.210	37.210～48.818
2	减压蒸馏炉	23.256～34.884	34.884～44.186
3	催化裂化炉	26.744～34.884	38.372～46.512
4	焦化炉	23.256～32.558	25.582～37.210
5	催化重整炉	24.419～34.884	
6	预加氢炉	23.256～29.070	
7	加氢精制炉	23.256～31.396	
8	脱蜡油炉	18.605～23.256	
9	丙烷脱沥青炉	16.279～19.768	
10	乙烯裂解炉	47.000～80.000	

5）热效率

加热炉有效利用的热量与燃料燃烧时所放出的总热量之比叫热效率：

$$\eta=\frac{\text{被加热介质吸收的有效热量}}{\text{燃料供给炉子的总热量}}\times 100\% \tag{5-2}$$

热效率是衡量燃料利用情况，评价炉子设计和操作水平，标定炉子性能的主要指标。热效率越高，燃料的有效利用率越高，燃料耗量越少，运行越经济。

6）火墙温度

火墙温度又称炉膛温度，是指烟气离开辐射室进入对流室时的温度。它代表炉膛内烟气温度的高低，是炉子操作中的重要控制指标。

火墙温度高，说明辐射室传热强度高。火墙温度过高时，炉管易结焦，甚至烧坏炉管和管板等。所以火墙温度一般控制在约 850℃以下（烃类蒸汽转化炉、乙烯裂解炉，炉温可达 900℃以上）。

三、裂解炉节能途径和措施

管式炉的燃料消耗在化工装置能耗中占 60%～80%。因此，提高管式炉的热效率，减少燃料消耗，对降低装置能耗具有十分重要的意义。热效率是衡量管式炉先进性的一个重要指标，翅片管和钉头管等节能管件的使用有效地提高了裂解炉的热效率（图 5-32）。

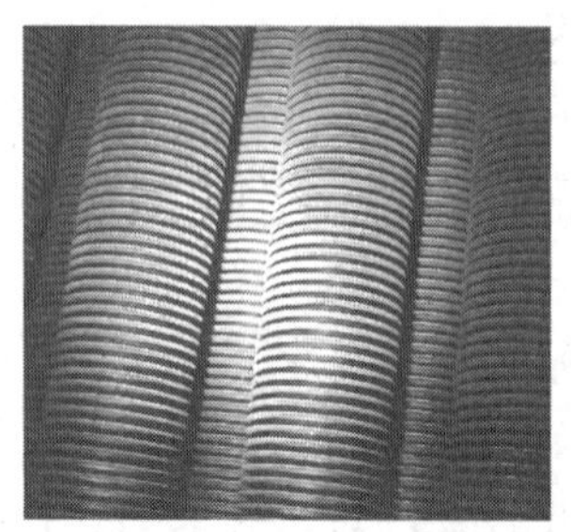 

图 5-32 翅片管和钉头管

新建的化工管式炉的散热损失并不大，一般仅占炉子总能量的1%～2%。因此，靠减少散热损失来提高热效率的余地并不大。但对于已经使用多年，炉墙已有损坏的炉子，及时修补炉墙对减少散热损失，提高热效率却是很有必要的。下面介绍一下常见节能增效的技术手段。

1. 扭曲片强化传热技术在裂解炉辐射炉管上的应用

在流体力学中，当气相或液相物料在管道内沿着一个方向做平直流动时，在摩擦力的作用下，靠近管壁的流体速度相对于管道中心的流体流速要慢得多，易发生滞留现象；而流速慢的物料在外界高温作用下则容易结焦，从而影响传热效果。

裂解炉辐射管扭曲片技术改造就是在炉管上间隔焊接两段内部预制有一个“S”形的扭曲片短管，强制改变了裂解炉管内物料的流向，使其中的物料由原来的柱塞流改变成旋转流，对炉管管壁产生一个强烈的横向冲刷作用，从而减薄边界滞留层，减缓管壁的结焦趋势，进而提高了传热效果，并延长了裂解炉的运行周期。

扭曲片技术是北京化工研究院将航空空心叶片强制冷却原应用于乙烯裂解炉强化传热的技术发明。经过十多年的试验和开发，该技术目前已经日臻成熟，经在企业的整炉工业试验表明，扭曲片管对轻重原料都有很好的适应性，加装扭曲片管可使裂解炉辐射段炉管管壁温度下降20℃以上，对裂解炉的操作和运行没有不良影响，石脑油在正常裂解条件下延长运行周期110%，石脑油在提高处理量7%和提高裂解温度8℃的条件下延长运行周期70%，重柴油在提高处理量7%条件下延长运行周期27%，扭曲片对裂解炉的主要产品收率影响不大。

2. 裂解炉空气预热技术的应用

该项技术由北京航天动力研究所开发。通过增设在裂解炉底部燃烧器的空气预热器加热入口空气，从而提高进入炉膛的空气温度，降低裂解炉的燃料消耗。该技术充分利用乙烯装置过剩的低压蒸气、急冷水等热源，在裂解炉底部燃烧器采用空气预热器回收低温热技术，节能效果明显。

这种新技术的核心之处是它的节能性，即选用的加热介质是装置余热，而不是有用热介质；节能系统不增加公用工程水、电、气、汽的消耗；用裂解炉本身设备储备的动力余量来推动整个节能系统的正常运转，即仅消耗很少的原设备动力就可满足运行。这种新技术已在中石化几套大型乙烯装置上成功投用，空气温度加热达到50～130℃，节约燃料气1.5%～5%。此项技术已获得国家发明专利。

3. 应用高温辐射涂料增强换热效果

加热炉的燃料通常为瓦斯、燃料油，这2种能源燃烧所放出的化学能，在加热炉内是以辐射和对流的方式传给介质的，而靠辐射方式传递的热量占总的传热量的70%，可见辐射传热的效果如何，直接影响加热炉的效率。要想强化辐射传热那就必须增加反辐射率，燃料燃烧所放出的化学能传到炉墙后要马上返给炉管，最终传给介质，而不是被炉墙所吸收。

因此，在管式炉炉膛内表面喷涂高温辐射涂料，可以增强辐射传热量。炉内壁常用的耐火材料(耐火砖、耐火混凝土和耐火纤维毡3大类)辐射系数小，而高温辐射涂料的辐射系数大，涂抹后会增加热源对炉壁的辐射传热量，使炉壁表面温度上升，达到增大炉管的传热量和加热炉的热负荷之目的。

四、裂解炉主要参数检测

通过对加热炉的效率、炉管温度、衬里、烟气露点温度等的监测，可以了解运行中烟气参数是否正常，炉管的表面热负荷是否均匀，炉管是否结焦，衬里是否完好，预热器是否存在露点腐蚀等状况。它对于节能降耗，提高加热炉的热效率，特别是对延长生产周期，降低加热炉的故障，具有重大的意义。

1. 测试、检查执行的标准

中国石油化工集团有限公司（中国石化）所执行的乙烯裂解炉主要参数检测标准如表 5-2 所示。

表 5-2 中国石化乙烯裂解炉主要参数检测标准

序号	测试、检查项目	依据和引用标准	控制指标
1	排烟温度	中国石化《加热炉管理制度》	≤170℃
2	CO 含量	中国石化《加热炉管理制度》	≤100 ppm
3	对流室顶部氧含量	中国石化《加热炉管理制度》	燃气加热炉 2%～4% 燃油加热炉 3%～5%
4	NO_x 含量	《大气污染物综合排放标准》(GB 16297—1996)	≤240 mg/m^3（约 120 ppm）
5	SO_2 含量	《大气污染物综合排放标准》(GB 16297—1996)	≤550 mg/m^3（约 200 ppm）
6	热效率简易计算	《石油化工工艺管式炉效率测定法》(SHF 0001—1990)	
7	热效率运行标准	中国石化化工事业部《2006 年度加热炉专题工作会议》	裂解炉热效率≥92%； 其他热负荷≥10 MW 的加热炉热效率≥89%； 热负荷＜10 MW 的加热炉热效率达到设计值并逐步达到 87%
8	外壁温度（辐射段、对流段和热烟风管道）	《一般炼油装置用火焰加热炉》(SH/T 3036—2003)	≤80℃
9	外壁温度（辐射段底部）	《一般炼油装置用火焰加热炉》(SH/T 3036—2003)	≤90℃
10	部件、基础资料和运行参数	中国石化《加热炉管理制度》	

1）消耗量测试方法

液体燃料：容积式流量计或计量罐，允许误差±1%。

气体燃料：压差式流量计，允许误差±1%。

被加热介质：容积式，压差式或涡轮流量计，允许误差±1%。

2）温度离线检测要求

温度离线检测的各项要求见表5-3。

表5-3 温度离线检测要求

序号	测试项目	测试仪器与型号	测量范围/℃	精度/℃
1	炉外壁温度	GT-90红外热像仪	−40～2000	±2
		Testo950测温仪	−40～1100	±0.1
2	炉管温度	PM-290红外热像仪	−40～1600	±2
3	炉膛温度	PM-290红外热像仪	−40～1600	±2
		Testo950测温仪	−40～1100	±0.1

2. 热电偶

热电偶作为温度的检测元件，通常与显示仪表配套，用于直接测量各种生产过程中流体、蒸汽和气体介质以及金属表面等的温度，也可以将其毫伏信号送给巡测装置、温度变送器、自动调节器和计算机等。

热电偶由一对不同材料的导电体（热电偶丝）组成，其一端（热端、测量端）相互连接并感受被测温度；另一端（冷端、参比端）则连接到测量装置中。根据热电效应，测量端和参比端的温度之差与热电偶产生的热电动势随着测量端的温度升高而加大，其数值只与热电偶材料及两端温差有关，而与热电偶的长度、直径无关。

热电偶的结构有热电偶元件、保护套管、安装固定装置、接线盒等部件。

为提高测量精确度，减少测量误差，在热电偶使用过程中，除要经常校对外，安装时还应特别注意以下问题：

（1）安装热电偶要注意检查测点附近的炉墙及热电偶元件的安装孔须严密，以防漏风，不应将测点布置在炉膛或烟道的死角处。

（2）测量流体温度时，应将热电偶插到流速最大的地方。

（3）应避免或尽量减少热量沿着热电极及保护管等元件的传导损失。

辐射室处安装位置要求：

为保证辐射室温度的均匀性，可在辐射室内不同位置安装数支热电偶。最重要的一个点是辐射室出口处所测的炉膛温度（火墙温度），一般是指烟气离开辐射室进入对流室时的温度，它代表炉膛内烟气温度的高低，是加热炉操作中一个很重要的控制指标。炉膛温度与加热炉的负荷有关，一般情况下炉子负荷越大，加热炉的炉膛温度就越高。在炉膛内，燃料燃烧放出的热量是通过辐射和对流两种传热方式传给加热炉炉管，炉膛温度高，辐射室传热量就大，但太高的炉膛温度容易造成炉管内油品结焦，甚至烧坏炉管和管板等。

3. 流量计

流量是指流体（气体或液体）通过管道或容器内的数量，常用瞬时流量及累计流量表示。前者指检测的瞬间流体在单位时间内所流过的数量；后者指检测的一段时间内流过的流体数量总和。流量的表示方法常用体积流量和质量流量表示。体积流量的瞬时流量是单位时间内流过管道某处截面流体的体积，单位用 m^3/s 表示。质量流量是指在单位时间流过管道某截面处流体的质量，单位用 kg/s 表示。

流量计是用来测定加热炉所使用的燃料(气体或液体)、空气、水、水蒸气等用量的仪器。有时还需要自动调节流量及两种介质的流量比,如燃料与助燃空气的流量比。准确地检测及调节流量对加热炉的经济指标十分重要,对节能工作具有重要意义。

流量计的种类繁多,按其测量原理,通常分为容积式流量计和速度式流量计两大类。加热炉上常用的是节流式差压流量计,即速度式流量计。

五、裂解炉的操作注意事项

1. 加热炉的开工操作

加热炉及其附属系统所有检修项目结束,炉内检修杂物清理干净,脚手架拆除,封闭人孔,加热炉就进入了开工过程。炉子开工在整个装置开工过程中占据重要的地位,它制约着整个装置的开工进度,从加热炉第一个火嘴点燃就标志着生产装置又一个新周期的开始,因此加热炉的开工操作历来都被人们所重视。

点好、用好燃烧器是炉子开工和运转中最为重要的环节,燃烧状态直接关系着炉子操作的安全和炉子热效率的高低,炉子的日常管理实际上主要就是指对燃烧的管理。

点火前的准备工作:

(1) 检查燃烧器尤其是喷枪的安装位置(高度、角度),保证正确无误。

(2) 检查所有烟、风道挡板的开、关和开启方向,保证与设计相符。

(3) 先用空气或蒸汽将炉管和燃烧器管系清扫干净。

(4) 对新建或修理过炉衬的旧炉子需先进行烘炉作业。

(5) 烘炉过程中,要严格按照加热炉烘炉曲线进行,严禁升降温速度过快。

2. 正常停炉操作

(1) 接到停炉命令后,应做好停炉的准备工作,准备好必要的工具。

(2) 降温降量。根据停工过程的降温降量要求,逐步停掉油火、瓦斯火;对油气混烧的燃烧器,先停油火,并及时给汽吹扫油枪和燃料油软管,待燃料油软管与油枪中的燃料油吹净后,再熄灭瓦斯火。降温过程要缓慢,降温速度一般控制在50℃/h左右,要保证火嘴燃烧正常,炉出口分支及炉膛温度分布均匀。

(3) 炉温降到300℃左右时,打开烟道挡板和快开风门,改为自然通风,停掉预热器和风机。

(4) 相关岗位停用过热蒸汽后,应将过热蒸汽放空。

(5) 加热炉进料泵停车前,炉子熄火。为了便于炉管扫线和退油,全部熄火后,及时停掉各火嘴吹扫蒸汽,进行闷炉操作,关闭烟道挡板和自然通风门,避免炉膛温度下降速度过快。

(6) 炉管不烧焦时,则停止燃料油循环,联系相关单位进行燃料油扫线。

(7) 扫线结束后,炉膛温度降至150℃以下时。可全开烟道挡板和自然通风门,使炉膛通风冷却。

(8) 根据需要适时对燃料气、燃料油系统进行蒸汽吹扫。注意加热炉全部熄火后严禁将燃料气吹入炉膛。

(9) 炉内爆炸气体检测。停止向炉内吹汽，对炉内做爆炸气体分析，如不合格再继续吹汽，直至爆炸气分析合格为止。

(10) 拆下油枪和瓦斯枪，清扫、除垢妥善保管，以备开工时安装使用。扫线、蒸罐、加盲板完毕后，炉内爆炸气分析合格，加热炉及附属系统的停工过程结束。

3. 加热炉的正常操作

1) 检查内容

(1) 介质总出口温度，介质炉出口温差、炉膛温度、炉膛温差、过热蒸汽温度、炉膛负压、燃料压力、蒸汽压力、各路流量等参数是否控制在工艺指标范围内或满足生产的要求。

(2) 辐射室过剩空气系数是否符合要求。

(3) 紧盯仪表，发现有不正常的波动或异常现象应引起高度警惕，必要时应采取相应措施进行处理。

(4) 检查各燃烧器的燃烧状况，火焰形状、颜色是否符合要求，火焰是否扑炉管、打火墙。

(5) 检查引风机、鼓风机、预热器等运行是否正常。

(6) 检查炉管是否有弯曲、蜕皮、鼓包、发红、发暗等现象，注意检查回弯头堵头、各道焊缝、出入口阀、法兰、热偶管。

2) 确保最佳的氧含量

燃料在燃烧室燃烧时，燃料完全燃烧所需的空气量叫理论空气量。为使燃烧完全和火焰稳定，燃烧过程中实际空气量应大于理论空气量。实际空气量与理论空气量的比值称过剩空气系数。

对于燃料气燃烧室，氧含量为2%～4%(即过剩空气系数为1.1～1.22)；对于重油燃烧室，氧含量为3%～5%(即过剩空气系数为1.16～1.29)。如果氧含量太高，就会相应加热多余的空气而使能耗增加；反之，氧含量太低，则燃烧不完全，而且火焰不稳定，出现长焰。

3) 加热炉压力和抽力的调节

(1) 注视烟道气压力表指针的变化，调节挡板，使炉膛内的压力不高于大气压。否则，烟道气由耐火砖间隙或衬里间隙向外泄漏，以致损坏炉壁。

(2) 注视烟道气压力表，炉膛负压值一般为－40～－20 Pa，勿使抽力(或炉膛负压值)过大，否则抽风量增大，氧含量增加，从而导致炉膛温度降低、烟气量增大、烟囱热损失加大和炉热效率及处理能力降低。

(3) 采用离线仪器分析烟气，调节挡板以确保最佳的过剩空气系数。

4) 加热炉燃烧器火焰的调节

(1) 火焰状态的调整。对于油燃烧器可由雾化蒸汽、一次空气及二次空气量进行调整；对于气燃烧器可由一次空气量及二次空气量进行调整，以使其燃烧完全，火焰稳定。

油燃烧器空气量不足时，火焰长而呈暗红色，炉膛发暗；反之，如果一次空气量过大，则火焰短而发白，略带紫色，前端冒火星，炉膛完全透明，而且还会产生微弱的爆炸声甚至将火焰熄火；空气量适中，则火焰呈淡橙色，炉膛比较透明；烟气呈浅灰色，如果空气充分，雾化蒸气适当时，如仍出现长焰且烟多，或经常熄火，则属于燃烧器火嘴设计缺陷问题。

气燃烧器空气量不足时，火焰长而呈暗橙色，炉膛发暗并冒黑烟。随空气量的增大，火焰变短，前端发蓝，炉膛透明，烟气颜色变浅。

由于燃烧气较空气轻，浮力的作用使之在炉膛内上升。可采用烟囱挡板调节通过烟囱的流量，即如果开启挡板，炉内压力下降，空气自然吹入炉内，使过剩空气率增大，燃料消耗增加，热效率下降；反之，如果关闭挡板，炉内压力增大，可导致火焰从炉缝隙、看火孔等处喷出。为维护炉内正常压力，保证安全生产和提高热效率，适当地调节烟囱挡板的开启程度也是十分必要的。

（2）竭力避免火焰扑向耐火砖或衬里炉壁及舔管。调节炉温时，尽量将火焰调短为宜，否则，火焰扑向炉壁，将会缩短耐火砖或衬里的使用寿命。火焰舔管，则出现局部过热现象，不仅会加速结焦，而且还严重损坏炉管外表面，除非迫不得已需要加热炉超负荷运行。

（3）在燃烧器的外围不得出现燃烧(或称后燃)。加热炉在实际负荷超过设计能力情况下，有时会出现此现象。如果在此工况下继续维持操作，同样会损伤耐火砖、衬里、炉管及燃烧器。

5）加热炉温度的调节

（1）用温度指示仪或记录仪经常检查炉膛温度。操作时，切勿使炉膛温度超过规定温度的上限，否则将导致耐火砖或衬里的熔融、炉管及吊架氧化程度的加剧，从而使金属强度随温度上升而下降，增加维修费用。

（2）必须用测温仪作不定期检查，避免炉管局部过热而发生结焦现象。局部过热不仅使燃气分解、炉管结焦、导热系数降低，同时增大加热炉的压力降，严重时加热炉必须紧急熄火；炉管过热、结焦还会使管内流速降低，从而使处理量大大低于设计生产能力。

4. 加热炉操作常见问题及应对措施

1）炉管出现损坏、泄漏故障的处理

原因：

（1）传热恶化，表面温度过高，造成局部过热。

（2）火焰长期舔炉管。

（3）管内结焦。

（4）管内介质的冲刷腐蚀以及管内、外腐蚀等。

（5）因仪表失灵等造成偏流、干烧。

（6）炉管使用周期长、原料劣质化，造成炉管强度下降。

（7）炉管选材不当、焊接质量不合格等。

处理措施：

（1）调整炉火，保持各点温度均匀，防止火焰直接舔炉管。

（2）保持一定的注水(汽)量和炉管内介质的流速，防止炉管结焦。

（3）在紧急停炉等非正常操作时，吹扫尽炉管内的物料，防止炉管结焦。

（4）控制好吹灰频率，防止对流结灰、烟气偏流造成腐蚀。

（5）选择合适的炉管材质，减少腐蚀的影响。

（6）定期对加热炉的运行状况和炉管情况进行检测。

（7）烧穿呈小孔时，进行降温停炉。

（8）严重烧穿时，进行紧急停炉。

2）加热炉炉墙内衬脱落的处理

原因：

（1）耐火砖挂钉腐蚀脱落。

（2）衬里进水，烘炉升温过快，炉墙龟裂脱落。

处理方法：

（1）脱落面积小，不影响生产时，可加强监控继续运行加热炉，并有计划停炉检修。

（2）脱落面积大，对安全生产造成威胁时，应进行紧急停炉。

3）回火

当空气与瓦斯的混合气体流出的速度低于火焰传播速度时，火焰回到燃烧器内燃烧，这种现象叫回火。回火有时会引起爆振或熄火，长时间也可能烧坏混合室或引起其他事故。

处理措施为：当瓦斯供应不充足时，开大瓦斯控制阀门或提高瓦斯压力；当瓦斯供应充足时，调节燃烧器的风门可以使空气与瓦斯混合物的流出速度大于火焰的传播速度，即可达到解决和预防回火的目的。

4）脱火

当空气与瓦斯的混合物流出速度很高，燃料离开喷头一段距离才着火，这种现象叫脱火。脱火时火焰燃烧不稳定，以致熄火。

处理措施为视情况减小燃料和空气的送入量。

5）熄火

造成燃烧器熄火的原因很多，如燃料压力波动、瓦斯中带入液相组分、一次风风量过大、燃烧器喷嘴堵塞等均可造成燃烧器熄火。当发生熄火时应立即关闭燃料阀门，防止大量燃料进入炉膛发生闪爆。

6）燃油燃烧器滴油

在加热炉操作中，经常碰到油嘴漏油或淌油，其原因为：

（1）燃料油温度较低。

（2）燃料油内杂质或油泥较多堵塞喷头。

（3）蒸汽压力降低或燃油压力升高雾化不好。

（4）油枪连接处密封不好。

（5）开工时由于炉膛和火道砖温度较低，燃料油管线内存有不易雾化的冷油或雾化蒸汽带水均可造成漏油。

处理措施为按相应原因来处理。需要注意的是燃油压力一般要求比蒸汽压力小 98 kPa 左右，而且燃料又不能采用太轻的油，雾化蒸汽一般采用过热蒸汽。

7）烟囱冒黑烟

（1）在日常操作中，造成加热炉烟囱冒黑烟一般有以下几种原因：

（a）烟道挡板或燃烧器一、二次风门配比开度不合适，造成氧含量较低，燃料不能充分燃烧。

（b）燃料气中带入液相组分。

（c）燃油燃烧器的雾化蒸汽压力突然下降，造成燃料油雾化不好。

（d）燃料油控制阀门仪表失灵，控制阀全开。

（e）加热炉炉管烧穿造成介质外漏。

(2) 根据原因采取的处理措施如下：

(a) 调节加热炉的“三门一板”开度，确保燃料充分燃烧，另外在加热炉提负荷时要缓慢进行，既防止因燃料量的突然增加造成不完全燃烧冒黑烟，又可以平稳炉出口温度。

(b) 瓦斯罐及时排凝，并联系相关部门处理。

(c) 在雾化蒸汽的压力下降后，应及时调整燃料油压力，使油压比蒸汽压力小 98 kPa，并调节好油气比，使燃料油达到良好的雾化。

(d) 在燃料油控制阀失灵时，立即改自动为手动操作。

(e) 观察加热炉炉管烧穿的程度，并立即熄火。不严重时，按正常停工处理，若炉管破裂严重，介质大量外漏，则按紧急停工处理。

第六节 离心压缩机

一、离心压缩机概述

离心压缩机是产生压力的机械，是透平压缩机的一种。透平是“turbing”的英译音，即旋转的叶轮。在全低压空分装置中，离心压缩机得到广泛应用，逐渐出现了离心压缩机取代活塞压缩机的趋势。

1. 定义

离心压缩机的气体在压缩机中的运动是沿垂直于压缩机轴的径向进行的。

2. 工作原理

离心压缩机工作轮在旋转的过程中，由于旋转离心力的作用及工作轮中的扩压流动，使气体的压力得到提高，速度也得到提高。随后在扩压器中进一步把速度能转化为压力能。通过它可以把气体的压力提高。

3. 特点

离心压缩机是一种速度式压缩机，与其他压缩机相比较具有如下优缺点。

优点：

(1) 排气量大，排气均匀，气流无脉冲。

(2) 转速高。

(3) 机内不需要润滑。

(4) 密封效果好，泄露现象少。

(5) 有平坦的性能曲线，操作范围较广。

(6) 易于实现自动化和大型化。

(7) 易损件少、维修量少、运转周期长。

缺点：

(1) 操作的适应性差，气体的性质对操作性能有较大影响。在机组开车、停车、运行中，负荷变化大。

(2) 气流速度大,流道内的零部件有较大的摩擦损失。

(3) 有喘振现象,对机器的危害极大。

4. 适用范围

大中流量、中低压力的场合。

5. 分类

(1) 按轴的型式分类:单轴多级式,一根轴上串联几个叶轮;双轴四级式,四个叶轮分别悬臂地装在两个小齿轮的两端,旋转靠电机通过大齿轮驱动小齿轮。

(2) 按气缸的型式分类:水平剖分式和垂直剖分式。

(3) 按级间冷却形式分类:级外冷却,每段压缩后气体输出机外进入冷却器;机内冷却,冷却器和机壳铸为一体。

(4) 按压缩介质分类:空气压缩机、氮气压缩机、氧气压缩机等。

二、离心压缩机的结构和原理

离心压缩机由转子、定子和轴承等组成。叶轮等零件套在主轴上组成转子,转子支承在轴承上,由动力机驱动而高速旋转。定子包括机壳、隔板、密封、进气室和蜗室等部件。隔板之间形成扩压器、弯道和回流器等固定元件。只有一个叶轮的离心压缩机称为单级,有两个以上叶轮的称为多级(图 5-33)。

叶轮是离心压缩机的关键部件,有闭式、半开式和开式 3 种。闭式叶轮由叶片、轮盖和轮盘组成。半开式叶轮没有轮盖,有轮盘。开式叶轮没有轮盖和轮盘,叶轮在轴上。当叶轮高速旋转时,由于叶片与气体之间力的相互作用,主要是离心力的作用,气体从叶轮中心处吸入,沿着叶道(叶片之间通道)流向叶轮外缘。叶轮对气体做功,气体获得能量,压力和速度提高。然后,气体流经扩压器等通道,速度降低,压力进一步提高,即动能转变为压力能。由扩压器流出的气体进入蜗室输送出去,或者经过弯道和回流器进入下一级继续压缩。在整个压缩过程中,气体的比容减小,温度增加。温度增加后,压缩气体需要消耗更多的能量。为了节省功率,多级离心压缩机在压力比大于 3 时常采用中间冷却。被中间冷却隔开的级组称为段。气体由上一段进入中间冷却器,经冷却降低温度以后再进入下一段继续压缩。中间冷却器一般采用水冷。每个机壳所包含的部分称为缸。离心鼓风机排气压力较低,所以一般是单缸无中间冷却的结构。

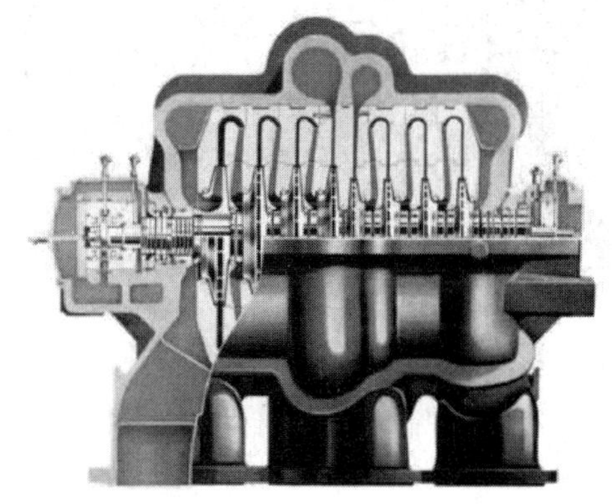

图 5-33　离心压缩机示意图

1. 离心压缩机的定子

定子是压缩机的固定元件,由扩压器、弯道、回流器、蜗壳及机壳组成。

(1) 气缸：是压缩机的壳体，又称为机壳。由壳体和进排气室组成，内装有隔板、密封体、轴承等零部件(图 5-34)。对它的主要要求是：有足够的强度以承受气体的压力，法兰结合面应严密，主要由铸钢组成。

(2) 隔板：隔板是形成固定元件的气体通道，根据隔板在压缩机所处的位置，隔板可分为 4 种类型：进口隔板、中间隔板、段间隔板、排气隔板(图 5-35)。进气隔板和气缸形成进气室，将气体导流到第一级叶轮入口，对于采用可调和欲旋的压缩机，在进气隔板上还可装上可调叶片，以改变气流的方向。

图 5-34 离心压缩机气缸

中间的隔板用处有两个：一是形成扩压室，使气体流出后具有的动能减少，转变成压强的增高；二是形成弯到流向中心，流到下级叶轮入口。段间隔板的作用是指在段间对排的 2MCL、2BCL 型压缩机中分隔两段排气口。排气隔板除了与末级叶轮前隔板形成末级扩压式之外，还要形成排气室.

(3) 气封：密封段与段、级与级之间的静密封(图 5-36)。形状像梳子所以又称梳齿密封。

图 5-35 离心压缩机隔板

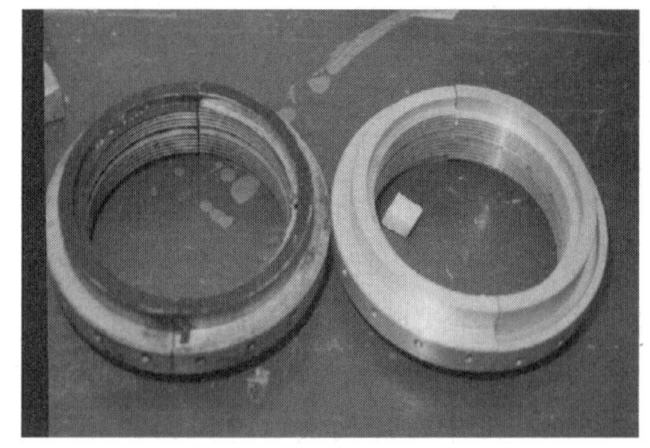

图 5-36 离心压缩机密封圈

(4) 轴承：离心压缩机上的轴承分径向轴承和止推轴承两种。

径向轴承的作用是承受转子重量和其他附加径向力，保持转子转动中心和气缸中心一致，并且在一定转速下正常旋转。

止推轴承的作用是承受转子的轴向力，限制转子的轴向转动，保持转子在气缸中的轴向位置。其可分为米契尔轴承和金斯伯雷轴承。

2. 离心压缩机的转子

转子是离心压缩机的关键部件，它高速旋转。转子是由叶轮、主轴、平衡盘、推力盘等部件组成。

1) 主轴

主轴是压缩机的关键部件，主要起到装配叶轮、平衡盘、推力盘的作用，是转子部分的中心部位(图 5-37)。

图 5-37　离心压缩机主轴

2）叶轮

叶轮又称工作轮，是压缩机的最主要的部件。叶轮随主轴高速旋转，对气体做功。气体在叶轮叶片的作用下，跟着叶轮作高速旋转，受旋转离心力的作用以及叶轮里的扩压流动，在流出叶轮时，气体的压强、速度和温度都得到提高。

按结构型式叶轮分为开式、半开式、闭式 3 种，在大多数情况下，后 2 种叶轮在压缩机中得到广泛的应用(图 5-38)。

图 5-38　离心压缩机叶轮(开式、半开式、闭式)

3）平衡盘

平衡盘又名卸荷盘，压缩机的平衡盘一般装载气缸末级的后面，它的一侧受末级的气体压力，另一侧常与机器的吸气室相通，平衡盘的外圆上一般都有迷宫密封装置使盘两侧维持压差。

4）推力盘

推力盘主要承受推力轴承的轴向力，它分为上下两半，由光洁度很高的不锈钢板材经线切割制造而成。其两侧分别为推力轴承的正副止推块。推力盘有的设置在压缩机的高压端，有的设置在机组的压缩机的两段之间。

三、离心压缩机辅助系统

1. 离心压缩机传动系统

空分装置中采用的离心压缩机由于转速高，一般采用电动机通过齿轮增速箱来拖动。

对于齿轮的材质要求相当高，一般采用优质合金钢，并经渗碳处理，以提高硬度，同时要求提高加工精度。在出厂前，须经严格的静、动平衡实验。

2. 离心压缩机的冷却系统

1）冷却的方式

主要有风冷、水冷。

2）冷却的主要介质

主电机、压缩后的气体、润滑油。

冷却主电机主要为了防止电机过度温升、烧损。通常采用的冷却方式有风冷、水冷。有的大型电机兼而有之。

冷却压缩后的气体，主要为了降低各级压缩后气体的温度，减少功率消耗。

通常设置水冷却器。在一台机组上设有多个冷却器，有的一级一个。有的两级一个，这样根据冷却器的多少，又可以把压缩机分成几个段。

冷却润滑油：压缩机的油站设有油冷却器，以降低油温和在一定范围内调节油温。

3. 机前过滤器

在工业区空气的含尘量一般 1～5 mg/m^3（《氧气及相关气体规程》要求不大于 30 mg/m^3）。以制氧机每天的加工空气量计算，进入的灰尘就有 10 kg 之多。

固体杂质颗粒直径大于 100 μm 的在重力作用下会自然降落，小于 0.1 μm 的不致引起危害，故净除的对象是 0.1～100 μm 的尘粒。显然，粒度越小越难清除。空气过滤器捕集的对象主要是 0.1～10 μm 的尘粒。净除后空气中含尘量小于 0.5 mg/m^3。

为了防止不洁净介质进入压缩机组，造成设备部件磨损或者叶轮和气体冷却器污染，从而降低效率；同时也为了防止氧透机组因摩擦导致着火、爆炸等重大事故发生，所以需要设置机前过滤器。

4. 离心空压机的润滑系统

为了保证压缩机组的安全运行，离心压缩机组需要配备完善的润滑油系统。用以向压缩机组的轴承、齿轮、增速机、电机轴承供油，使机组动件与静件在相对运行过程中实现液体（油膜）与固体的摩擦，并带走产生的热量以及微小的金属粒子。另外还有部分机组使用的轴位移计，是依靠压力油工作。

四、离心压缩机安全保护系统

为了保证压缩机的安全稳定运行，必须设置一个完整的安全保护系统。

1. 温度保护系统

观察、控制压缩机各缸、各段间的气体温度、冷却系统温度、润滑系统油温、主电机定子温度以及各轴承温度，当达到一定的规定值就发出声光信号报警和联锁停机。

2. 压力保护系统

观察、控制压缩机各缸、各段间的气体压力、冷却系统压力、润滑系统油压、当达到一定的规定值就发出声光信号报警和联锁停机。

3. 流量保护系统

观察、控制压缩机冷却系统水流量，当达到一定的规定值就发出声光信号报警。

4. 防喘振保护系统

离心压缩机是一种高速旋转的叶片式机械，它的特性是在一定的转速下运行，随着输气量的改变，排气压力、功率消耗和效率也会相应发生变化，当压缩机在某个转速下运行。压缩机的流量减少到一定程度时，会出现喘振现象，对于离心式压缩机有着很严重的危害。

喘振会造成：

(1) 压缩机性能恶化，工艺参数大幅波动。

(2) 对轴承产生冲击。

(3) 机组静动件碰撞，机器破坏。

(4) 密封破坏，尤其是氧气压缩机，严重时大量气体外逸，引起爆炸恶性事故。

为此，设置防喘振保护系统。目前大型压缩机组都设有手动和自动控制系统。即可自动和手动打开回流阀或放空阀，确保压缩机不发生喘振现象。

五、离心压缩机的运行、维护、管理

离心压缩机是一种庞大、结构复杂、高速运转、高压、大流量的机器设备，日常必须进行全员的综合检查、维护与管理，包括以下内容。

1. 检查机组运行参数、信号指示、运行设备

进、出口工艺气体参数(温度、压力、流量、压差)。

机组振动值、轴位移、轴承温度。

机组气、油、水路阀门及导叶开度。

检查油、水系统的压力、温度以及油路压差等。

自控阀门、运行的电器以及就地仪表。

厂房、隔音罩通风机的运行情况。

2. 现场运行点检、日检、周检以及综合检查

机组在正常运行中，要不断地监视运行变化，经常注意运行的变化趋势，防止事故的发生，确保安全运行。

3. 冷却系统的操作、维护与调整

(1) 参阅操作规程作业，正确调节开关阀门、调整水量、水压、水温至正常范围。

(2) 维护与调整。

(a) 风冷：主要是电机除灰。

(b) 水冷方面，日常工作中，经常遇到很多问题，如中间冷却器水侧结垢、水侧堵塞、气侧脏污、水流量减少、进水温度升高，这些情况出现时，都会影响冷却器的换热效果。需要检修清洗。

4. 润滑系统的维护

(1) 油箱检查：

油位：保证各机组运行中，主油箱油位在 2/3 以上。对于氮压机，因主电机轴承依靠轴承油箱内无压油润滑，应注意电机油箱油位偏低时及时补加。

油质：根据规定，3 个月化验一次油质。

(2) 油泵检查：无异常声响，测量振动速度应<2.8 mm/s。

(3) 油冷却器检查：油温可以在规定范围内调节，油冷却器工作正常，无跑、冒、渗、漏，并在年度检修时对油冷却器清洗。

(4) 油过滤器检查：油过滤器阻力<0.15 MPa，并在年度检修时清洗或更换油过滤器滤芯。

(5) 注意季节、昼夜温差对润滑油温的变化，要缓慢调整，以免对压缩机组振动造成大的影响。

(6) 注意润滑油路系统的跑、冒、滴、漏对运行参数的影响。

总之，在压缩机组的辅助装置中，润滑油系统发挥着不可忽视的重要作用。作为操作、维护压缩机组的相关人员，应该在机组检修后，对润滑油系统进行全面、认真的调试工作；在机组正常运行时，认真点检，加强维护，按照规程操作。

5. 尽量避免带负荷紧急停车

机组运行中，尽量避免带负荷紧急停车、只有发生运行规定的情况，才能紧急停车。当采取紧急停车措施后，应严格按照紧急停车规程检查。

六、压缩机喘振现象及应对措施

1. 压缩机喘振现象

当压缩机的进口流量小到足够的时候，会在整个扩压器流道中产生严重的旋转失速，压缩机的出口压力突然下降，使管网的压力比压缩机的出口压力高，迫使气流倒回压缩机，一直到管网压力降到低于压缩机出口压力时，压缩机又向管网供气，压缩机又恢复正常工作。

当管网压力又恢复到原来压力时，流量仍小于机组喘振流量，压缩机又产生旋转失速，出口压力下降，管网中的气流又倒流回压缩机。如此周而复始，一会儿气流输送到管网，一会儿又倒回到压缩机，使压缩机的流量和出口压力周期的大幅波动，引起压缩机的强烈气流波动，这种现象叫作压缩机的喘振。

一般管网容量大，喘振振幅就大，频率就低；反之，管网容量小，喘振的振幅就小，频率就高。

2. 压缩机异常振动的原因及处理方式

(1) 压缩机转子上叶轮等零部件不均匀磨损或掉块，压缩机的不均匀穿晶腐蚀，造成转子不平衡。

(2) 固定在转子的某些零件产生松动、变形和位移，使转子重心改变。

(3) 转子中有残余应力，在一定条件下，该残余应力使转子弯曲。

(4) 定子部件与转子部件间隙过小，产生摩擦，转子受摩擦致局部升温而产生弯曲变形。

(5) 联轴器故障或不平衡。

(6) 转子对中不好。

(7) 轴承磨损、轴承座松动或压缩机的基础松动。

(8) 压缩机产生喘振。

(9) 转子的转速与机组的临界转速过于接近。

3. 防止压缩机喘振的条件

(1) 防止进气压力低、进气温度高、气体相对分子质量小等。

(2) 防止管网堵塞使管网特性改变。

(3) 要坚持在开、停车过程中，升降速不可太快，并且先升速后升压和先降压后降速。

(4) 开、关防喘阀时平稳缓慢。关防喘阀时要先低压后高压，开防喘阀时要先高压后低压。

如万一出现“旋转失速”和“喘振”时，首先应全部打开防喘阀，增加压缩机的流量，然后再根据具体情况进行处理。

扫描二维码获取本章习题。

第六章

软件操作说明

第一节　概　　述

操作员培训系统(Operator Training System,OTS)的核心是仿真模拟技术,即在计算机上仿真模拟石化行业各流程的真实生产过程,建立对应的“虚拟工厂”,包含其生产过程及其控制逻辑。在此基础上,实现对工厂过程和控制逻辑的模拟、调整和培训。这种模拟技术可以帮助工厂实现:

(1) 情景培训,特别是对生产现场的故障情景再现。

(2) 验证关键工艺参数变化对生产工艺的影响。

(3) 对整个生产工艺的系统化学习。

(4) 工业控制、智能制造等先进技术的辅助设计。

操作员培训系统有三方参与者:操作员(学生站)、教师(教师站)和“虚拟工厂”。其运行方式为:“虚拟工厂”可接收来自教师站的各种故障和操作指令,并将其产生的流程变化反映到操作员站上,以此形成对操作员的培训和考评。

通过OTS系统和三维虚拟工厂以及现场实物装置的多方交互,可以完整地实现装置的开停工、方案优化、稳态运行、事故处理等环节的操作,线上与线下有机融合,模拟工厂实际操作流程,更完整地感受石油化工企业的生产氛围。

第二节　OTS 系　统

一、OTS 系统登录说明

(1) 双击 OTS 系统图标：。

(2) 选择“单机版”，单击“确定”进入考核系统，如图 6-1 所示。

图 6-1　OTS 系统单机版登录示意图

也可以选择“局域网版”，如图 6-2 按教师的分组进入系统，单击“确定”进入考核系统。

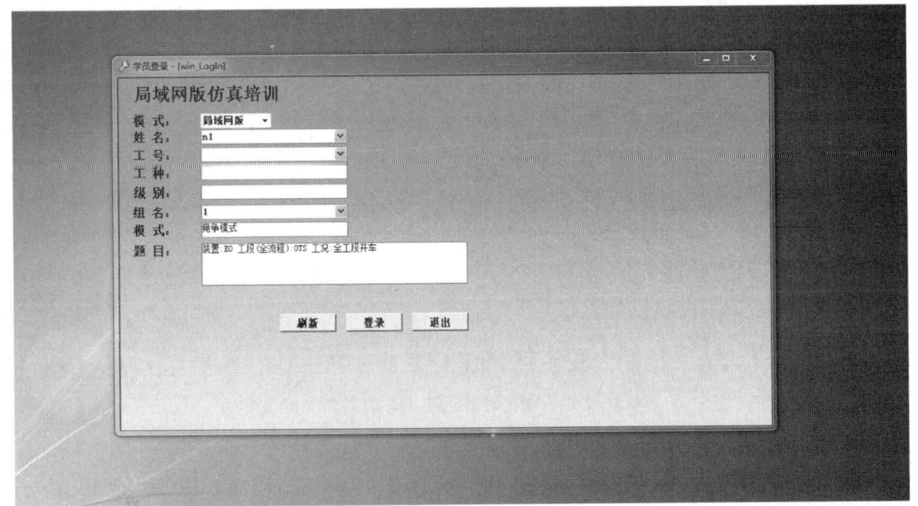

图 6-2　OTS 系统局域网版登录示意图

(3) 进入 OTS 系统装置仿真系统界面(图 6-3)。

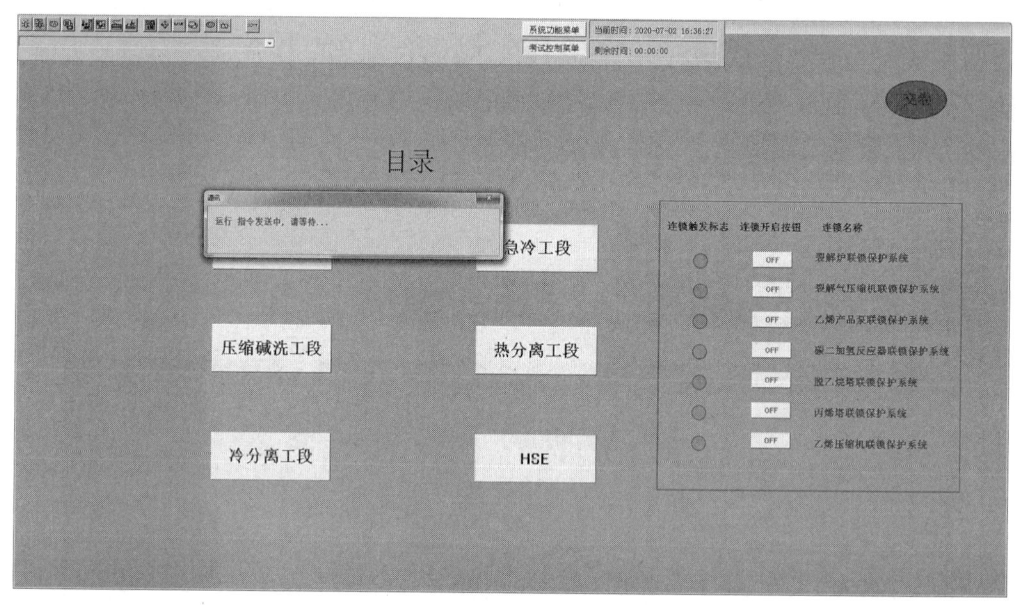

图 6-3 OTS 系统登录后示意图

二、OTS 系统功能介绍

(1) 单击“系统功能菜单”,选择“题目设置”(图 6-4)。

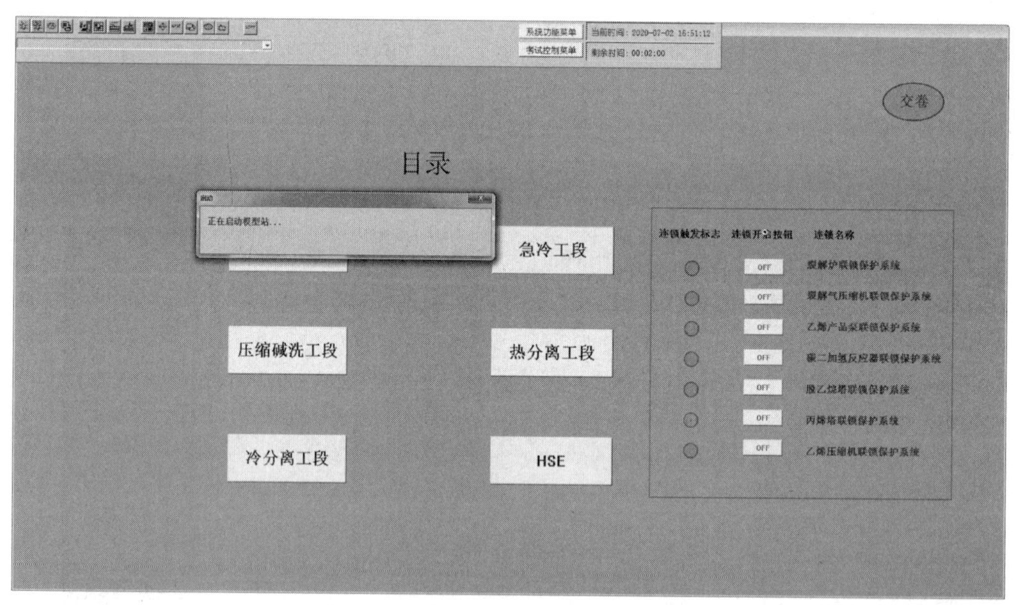

图 6-4 OTS 系统“系统功能菜单”示意图

(2) 选择“题目设置”,“可选择的装置”选择“YX”,“可选择的工段”可以设置“全流程”或“YXLJ/YXYS/YXFL”,设置培训时间,单击“确定”(图 6-5)。

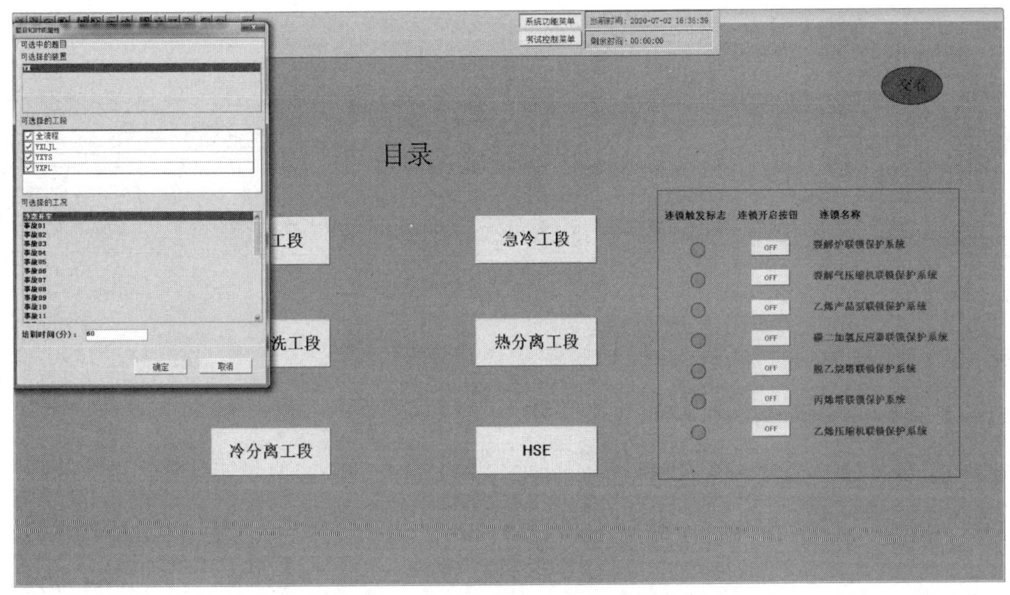

图 6-5　OTS 系统“题目设置”示意图

(3) 单击“考试控制菜单”，选择“开始”，考试开始(图 6-6)。

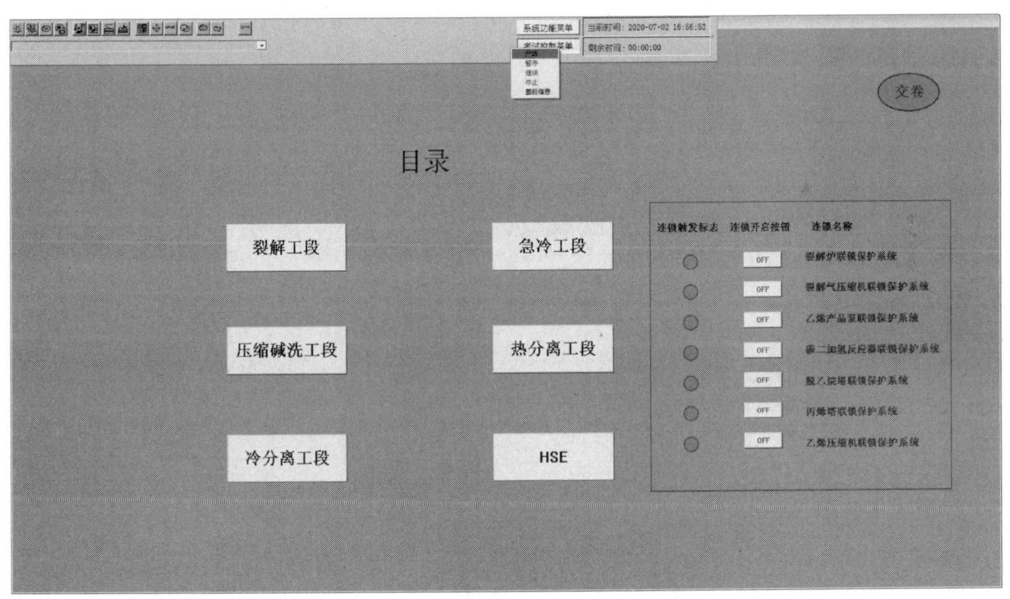

图 6-6　OTS 系统“考试控制菜单”示意图

(4) 如果最初题目设置选择了“事故 X”，则单击“系统功能菜单”中的“事故脚本”，然后单击“事故触发”(图 6-7)。

(5) 开始操作，单击“系统功能菜单”中的“查看评分”，可参照其中步骤操作，单击“保存成绩”，可将成绩存到指定位置，方便查看(图 6-8)。

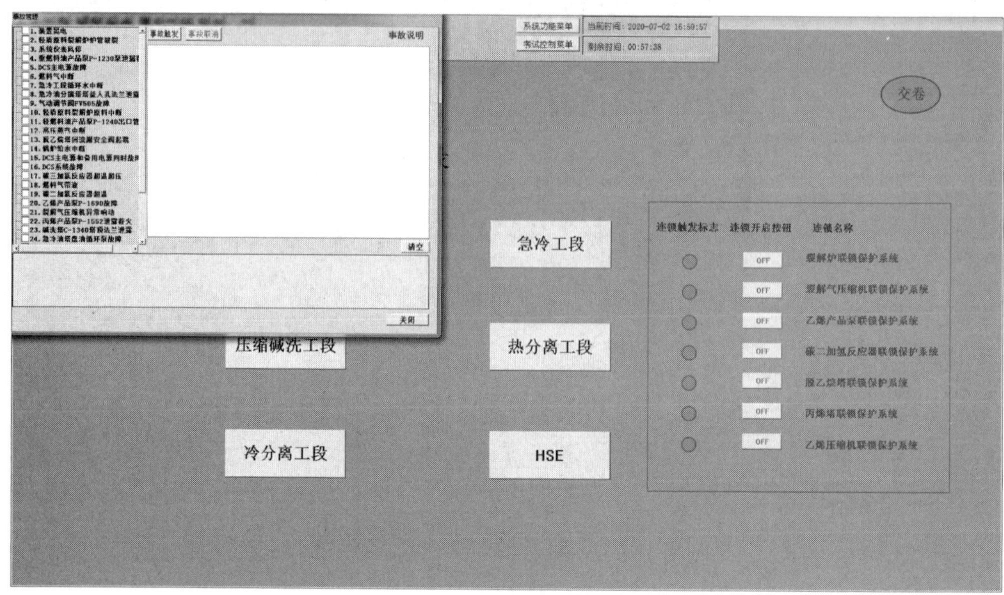

图 6-7 OTS 系统“事故触发”示意图

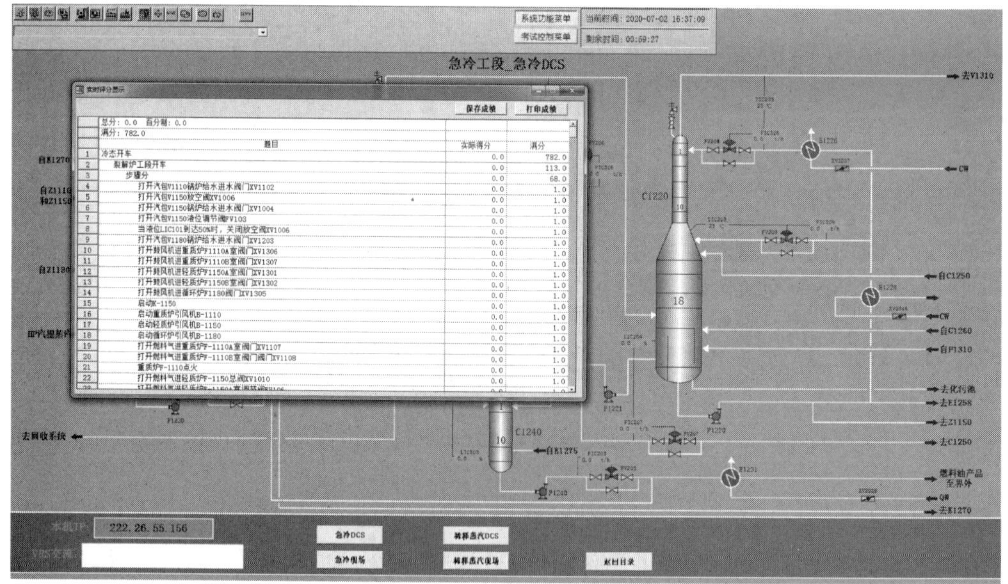

图 6-8 OTS 系统“查看评分”示意图

（6）当操作未完成，需要保存操作进度时，单击工具栏中“系统功能菜单”下的“保存快门”键，修改快门名字，单击“确定”。单击工具栏中“系统功能菜单”下的“载入快门”键，可载入未做完的题目（图 6-9）。

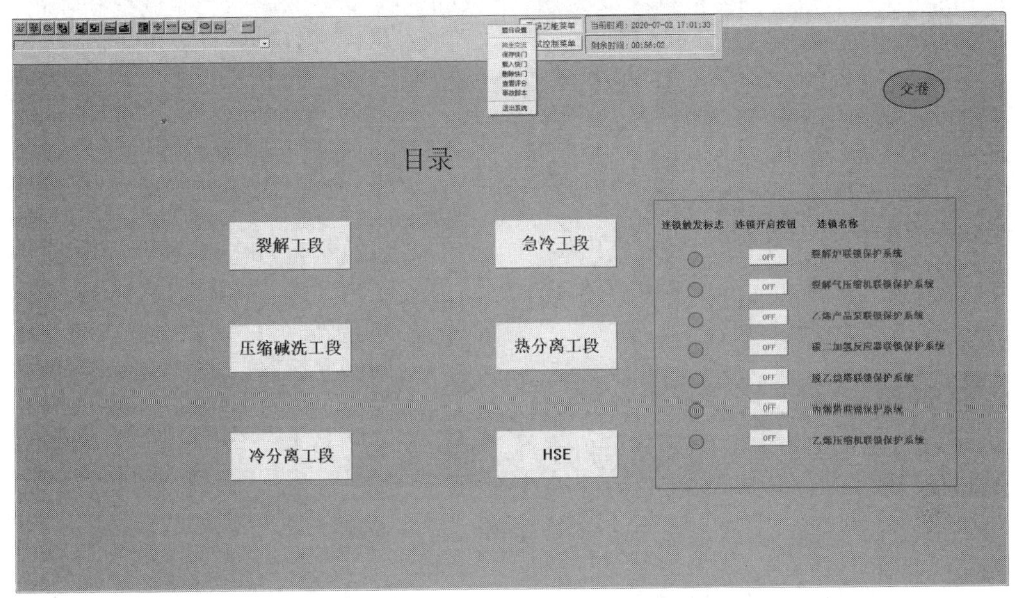

图 6-9　OTS 系统“系统功能菜单”示意图

（7）当需要从保存的进度开始操作时，先单击“考试控制菜单”中的“暂停”键，系统即被暂停，保持当前操作状态。当系统冻结后要继续进行操作时，单击工具栏中“考试控制菜单”菜单下的“继续”键，系统继续运行。OTS 系统操作全部完成后，单击工具栏中“考试控制菜单”下的“停止”键，系统操作结束并显示操作评分（图 6-10）。

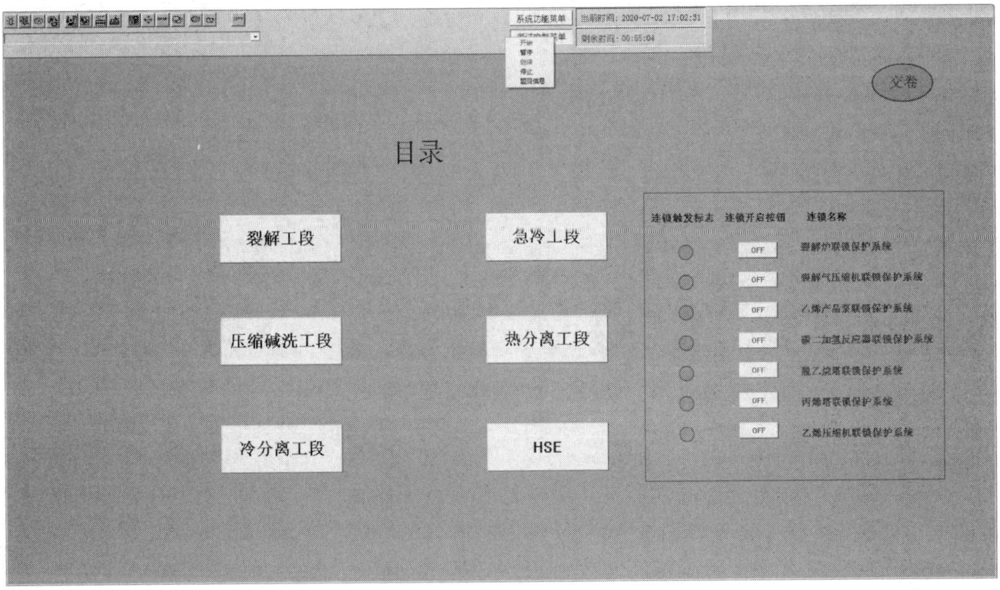

图 6-10　OTS 系统“考试控制菜单”示意图

(8) 操作结束之后，单击“交卷”，结束考试(图 6-11)。

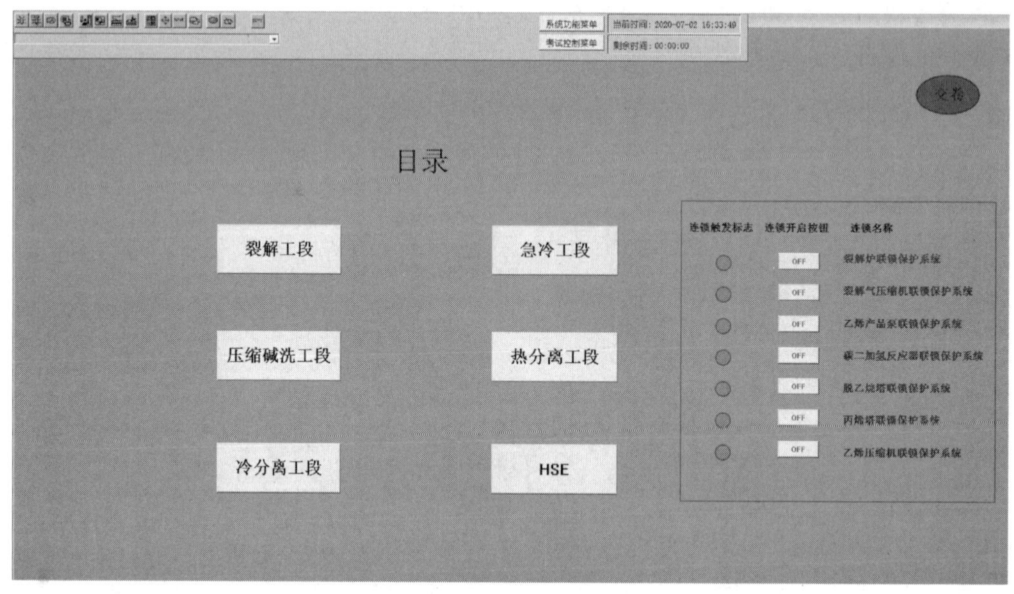

图 6-11　OTS 系统“交卷”示意图

(9) 单击“系统功能菜单”中的“退出系统”，退出程序(图 6-12)。

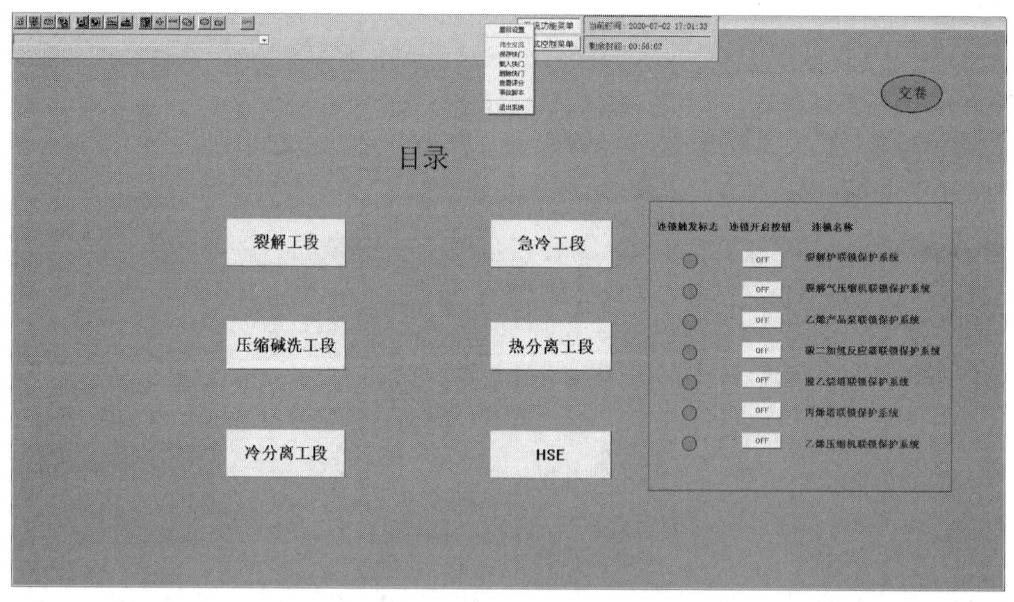

图 6-12　OTS 系统“退出系统”程序示意图

第三节　三维虚拟工厂

一、启动程序

(1) 双击图标 乙烯作业实操虚拟… 启动 OTS 系统,进入程序,设置题目和考试内容。

(2) 双击图标 乙烯工艺三维虚拟… 启动虚拟工厂。

二、登录界面

输入用户名和服务器 ID,单击登录按钮(用户名需要以 w 开头)(图 6-13)。

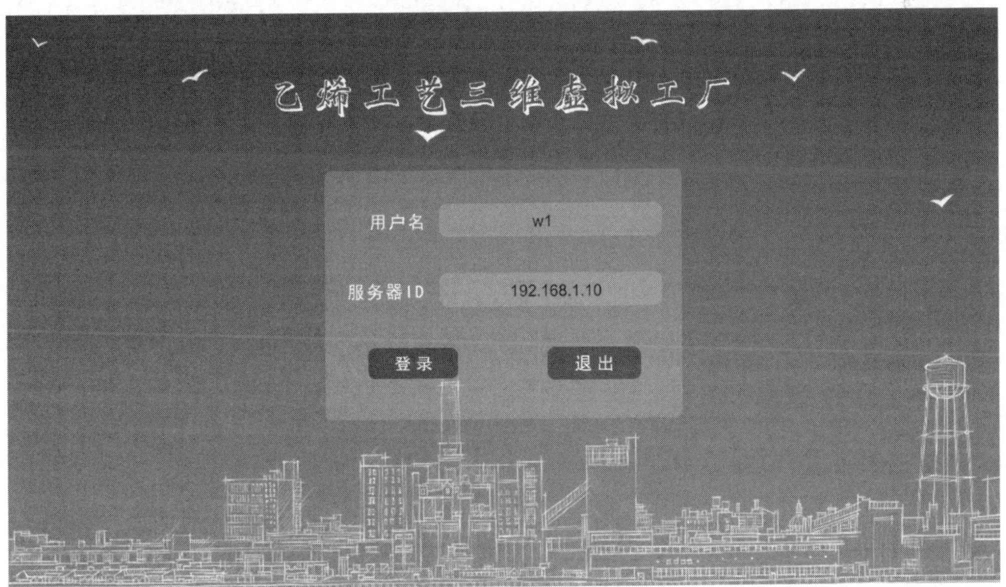

图 6-13　三维虚拟工厂登录示意图

三、操作界面介绍

(1) 右侧图标小地图按钮,单击出现小地图,按 E 键可以放大地图效果(图 6-14)。
(2) 右侧图标操作说明按钮,单击出现操作说明(图 6-15)。
(3) 右侧复位按钮,可以使人物回到初始位置(图 6-16)。

(a)

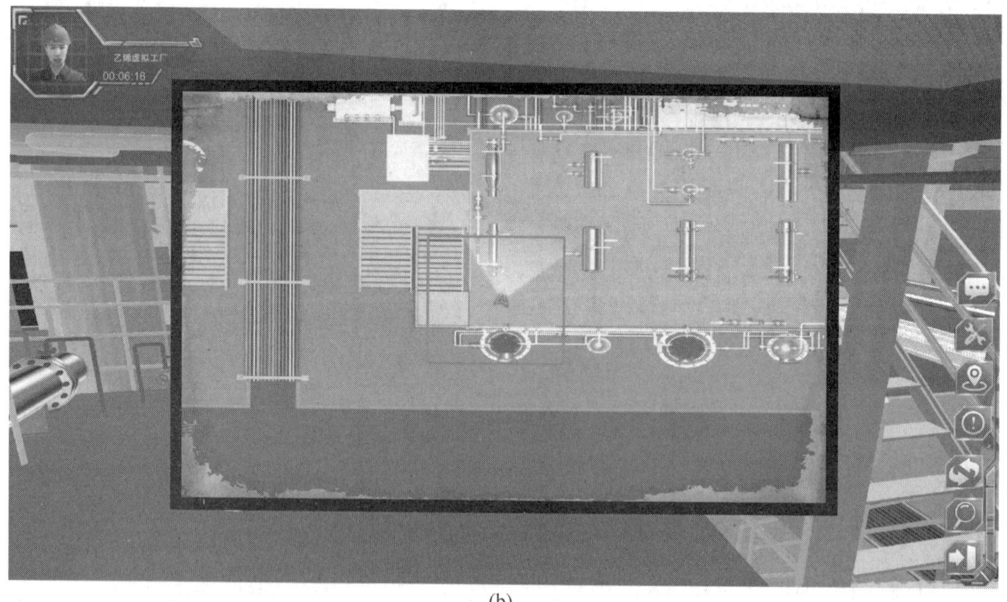

(b)

图 6-14　三维虚拟工厂地图示意图

图 6-15　三维虚拟工厂操作说明示意图

图 6-16　三维虚拟工厂人物复位示意图

(4) 单击右侧查询按钮,输入阀门位号,单击“确定”移动到该阀门的位置(图 6-17)。

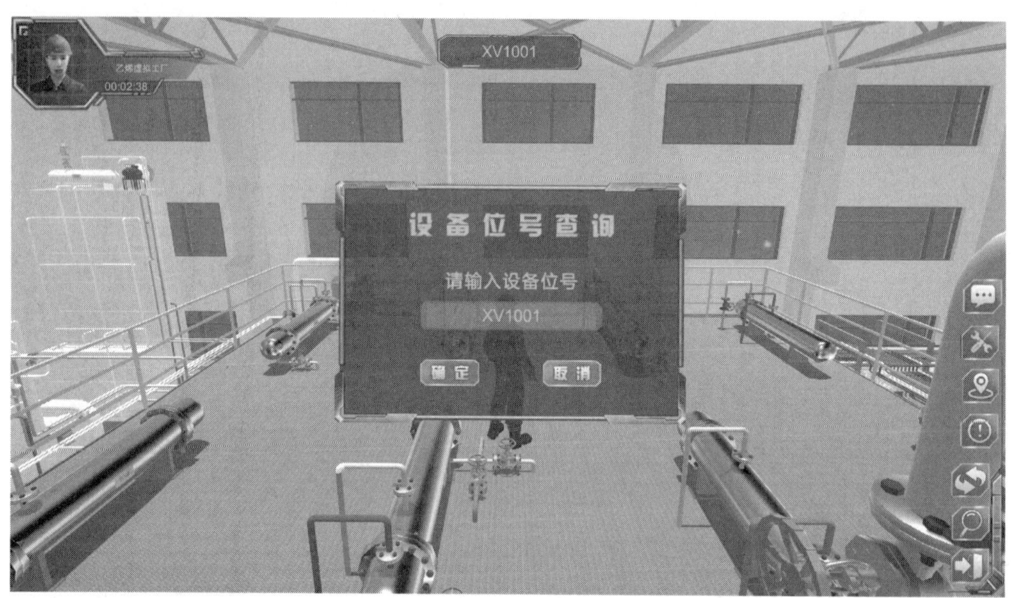

图 6-17 三维虚拟工厂设备位号示意图

(5) 单击右侧退出按钮,可选择“退出程序”或者“返回主菜单”(图 6-18)。

图 6-18 三维虚拟工厂退出程序示意图

四、拓展功能介绍

(1) 鼠标放在阀门组位号牌上,双击右键有放大效果,按鼠标中键退出放大(图 6-19)。

(a)

(b)

图 6-19　三维虚拟工厂放大效果示意图

(2) 单击换热器可以播放视频(图 6-20)。

图 6-20　三维虚拟工厂设备视频播放示意图

(3) 单击右侧按钮可以了解典型设备的工作原理及内部结构,并对设备进行拆分和组装(图 6-21)。

(a)

图 6-21　三维虚拟工厂设备拆装示意图

单体设备虚拟拆装软件
浮头式换热器
水环真空泵
管壳式换热器
U型管换热器
螺杆压缩机
闸阀
开始
秦皇岛博赫科技开发有限公司

(b)

浮头式换热器
0/16

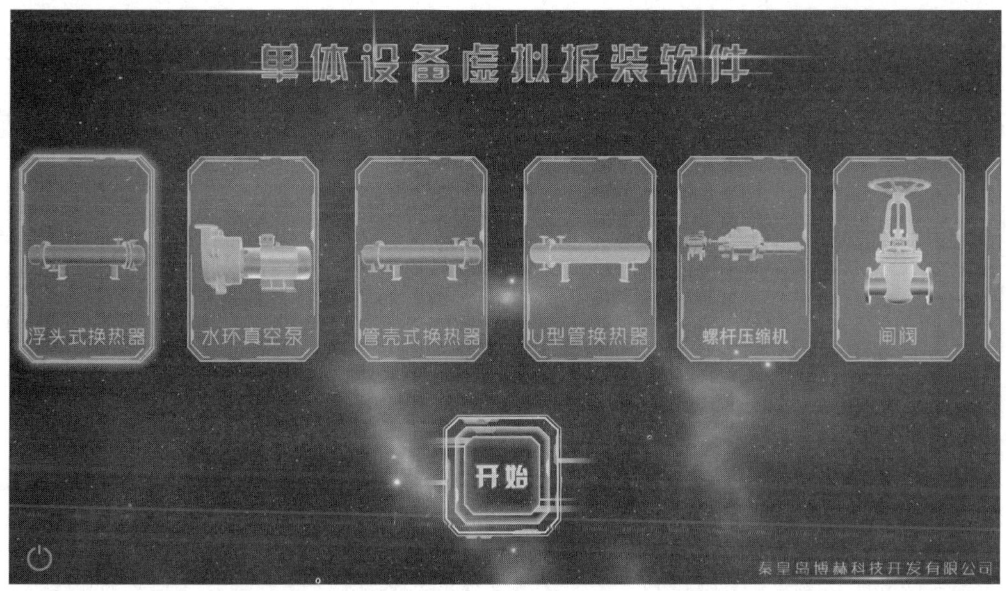

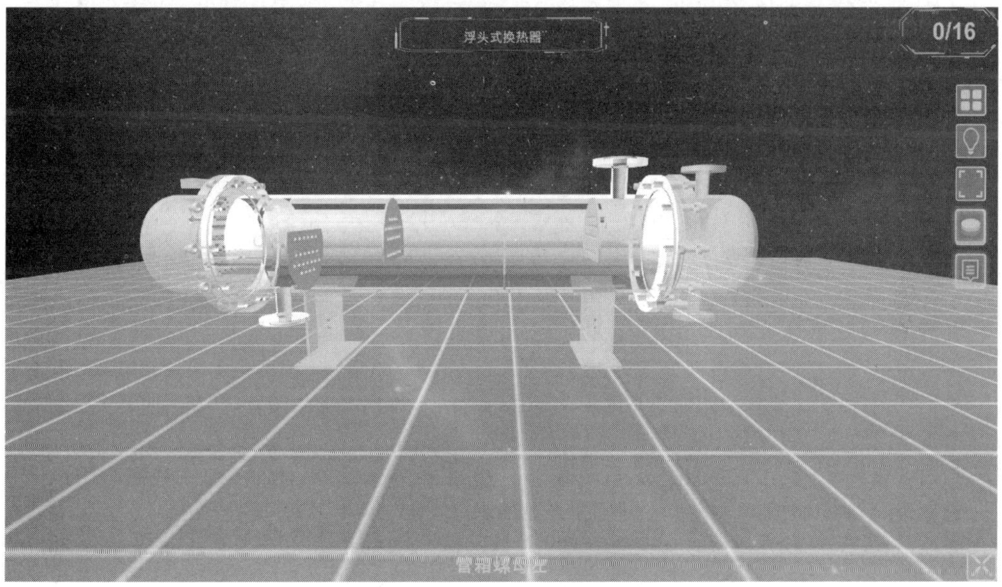

(c)

图 6-21(续)

参考文献

[1] 施代权，赵从修. 石油化工安全生产知识[M]. 北京：中国石化出版社，2001.

[2] 王凯全. 石油化工安全概论[M]. 北京：中国石化出版社，2011.

[3] 张海峰. 常用危险化学品应急速查手册[M]. 北京：中国石化出版社，2006.

[4] 廖友贵，李莉，蒋定建. 石油化工安全技术[M]. 北京：石油工业出版社，2018.

[5] 沈本贤，程丽华，王海彦，等. 石油炼制工艺学[M]. 北京：中国石化出版社，2009.

[6] 工虹，高劲松，程丽华. 化学上程与工艺专业实习指南[M]. 北京：中国石化出版社，2009.

[7] 韩冬冰. 化工工艺学[M]. 北京：中国石化出版社，2003.

[8] 李为民，单玉华，邬国英. 石油化工概论[M]. 3 版. 北京：中国石化出版社，2013.

[9] 胡杰，王松汗. 乙烯工艺与原料[M]. 北京：化学工业出版社，2018.

[10] 付梅莉. 石油化工生产实习指导书[M]. 北京：石油工业出版社，2009.

[11] 张娇静，宋军，高彦华. 石油化工产品概论[M]. 北京：石油工业出版社，2011.

[12] 贾如磊. 石油化工专业实践教程[M]. 北京：中国石化出版社，2016.

[13] 金有海，刘仁桓. 石油化工过程与设备概论[M]. 北京：中国石化出版社，2008.

[14] 代有凡. 石油化工厂设备检修手册：加热炉[M]. 北京：中国石化出版社，2013.

[15] 雷振友. 乙烯装置仿真操作实训教程[M]. 北京：化学工业出版社，2016.

[16] 王福利. 压缩机组[M]. 北京：中国石化出版社，2007.

[17] 杨启明，马欣. 炼油设备技术[M]. 2 版. 北京：中国石化出版社，2016.

[18] 郭年祥. 化工过程及设备[M]. 北京：冶金工业出版社，2003.

[19] 陆良福. 炼油过程及设备[M]. 北京：中国石化出版社，2002.

[20] 夏清，陈常贵. 化工原理[M]. 天津：天津大学出版社，2005.

[21] 李会鹏，黄玮，李宁，等. 石油加工实物仿真实践指南[M]. 北京：中国石化出版社，2016.

[22] 梁利君. 石油化工设备基础操作与维护手册[M]. 北京：中国石化出版社，2020.

[23] 朱玉琴. 管式加热炉[M]. 北京：中国石化出版社，2016.

[24] 中国石化集团上海工程有限公司，俞晓梅，袁孝竞. 塔器[M]. 北京：化学工业出版社，2010.

[25] 林世雄. 石油炼制工程[M]. 3 版. 北京：石油工业出版社，2000.

[26] 于江林，董欣. 炼油厂用离心泵[M]. 北京：石油工业出版社，2015.